COURS D'ÉTUDES DE L'ENSEIGNEMENT SECONDAIRE SPÉCIAL
Programmes de 1886
QUATRIÈME ANNÉE

NOTIONS DE CHIMIE

PAR

C. HARAUCOURT

Professeur au Lycée et à l'École des sciences de Rouen,
Membre du Conseil supérieur de l'instruction publique

MÉTAUX

Troisième édition, entièrement refondue et augmentée
des manipulations exigées par les programmes

PARIS
LIBRAIRIE CLASSIQUE DE F.-E. ANDRÉ-GUÉDON
15, RUE SÉGUIER, 15
Près la fontaine Saint-Michel

NOTIONS DE CHIMIE

MÉTAUX

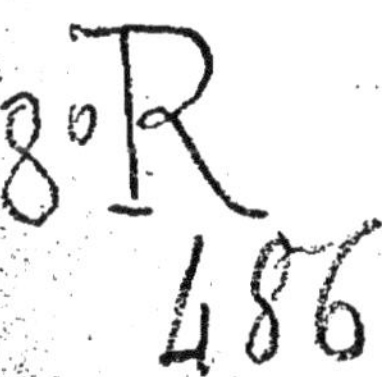

Sceaux. — Imp. Charaire et fils.

COURS D'ÉTUDES DE L'ENSEIGNEMENT SECONDAIRE SPÉCIAL

Programme de 1886

QUATRIÈME ANNÉE

NOTIONS DE CHIMIE

PAR

C. HARAUCOURT

Professeur au Lycée et à l'École des sciences de Rouen,
Membre du Conseil supérieur de l'instruction publique.

MÉTAUX

Troisième édition, entièrement refondue et augmentée
des manipulations exigées par les programmes

PARIS

LIBRAIRIE CLASSIQUE DE F.-E. ANDRÉ-GUÉDON

15, RUE SÉGUIER, 15

Près la fontaine Saint-Michel

1887

NOTIONS DE CHIMIE

MÉTAUX

CHAPITRE PREMIER

PROPRIÉTÉS GÉNERALES DES MÉTAUX. — ALLIAGES.

1. **Caractères des métaux.** — Les métaux se distinguent de la plupart des métalloïdes par des caractères physiques et chimiques. Les métaux sont **bons conducteurs de la chaleur et de l'électricité** et ils possèdent, lorsqu'ils ont été polis, un éclat particulier que l'on désigne sous le nom d'**éclat métallique** et dont l'or et l'argent laminés donnent une idée parfaite. Leur caractère chimique essentiel c'est qu'ils **forment en s'unissant à l'oxygène un ou plusieurs oxydes**, dont l'un au moins est un composé basique capable de s'unir aux acides pour donner des sels.

La démarcation entre les métalloïdes et les métaux n'est pas absolument tranchée; tel corps comme l'arsenic est métallique par son aspect tandis que ses réactions et ses combinaisons en font un métalloïde.

La conductibilité des métaux pour l'électricité les fait employer sous forme de fils, comme les fils télégraphiques, pour transmettre l'électricité à distance. La conductibilité pour la chaleur se constate facilement pour les métaux que l'on façonne en lames, en tringles ou en fils; elle est utilisée dans les toiles métalliques. Les métaux divisés, obtenus par la réduction de leurs sels, n'ont pas d'éclat et ressemblent à des poudres amorphes; mais il suffit, pour leur donner l'éclat métallique, de les frotter au fond d'un mortier en agate avec un pilon.

2. **Propriétés physiques.** — Les propriétés physiques des métaux ont beaucoup d'intérêt au point de vue des applications industrielles; on les étudie surtout pour les métaux usuels.

Tous les métaux sont solides; un seul, le mercure, est liquide à la température ordinaire. L'hydrogène gazeux figure encore dans les métalloïdes à cause de son état, bien qu'il ressemble plus aux métaux par ses réactions.

Les métaux sont opaques quand on les prend en lames épaisses; en lames très minces ils offrent un certain degré de transparence. Une feuille d'or battu fixée entre deux lames de verre et placée entre l'œil et une source de lumière apparaît d'une couleur verte complémentaire de la couleur jaune qu'elle offre par réflexion.

Peu de métaux sont colorés : l'or est jaune, le cuivre est rouge, les autres tirent sur le blanc avec des nuances diverses : l'argent est jaunâtre, le zinc bleuâtre et le fer gris.

La **densité** des métaux varie beaucoup de l'un à l'autre, depuis le lithium qui ne pèse environ que la moitié de l'eau jusqu'au platine qui pèse près de 22 fois plus que l'eau. Voici la densité des métaux usuels :

Aluminium . . .	2,56	**Zinc**. . . .	6,8	**Étain**. . .	7,3	**Fer**	7,8.
Cuivre.	8,8	**Argent**.	10,4	**Plomb**.	11,35	**Or**.	19,2.

La *conductibilité pour la chaleur* varie aussi beaucoup; tandis que le pouvoir conducteur de l'argent est représenté par 1000, celui du cuivre est 736, celui de fer seulement 119. L'argent est donc le métal qui conduit le mieux la chaleur ; mais à cause de son prix élevé on le remplace par le cuivre pour les applications usuelles, comme les distillations, de préférence au fer dont le pouvoir conducteur est bien moins grand.

La *conductibilité électrique* suit à peu près le même ordre que la conductibilité pour la chaleur : c'est le cuivre qui est le plus employé et après lui le fer quand il faut des fils présentant une grande résistance à la rupture.

Les métaux sont souvent employés sous la forme de lames ou de fils que l'on obtient avec plus ou moins de facilité. Un métal est **malléable** lorsqu'il cède sans se briser au choc du marteau ou à une forte pression. Le plus malléable est l'or, après lui l'argent, puis viennent dans un ordre de décroissance, le cuivre, l'étain, le platine, le plomb, le zinc et le fer. On réduit l'or par le martelage en feuilles de moins d'un millième de millimètre d'épaisseur. Les autres feuilles métalliques, notamment la tôle de fer, s'obtiennent au *laminoir*, c'est-à-dire en faisant passer la barre entre deux gros cylindres d'acier qui tournent en sens contraire.

Les fils sont obtenus en faisant passer une barre de métal dans le trou d'une plaque d'acier nommé *filière*. On engage une extrémité amincie dans la filière et en exerçant une forte traction on force la tige à passer à travers l'ouverture; elle s'allonge et diminue de grosseur; on la fait ainsi passer successivement dans des trous de plus en plus fins. La faculté pour un métal de se laisser étirer en fils constitue la **ductilité**.

L'or, l'argent et le platine sont les métaux que l'on réduit le plus facilement en fils par l'étirage, après eux viennent le fer et le cuivre.

Le passage au laminoir ou à la filière rend le métal cassant; on dit qu'il est *écroui;* il faut le chauffer, ou, comme l'on dit, le *recuire*, pour lui rendre ses propriétés premières.

La ductilité d'un métal dépend beaucoup de la résistance qu'il oppose à la rupture, ou de sa **ténacité**. Pour comparer les métaux à ce dernier point de vue, on les réduit en fils de 2 millimètres de diamètre, on les attache par une extrémité et on les charge de poids à l'autre jusqu'à ce qu'ils se rompent. Le nickel et le fer sont les plus tenaces; après eux viennent le cuivre et le platine. Le plomb est le dernier sous ce rapport.

Tous les métaux, à part l'osmium, ont pu être fondus. Mais tandis qu'on peut liquéfier une feuille d'étain en la chauffant sur une feuille de papier au-dessus de charbons allumés, que le plomb fond assez facilement, le zinc également, il faut déjà de grands foyers pour fondre l'argent, le cuivre, l'or et le fer; il faut la température la plus élevée que nous sachions produire, celle du chalumeau oxhydrique pour réaliser la fusion du platine.

Les métaux fondus peuvent cristalliser lorsqu'ils sont refroidis lentement; ils prennent alors habituellement la forme cubique.

3. Propriétés chimiques des métaux. — Les métaux peuvent se combiner aux métalloïdes, notamment à l'oxygène, au soufre et au chlore pour engendrer les oxydes, les sulfures et les chlorures métalliques. Ils peuvent s'unir aussi au phosphore et à l'arsenic et moins facilement à l'azote et au carbone.

Il y a lieu de distinguer l'action de l'oxygène sec et celle de l'oxygène ou de l'air humide.

4. Action de l'oxygène et de l'air secs. — Le potassium est le seul métal qui se combine avec l'oxygène à la température ordinaire. Tous les autres métaux, à l'exception du platine, de l'or et de l'argent, peuvent s'oxyder quand on les chauffe dans l'oxygène à une température plus ou moins élevée. Le mercure s'oxyde à 350°; le cuivre au rouge sombre. Ces combinaisons dont quelques-unes ont lieu avec dégagement de lumière, dépendent de l'état de division du métal. Des copeaux de cuivre chauffés se couvrent d'une pellicule noire d'oxyde; mais l'oxydation n'est que superficielle. Un fil fin de fer brûle vivement dans l'oxygène (fig. 1) parce que l'oxyde formé se rassemble en un globule fondu qui laisse la surface du fer à nu en contact avec l'oxygène. Les métaux divisés, comme le fer réduit, prennent feu quand on les projette dans l'oxygène ou dans l'air. Si on laisse tomber de la limaille de fer dans la flamme d'un bec de gaz, elle produit une pluie d'étincelles brillantes, chaque fragment du métal s'allume et brûle.

Fig. 1. — Combustion du fer dans l'oxygène.

Quand le métal est volatil comme le zinc fondu et chauffé, la vapeur se combine à l'air; si l'on chauffe du zinc dans un creuset, le métal fond et quand il est assez chauffé pour se volatiliser, sa vapeur brûle avec une flamme brillante en produisant des flocons blancs d'oxyde de zinc.

5. Action de l'eau, de l'oxygène et de l'air humides sur les métaux. — Quelques métaux décomposent l'eau à froid, lui prennent l'oxygène pour former un oxyde et font dégager l'hydrogène. Ainsi se conduisent le potassium et le sodium. On jette un morceau de potassium sur l'eau d'un grand cristallisoir à bords élevés, le globule s'enflamme et brûle avec une flamme violacée (fig. 2). Le métal a décomposé l'eau pour se combiner à l'oxygène, et la chaleur produite par cette combinaison a été assez grande pour enflammer l'hydro-

Fig. 2. — Combustion du potassium sur l'eau.

gène; la flamme de ce gaz est colorée par la présence d'une petite quantité de vapeurs de potassium.

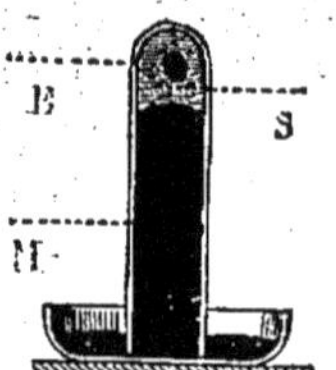

Fig. 3. — Action du sodium sur l'eau.

Le sodium décompose aussi l'eau; mais si la quantité du liquide est un peu notable, l'hydrogène ne s'enflamme pas. On peut recueillir l'hydrogène dégagé dans cette décomposition : on fait passer un peu d'eau dans une éprouvette pleine de mercure (fig. 3); puis on envoie dans le haut de l'éprouvette un petit morceau de sodium bien essuyé et enveloppé de papier buvard. Aussitôt que l'eau touche le métal elle est décomposée et l'hydrogène dégagé fait baisser le mercure dans l'éprouvette.

Le fer ne peut décomposer l'eau qu'au rouge vif : si l'on fait passer de l'eau en vapeur dans un tube fortement chauffé et contenant un faisceau de fils de fer, on recueille de l'hydrogène : le métal a retenu l'oxygène.

Le zinc et le fer décomposent l'eau à froid en présence d'un acide; c'est cette réaction qui est utilisée pour la préparation de l'hydrogène.

L'oxygène et l'air humide n'agissent que sur les métaux qui décomposent l'eau à froid. Mais s'il y a un acide en présence, tous les métaux, à l'exception du platine, de l'or et de l'argent, s'oxydent et la base qui se forme peut s'unir à l'acide : la lame d'acier d'un couteau qui a servi à couper un fruit s'altère à cause du liquide acide du fruit; le cuivre humecté d'acide acétique s'oxyde à l'air et se transforme en acétate. Le fer, le zinc, le cuivre et le plomb perdent rapidement leur éclat dans l'air ordinaire à cause de la présence de l'acide carbonique qui favorise l'oxydation.

L'altération n'est que superficielle pour le plomb, le cuivre et le zinc parce que l'hydrocarbonate qui se forme est une couche imperméable qui préserve le reste du métal. Mais pour le fer, l'altération, lente au début s'accélère rapidement; la rouille se propage et le fer se transforme peu à peu en oxyde. Pour expliquer cette rapide oxydation du fer, on a admis que le métal et son oxyde forment un couple électrique qui décompose l'eau en portant l'oxygène sur le métal.

6. Préservation des métaux. — Les nombreuses applications des métaux et surtout du fer ont fait chercher, de tout temps, les moyens de les préserver de l'oxydation à l'air. C'est dans ce but que l'on recouvre les grilles et les ferrures d'une ou plusieurs couches de peinture, les vases en fer battu et en fonte d'un vernis ou d'un émail qui résiste comme la porcelaine ou le verre aux acides et à l'air humide. Quant aux lames et aux fils qui doivent rester flexibles, on les recouvre d'un métal moins oxydable comme l'étain ou le zinc et même le cuivre dont l'oxydation n'atteint que la surface. Le fer recouvert d'étain est appelé fer étamé ou **fer-blanc**; le fer recouvert de zinc porte le nom de **fer galvanisé.**

7. Actions diverses sur les métaux. — Tous les métaux, dans des conditions convenables de température et de division se combinent au soufre et au chlore. Ces actions font l'objet des chapitres suivants.

L'action des acides est reportée à l'étude de chaque métal et de ses sels principaux.

8. **Classification des métaux.** — Thénard [1] a groupé les métaux d'après leur mode d'oxydation, c'est-à-dire d'après la manière dont ils se comportent vis-à-vis de l'oxygène ou de l'eau, et d'après l'action que la chaleur exerce sur leurs oxydes. Bien que cette classification ne dépende que d'un seul caractère chimique, elle a une grande importance pratique, parce que les applications usuelles des métaux dépendent beaucoup de la manière dont ils se conduisent à l'air humide et avec les acides. Elle est encore actuellement suivie.

On y fait sept groupes ou sections. Dans les cinq premières sont placés les métaux qui décomposent l'eau et dont les oxydes sont irréductibles par la chaleur seule.

Les deux autres comprennent les métaux qui ne décomposent pas l'eau; l'une les métaux dont les oxydes ne sont pas détruits au feu; l'autre les métaux dont les oxydes sont réductibles par la chaleur.

Voici ces sections où nous n'indiquons que les métaux usuels et ceux dont les composés ont d'importantes applications.

1re Section. — Métaux décomposant l'eau dès la température ordinaire :

Métaux alcalins : **Potassium, Sodium.**
Alcalino-terreux : **Baryum, Calcium, Strontium.**

2e Section. — Métaux décomposant l'eau à 100° :

Magnésium, Manganèse.

3e Section. — Métaux décomposant l'eau au rouge ou à froid en présence des acides :

Fer, Zinc.

Chrome, Nickel, Cobalt.

4e Section. — Métaux décomposant l'eau au rouge sombre et à froid en présence des alcalis :

Étain, Antimoine.

5e Section. — Métaux ne décomposant l'eau qu'avec difficulté aux températures les plus élevées et ne la décomposant ni en présence des acides ni en présence des bases :

Plomb, Cuivre, Bismuth.

6e Section. — Métal ne décomposant pas l'eau, à peine oxydable, et dont l'oxyde ne se décompose pas par la chaleur :

Aluminium.

7e Section. — Métaux ne décomposant pas l'eau, inoxydables, avec des oxydes réductibles par la chaleur seule :

Mercure, Argent, Or, Platine.

Les métaux alcalins et l'argent sont comme l'hydrogène incapables de fixer plus d'un atome de chlore; on les dit **monoatomiques.**

Un grand nombre peuvent fixer deux atomes de chlore ou remplacer

1. Physicien français né en 1777, à Nogent-sur-Marne, mort à Paris en 1857.

deux atomes d'hydrogène, ils sont appelés **diatomiques** : les alcalino-terreux, le magnésium, le zinc, le nickel, le plomb et le cuivre.

L'or et le bismuth sont **triatomiques.**

L'étain est **tétratomique.**

Le fer, le manganèse, l'aluminium et le chrome sont **hexatomiques**; 2 atomes de ces corps s'unisent à 6 atomes de chlore.

ALLIAGES

9. Utilité des alliages. — Deux ou plusieurs métaux fondus ensemble forment un corps d'aspect homogène que l'on nomme un **alliage** ou encore un **amalgame** lorsque le mercure est l'un des métaux composants.

Peu de métaux sont employés à l'état isolé : ce sont le fer, le cuivre, l'étain, le zinc, le plomb, le platine et l'aluminium. Les autres doivent être alliés pour présenter les conditions de dureté, de fusibilité ou de malléabilité nécessaires aux applications industrielles. C'est ainsi que l'or et l'argent sont trop mous pour être employés seuls à la fabrication des monnaies; ils s'useraient trop vite si on ne leur alliait un dixième de cuivre qui leur donne une dureté suffisante. Le cuivre rouge allié au zinc donne le laiton, plus dur que le cuivre et cependant facile à travailler. L'antimoine et le bismuth sont cassants, on corrige cette propriété en leur ajoutant du plomb, et l'on fait avec l'antimoine et le plomb l'alliage des caractères d'imprimerie, assez fusible et en même temps assez dur pour résister à l'action de la presse sans se briser.

Les alliages sont pour l'industrie comme de véritables métaux possédant des propriétés spéciales différentes de celles des corps simples qui les constituent.

10. Constitution des alliages. — Les alliages ne sont pas seulement des mélanges de métaux en proportions indéfinies, comme on pourrait le croire au premier abord si l'on remarque que l'or et l'argent se dissolvent en toutes proportions dans le mercure. Les alliages sont en réalité de véritables combinaisons ordinairement dissoutes dans un excès de l'un des métaux constituants.

La combinaison de deux métaux est accompagnée d'un dégagement de chaleur qui peut être très intense dans certains cas; et le produit formé peut prendre une forme cristalline déterminée.

En effet, si l'on introduit dans un verre sec contenant du mercure, successivement de petits morceaux de sodium que l'on enfonce avec une baguette de verre pour les frotter contre le bord du vase, le sodium se dissout avec un bruit strident et la masse s'échauffe beaucoup. L'alliage refroidi, débarrassé de l'excès de mercure se présente sous la forme de cristaux avec une composition bien définie.

On pense qu'il doit toujours y avoir production de chaleur quand les métaux s'unissent et que si cette chaleur n'est pas toujours sensible, c'est qu'elle peut être absorbée par les métaux composants pour accomplir leur changement d'état.

Les alliages industriels ne sont pas toujours le résultat d'une seule combinaison; il en peut au contraire coexister plusieurs dans le même alliage, comme on le démontre en observant attentivement le refroidissement de certains alliages. Si on laisse refroidir très lentement un alliage fondu, on constate, à l'aide d'un thermomètre, que la température après s'être abaissée reste un moment stationnaire, et il se solidifie, au sein de la masse liquide, un alliage bien défini et cristallisé. L'alliage fondu qui paraît homogène peut donc se séparer, à une température voisine de son point de solidification en plusieurs alliages définis différents les uns des autres par leurs proportions. On a donné à ce phénomène le nom de **liquation** et il en faut tenir compte dans les applications.

11. Propriétés des alliages. — Les alliages sont, comme les métaux, bons conducteurs de la chaleur et de l'électricité et doués d'éclat.

Quelques-uns sont colorés.

Leur densité est rarement égale à celle qu'on obtiendrait par le calcul appliqué aux composants ; il y a dans certains cas contraction et dans d'autres dilatation.

La fusibilité de l'alliage est toujours plus grande que celle du métal le moins fusible entrant dans sa composition ; elle peut même être plus grande que celle de tous les composants : ainsi l'alliage de Darcet (8 bismuth, 5 plomb, 3 étain) fond à 95° tandis que l'étain, le plus fusible des trois métaux ne fond qu'à 228°. Le mercure ajouté à un alliage lui donne de la fusibilité.

Les alliages sont ordinairement plus durs, plus aigres que les métaux ; en revanche ils sont moins tenaces et moins ductiles, à l'exception du bronze d'aluminium qui est plus tenace que ses deux métaux.

12. Préparation. — Pour obtenir les alliages on fond les métaux dans un creuset de terre en ayant soin de recouvrir la masse de poussière de charbon pour éviter l'oxydation. Si l'un des métaux est volatil on ne l'ajoute qu'au moment où l'autre est déjà fondu ; on agite pour mélanger la masse et on coule rapidement.

Pour les grandes pièces, la fusion se fait dans un four à réverbère et l'alliage fondu est porté aux moules à l'aide de grandes poches en fer garnies de terre réfractaire.

Quand la masse coulée est petite, il est facile d'obtenir un produit homogène, Mais quand la pièce à couler est très grande, l'expérience a appris qu'il faut couler au-dessus du véritable moule une masse assez grande dont l'effet est d'empêcher la liquation.

13. Principaux alliages usuels. — Nous citons ici les alliages les plus employés ; l'étude en sera faite à la suite de celle du métal principal qui y entre

ALLIAGES A BASE DE CUIVRE — BRONZES ET LAITON.

Bronze POUR MONNAIES ET MÉDAILLES.	Cuivre. . . .	95	**Maillechort.**	Cuivre . . .	50
	Étain	4		Zinc.	25
	Zinc.	1		Nickel. . . .	25
Bronze DES CANONS.	Cuivre. . . .	90	**Laiton.**	Cuivre . . .	67
	Étain. . . .	10		Zinc.	33
Bronze D'ALUMINIUM.	Cuivre. . . .	90	**Bronze** POUR CLOCHES.	Cuivre. . . .	78
	Aluminium.	10		Étain. . . .	22

ALLIAGES DIVERS A BASE D'ÉTAIN ET DE PLOMB.

Soudure DES PLOMBIERS.	Plomb. . . .	33	**Métal** ANGLAIS.	Étain. . . .	100
	Étain.	66		Antimoine.	8
Caractères D'IMPRIMERIE.	Plomb. . . .	80		Bismuth . .	1
	Antimoine. .	20		Cuivre. . . .	4
Mesures POUR LES LIQUIDES.	Étain.	80	**Vaisselle et Robinets.**	Étain	92
	Plomb. . . .	20		Plomb. . . .	8

ALLIAGES DE MÉTAUX PRÉCIEUX.

Vaisselle et Médailles.	Or.	916	**Vaisselle et Bijouterie.**	Argent . . .	950
	Cuivre. . . .	84		Cuivre. . . .	50
Monnaies.	Or.	900	**Pièces de 5 fr.**	Argent. . . .	900
	Cuivre. . . .	100		Cuivre. . . .	100
Bijouterie.	Or.	750	**Pièces diverses** DE MONNAIE.	Argent . . .	835
	Cuivre. . . .	250		Cuivre. . . .	165

CHAPITRE II

OXYDES

14. **Désignation des oxydes.** — Les oxydes, formés par la combinaison d'un métal et de l'oxygène, sont désignés par le nom du métal; c'est ainsi que l'on dit l'**oxyde de mercure**, l'**oxyde de cuivre**, les **oxydes de fer**. Cependant l'usage a conservé à quelques-uns les noms qu'ils avaient avant que leur composition fût exactement connue et que les règles de la nomenclature fussent posées et suivies. Tels sont :

les **oxydes** de	**Potassium**	que l'on appelle :	Potasse.
	Sodium		Soude.
	Baryum		Baryte.
	Calcium		Chaux.
	Magnésium		Magnésie.
	Aluminium		Alumine.

L'oxygène peut se combiner en plusieurs proportions avec le même métal et donner plusieurs oxydes; on désigne ces différents corps en faisant précéder leur nom d'une préfixe (*prot* oxyde, *sesqui* oxyde, *bi* oxyde).

Dans l'écriture chimique en *équivalents*, on les représente ainsi :

le **protoxyde**	par	MO	M désigne l'équivalent
le **bioxyde**	—	MO^2	de métal
le **sesquioxyde**	—	M^2O^3	$O = 8$ gr.

Dans l'écriture chimique basée sur les *poids atomiques* et où le symbole O représente 16 grammes, les formules sont les mêmes que ci-dessus pour tous les oxydes des métaux dont le poids atomique est double de l'équivalent et c'est le plus grand nombre des métaux; elles doivent être modifiées pour les métaux dont le poids atomique est le même que l'équivalent, ainsi pour le *potassium*, le *sodium* et l'*argent*, les formules des protoxydes doivent être :

$$K^2O \qquad Na^2O \qquad Ag^2O \qquad (O = 16 \text{ gr.})$$

15. Préparation des oxydes. — 1° Le premier moyen auquel on puisse avoir recours pour préparer un oxyde c'est l'*oxydation du métal par l'oxygène de l'air* ou à l'aide d'un corps qui cède facilement de l'oxygène. Ce moyen direct peut être employé pour le plomb, le cuivre et le zinc : le plomb fondu chauffé à l'air donne le protoxyde (PbO) ou massicot et même si l'action est prolongée du *minium*, un oxyde rouge de la forme (Pb^3O^4). Le cuivre divisé se transforme en oxyde noir (CuO), lorsqu'on le chauffe à l'air. On obtient l'oxyde de zinc (ZnO) en chauffant fortement le zinc fondu dans un creuset, le métal se résout en vapeurs qui se combinent à l'oxygène de l'air; il brûle avec une flamme bleuâtre et se change en une poudre blanche d'oxyde.

Au lieu d'emprunter l'oxygène à l'air, on se sert quelquefois de l'acide azotique : en chauffant l'étain avec cet acide on produit l'oxyde d'étain (SnO^2).

2° *Calcination d'un sel.* — Le deuxième moyen consiste à décomposer un sel par la chaleur : on obtient la chaux en calcinant le carbonate de chaux et l'on peut obtenir la baryte, l'oxyde de mercure et l'oxyde de cuivre en calcinant leur azotate.

3° Par *voie humide.* — On peut obtenir tous les oxydes par un mélange convenable de deux dissolutions, c'est ce qu'on appelle opérer par voie humide. Lorsque l'oxyde est insoluble, comme c'est le cas de tous les métaux, à part les métaux alcalins, on le chasse du sel dissous qui le contient en y versant une solution de potasse ou d'ammoniaque, l'oxyde est précipité sous forme d'une gelée ou d'une fine poussière que l'on peut ensuite séparer de l'eau et dessécher. On peut ainsi obtenir le sesquioxyde de fer sous forme de précipité couleur de rouille en versant de l'ammoniaque dans du perchlorure de fer.

Si l'oxyde est soluble, c'est l'acide du sel dissous qu'il faut faire précipiter par un oxyde convenablement choisi : ainsi de l'eau de chaux versée dans une solution de carbonate de potasse ou de soude, forme un précipité de carbonate de chaux et laisse libre l'alcali, potasse ou soude.

16. Classification des oxydes. — Les différentes propriétés des oxydes les ont fait partager en cinq classes distinctes :

1° Les *oxydes basiques* qui se combinent facilement aux acides pour donner des sels; ils sont nombreux, et les plus importants sont les bases alcalines et les bases alcalino-terreuses auxquels viennent se joindre les protoxydes des autres métaux et quelques sesquioxydes.

2° Les *oxydes acides* qui peuvent se combiner aux bases fortes pour donner des sels; les plus intéressants sont les acides stannique (oxyde d'étain), manganique, chromique, antimonique et plombique (oxyde de plomb PbO^2).

3° Les *oxydes indifférents* qui peuvent fonctionner comme bases en se combinant aux acides forts et aussi comme acides en se combinant avec les bases fortes; tels sont l'oxyde de zinc, l'alumine et le sesquioxyde de chrome. L'alumine donne, en effet, un sulfate avec l'acide sulfurique et un aluminate (sel où l'alumine tient lieu de l'acide) avec la potasse.

4° Les *oxydes salins,* ainsi nommés parce qu'on peut les considérer comme des sels où un oxyde joue le rôle d'acide et un autre le rôle de base; tels sont la plupart des oxydes de la forme M^3O^4, et en particulier le minium Pb^3O^4, où l'oxyde puce PbO^2 est l'acide et $2(PbO)$ la base; d'après les règles de la nomenclature, ce produit serait donc un plombate d'oxyde de plomb $(PbO)^2,PbO^2$.

5° Les *oxydes singuliers* qui ne se combinent pas intégralement ni avec les acides, ni avec les bases : le bioxyde de manganèse MnO^2 en est le type.

17. Propriétés des oxydes. — Les oxydes métalliques sont tous solides à la température ordinaire et dépourvus d'éclat; leur analogie d'aspect avec la chaux les avait fait appeler *chaux métalliques* par les anciens chimistes.

La plupart sont blancs. Pour ceux qui sont colorés, la couleur est variable avec les conditions de la préparation. Ainsi, l'oxyde de mercure obtenu par voie humide est jaune, tandis qu'il est rouge quand on l'obtient par voie sèche. L'oxyde de cuivre obtenu par précipitation est bleu; il devient noir si on le chauffe.

Les oxydes sont ordinairement insolubles dans l'eau. Mais la magnésie et les oxydes de plomb et d'argent s'y dissolvent en petite quantité et communiquent à l'eau une réaction alcaline. La chaux et la baryte s'y dissolvent un peu mieux. La potasse et la soude y sont très solubles. Ces dernières bases contractent avec l'eau de véritables combinaisons qui ont reçu le nom d'*hydrates* [1].

Fig. 4. — Décomposition de l'oxyde de mercure par la chaleur.

Sous l'influence de la chaleur, les oxydes des métaux précieux sont décomposés et ramenés à l'état métallique. On décompose l'oxyde de mercure HgO en le chauffant à une température un peu plus élevée que celle à laquelle il s'est formé (fig. 4).

D'autres oxydes, comme MnO^2, BaO^2, peuvent subir une décomposition partielle et perdre une portion de leur oxygène.

$$BaO^2 = BaO + O.$$

Avec le bioxyde de manganèse, il se forme un oxyde intermédiaire Mn^3O^4.

1. Si les formules des oxydes usuels, à part la potasse, la soude et l'oxyde d'argent, sont les mêmes dans la notation atomique que dans la notation en équivalents, il n'en est plus de même des hydrates.

Dans la notation en équivalents on formule ainsi les hydrates de potasse et de soude, de baryte et de chaux :

$$KOHO \qquad NaOHO \qquad BaOHO \qquad CaOHO$$

Dans la notation atomique, on ajoute à l'oxyde une molécule d'eau H^2O; les formules des hydrates précédents doivent donc être :

$$K^2OH^2O \qquad Na^2OH^2O \qquad BaOH^2O \qquad CaOH^2O$$

on adopte ordinairement les suivantes :

$$KHO \qquad NaHO \qquad BaH^2O^2 \qquad CaH^2O^2.$$

$$3\,(MnO^2),\ \text{ou} : \left\{\begin{array}{l} MnO^2 \\ MnO^2 = Mn^3O^4 + O^2 \\ MnO^2 \end{array}\right.$$

il se dégage le tiers de l'oxygène.

18. Propriétés chimiques des oxydes. — Il y a lieu d'étudier l'action exercée sur les oxydes métalliques par l'oxygène et par les principaux corps simples, comme l'hydrogène, le charbon, le soufre et le chlore.

Action de l'oxygène. — Un métal chauffé directement à l'air donne un oxyde qui est généralement le plus stable de la série de composés qu'il peut former ; il devient alors très probable qu'un oxyde inférieur à celui-là prendra encore de l'oxygène s'il est chauffé à l'air. C'est ce qui arrive pour le protoxyde d'étain SnO, qui passe, quand on le chauffe, à l'état de SnO^2, pour le protoxyde de fer FeO, qui brûle et produit l'oxyde magnétique Fe^3O^4.

On peut aussi suroxyder certains oxydes stables, en les chauffant dans certaines limites de température. C'est ainsi que la baryte BaO chauffée donne le bioxyde BaO^2 et que le massicot PbO peut se transformer en minium Pb^3O^4.

Action des autres métalloïdes. — Les corps simples peuvent agir sur les oxydes pour les décomposer, soit en prenant l'oxygène (c'est le cas de l'hydrogène et du charbon), soit en s'attaquant à la fois au métal et à l'oxygène (c'est le cas du soufre et du phosphore).

Pour déterminer le sens de la réaction, on a étudié les phénomènes thermiques qui se produisent, comparé les quantités de chaleur qui accompagnent les combinaisons du métal avec les différents métalloïdes, et on peut formuler le principe suivant : c'est qu'*un oxyde est décomposé par les corps qui, en s'unissant à l'oxygène ou au métal, produisent plus de chaleur que n'en a pu produire la formation de l'oxyde.*

L'action du soufre et celle du chlore sont expliquées dans les chapitres suivants.

19. Action de l'hydrogène et du carbone sur les oxydes. — L'hydrogène réduit les oxydes des métaux des dernières sections (hormis l'alumine). On fait habituellement l'expérience sur l'oxyde noir de cuivre, dans l'appareil de la figure 5; on obtient un cuivre rouge très divisé. Quand on fait l'expérience sur le sesquioxyde de fer, on obtient soit du protoxyde de fer, si l'expérience a peu duré, soit du fer très divisé qui prend feu quand on le projette dans l'air, c'est le *fer pyrophorique.*

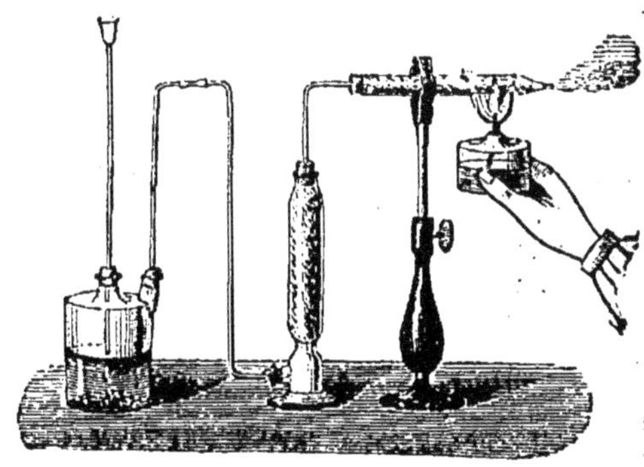

Fig. 5. — Réduction de l'oxyde de cuivre par l'hydrogène.

Le charbon réduit la plupart des oxydes à une température plus ou moins élevée. Il n'y a d'exception que pour la magnésie, l'alumine et quelques oxydes terreux, et encore ces derniers peuvent être réduits à la haute température du chalumeau.

Si l'oxyde se réduit facilement, comme CuO, il se dégage de l'acide carbonique; si, au contraire, il faut chauffer beaucoup, c'est l'oxyde de carbone qui se dégage.

20. État naturel des oxydes. — On trouve un grand nombre d'oxydes dans la nature, amorphes ou cristallisés. Les plus importants sont les oxydes de fer, de manganèse, d'étain et de cuivre, qui sont les minerais dont on extrait ces métaux. Ils seront décrits en même temps que ces derniers.

CHAPITRE III

SULFURES

21. Action du soufre sur les métaux et sur les oxydes. — *Désignation des sulfures.* Le soufre sec et froid n'agit sur aucun métal à la température ordinaire; mais il se combine avec presque tous à une température plus ou moins élevée et en dégageant de la chaleur et de la lumière. Les produits formés sont les *sulfures.*

Lorsqu'on chauffe du soufre et de la tournure de cuivre, la réaction est très vive, le métal devient incandescent et le composé résultant est le sulfure noir de cuivre (fig. 6).

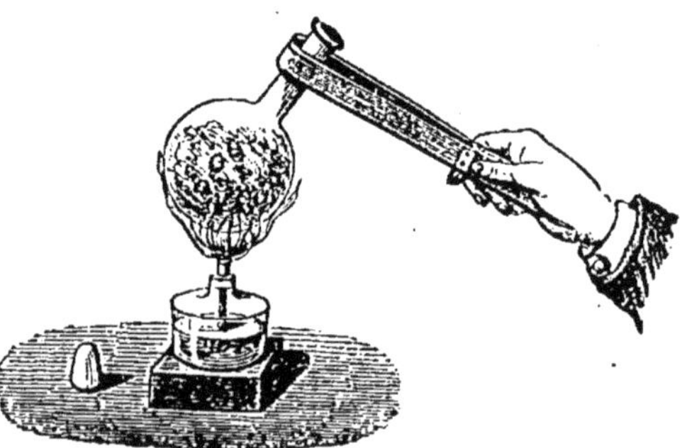

Fig. 6. — Combinaison du soufre et du cuivre.

En présence de l'eau, la réaction peut s'opérer à froid. Le mélange de 2 parties de limaille de fer avec 1 partie de soufre en fleur et un peu d'eau tiède s'échauffe, dégage des vapeurs et noircit, le produit formé est le sulfure de fer hydraté. C'est l'expérience du *volcan de Lémeri;* elle est ainsi désignée parce que Lémeri la faisait en enfonçant un mélange de soufre et de fer sous une couche de terre que la vapeur soulevait pour s'échapper.

Tous les oxydes métalliques sont décomposés à chaud par le soufre, à l'exception de l'alumine et du sesquioxyde de chrome. Le soufre, en se combinant partie avec le métal, partie avec l'oxygène de l'oxyde, dégage plus de chaleur que n'en peut produire la combinaison du métal; voilà ce qui explique la réaction. Avec les oxydes des métaux des premières sections il y a formation d'un sulfure et d'un sulfate.

La fleur de soufre, bouillie avec un oxyde hydraté en solution, donne un polysulfure et un hyposulfite.

Les sulfures sont désignés par le nom du métal. Et quand il y en a plusieurs du même métal, leur nom, comme celui des oxydes, est précédé des préfixes proto, sesqui, bi. Ainsi, avec le fer, on a le protosulfure, le sesquisulfure et le bisulfure. La formule type des protosulfures est

MS M désignant le métal [1].

22. Préparation des sulfures. — Le premier mode de préparation des sulfures c'est la *sulfuration directe*, c'est-à-dire l'action du soufre sur le métal ou sur son oxyde.

On prépare les sulfures de fer, de cuivre et de mercure en chauffant ces métaux avec le soufre.

On fait les polysulfures alcalins en faisant chauffer la potasse ou la soude en solution avec de la fleur de soufre.

Le deuxième mode, c'est la *décomposition d'un sulfate par le charbon;* l'opération réussit toujours en chauffant le mélange dans un creuset brasqué, c'est-à-dire garni intérieurement de charbon en poudre fortement tassé. On fait ainsi le sulfure de baryum, le sulfure de calcium et les mono-sulfures de potassium et de sodium.

Le troisième mode, c'est l'*action de l'acide sulfhydrique* ou d'*un sulfure alcalin sur la solution d'un sel.* On peut préparer ainsi tous les sulfures insolubles dans l'eau.

23. Classification des sulfures. — Les sulfures présentent la plus grande analogie avec les oxydes au point de vue de la composition et des fonctions chimiques; aussi les a-t-on groupés comme les oxydes. On a :

1° Les *sulfures basiques;* ce sont notamment ceux de potassium, de sodium, d'ammonium, de baryum, de calcium.

2° Les *sulfures acides;* tels sont ceux d'or, d'arsenic, d'étain et d'antimoine. Ils peuvent se combiner à ceux du groupe précédent pour donner de véritables sels.

3° Les *sulfures salins,* formés de la réunion d'un sulfure faisant fonction de base avec un autre faisant fonction d'acide; tel est le sulfure de fer Fe^3S^4, que l'on peut considérer comme formé de FeS et de Fe^2S^3.

On trouve en outre quelques *sulfures singuliers,* comme le bisulfure de fer FeS^2 ou le bisulfure de baryum BaS^2.

24. Propriétés physiques. — Les sulfures sont solides; quelques-uns sont cristallisés, ainsi la galène PbS, la pyrite de fer FeS^2, le cinabre HgS. Leurs couleurs sont variées et pour un même sulfure elles dépendent souvent du mode de préparation. Ainsi, le sulfure de mercure obtenu par voie sèche est brun-rouge, parfois rose brillant (le vermillon), tandis qu'il est noir par précipitation. Le sulfure naturel d'antimoine est noir, celui que l'on précipite d'un sel est jaune-orangé. En

1. Dans la notation atomique, S = 32 grammes; les sulfures des métaux diatomiques ont les mêmes formules que dans la notation en équivalents

FeS CuS HgS

Avec les métaux monoatomiques K, Na, Ag, les formules sont les suivantes :

Protosulfures K^2S Na^2S Ag^2S

général, les sulfures naturels sont différents d'aspect avec les produits artificiels de même composition. Les propriétés des sulfures artificiels sont utilisées dans l'analyse pour différencier les métaux.

Les sulfures alcalins et alcalino-terreux sont les seuls qui soient solubles dans l'eau.

25. Propriétés chimiques. — Les sulfures sont décomposés par les corps qui, en se combinant avec un de leurs éléments ou avec les deux, produisent plus de chaleur que n'en donne la combinaison du soufre et du métal. Le chlore est dans ce cas, aussi attaque-t-il tous les sulfures pour donner un chlorure métallique et du chlorure de soufre ou simplement du soufre.

L'hydrogène et le charbon peuvent également réduire quelques sulfures, comme les sulfures de mercure et d'argent pour le premier, et la pyrite de fer pour le second, en produisant du sulfure d'hydrogène HS ou du sulfure de carbone CS^2.

Action de l'oxygène. — L'action de l'oxygène est la plus importante.

L'oxygène humide a une action rapide, même à la température ordinaire. Ainsi le sulfure de fer divisé s'altère peu à peu et se transforme en sulfate avec un grand dégagement de chaleur. Cette réaction peut se produire sur les pyrites divisées des houillères et mettre le feu aux masses de houille.

Les sulfures alcalins humides ou en dissolution absorbent l'oxygène de l'air; cette propriété a été utilisée par Scheele pour faire l'analyse de l'air. Le produit formé est souvent un hyposulfite.

L'oxygène ou l'air sec, à une température plus ou moins élevée, agit sur presque tous les sulfures, soit pour les transformer en sulfates, soit pour donner un oxyde et dégager de l'acide sulfureux, soit même pour mettre le métal en liberté.

L'opération qui consiste à faire réagir l'oxygène de l'air à une température élevée s'appelle *grillage*. On la pratique sur les sulfures naturels, qui sont les minerais d'où l'on tire les métaux usuels, à l'exception de la pyrite de fer, que l'on grille non pour avoir le fer, mais pour avoir l'acide sulfureux qui se dégage.

CHAPITRE III

CHLORURES

26. État naturel et préparation. — Quelques chlorures existent dans la nature : le chlorure de sodium, celui de potassium et celui de magnésium se trouvent dans les eaux des lacs salés et de la mer, et aussi dans certaines couches du sol. Les chlorures de mercure d'argent constituent des minerais de ces métaux.

On prépare les chlorures artificiels par plusieurs procédés :

1° *L'action du chlore.* — Le procédé le plus simple consiste à faire agir le chlore sur un métal; c'est ainsi qu'on peut faire le chlorure d'antimoine en projetant de l'antimoine métallique en poussière dans un flacon de chlore (fig. 7); la chaleur dégagée par la combinaison est suffisante pour enflammer les parcelles métalliques qui tombent dans le gaz; le chlorure formé est en vapeurs blanches, dont une partie se dépose sur les parois du flacon.

Fig. 7. — Combustion de l'antimoine dans le chlore.

C'est aussi par combinaison directe qu'on fait le chlorure de cuivre en plongeant dans un flacon de chlore un faisceau de fils de cuivre chauffés (fig. 8); le métal redevient incandescent et se combine peu à peu au chlore en donnant un chlorure volatil qui se dépose et se condense sur les parois du vase.

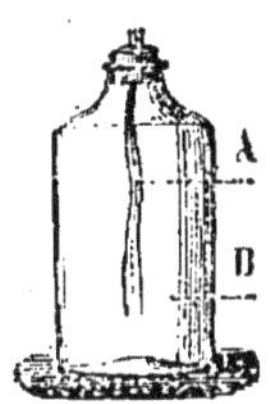

Fig. 8. — Combinaison du cuivre et du chlore. — A, fils de cuivre chauffés; B, chlore.

On prépare également le bichlorure d'étain par action directe en faisant passer un courant de chlore sur de l'étain tenu en fusion.

On peut rattacher à l'action du chlore celle de l'*eau régale*, parce qu'elle agit comme une source de chlore. On prépare le chlorure d'or et le chlorure de platine en chauffant l'un ou l'autre de ces deux métaux avec de l'eau régale.

2° *L'action de l'acide chlorhydrique.* — L'acide chlorhydrique peut donner des chlorures en agissant soit sur le métal, soit sur son oxyde ou son sulfure, ou encore sur son carbonate.

On obtient le chlorure de zinc en faisant dissoudre le zinc dans l'acide chlorhydrique; l'hydrogène se dégage (fig. 9) et le liquide constitue le chlorure. La réaction se formule habituellement par

$$Zn + HCl = H + ZnCl.^{1}$$

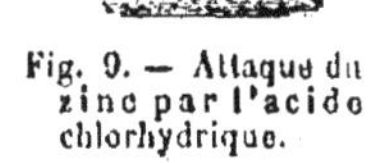

Fig. 9. — Attaque du zinc par l'acide chlorhydrique.

On obtient le protochlorure de fer en attaquant du fil de fer par l'acide chlorhydrique, le protochlorure d'étain en faisant chauffer de l'étain avec de l'acide chlorhydrique.

Quand l'acide chlorhydrique agit sur un oxyde ou sur un sulfure, il donne également un chlorure avec dégagement d'eau dans le premier cas et d'acide sulfhydrique dans le second.

$$MO + HCl = MCl + HO$$
$$MS + HCl = MCl + HS.$$

Cette dernière réaction est utilisée pour préparer le chlorure de baryum à l'aide du sulfure. L'action de l'acide chlorhydrique sur un carbo-

1. Dans la notation atomique, les protochlorures de potassium, de sodium et d'argent ont mêmes formules MCl que dans la notation en équivalents. Tous les protochlorures des autres métaux ont pour formule générale $M''Cl^2$ ainsi le protochlorure de zinc est désigné par $ZnCl^2$ ($Zn = 66$).

nate laisse un chlorure comme résidu et fait dégager de l'acide carbonique.

3° *L'action simultanée du chlore et du charbon* est nécessaire pour obtenir le chlorure d'aluminium.

4° *La double décomposition entre un chlorure et un sel* est utilisée dans deux cas intéressants : 1° pour préparer un chlorure insoluble comme le chlorure d'argent, que l'on obtient en faisant agir du sel marin sur de l'azotate d'argent; 2° pour préparer un chlorure volatil comme le bichlorure de mercure en chauffant du sulfate de ce métal avec du chlorure de sodium.

27. **Propriétés physiques.** — On connait deux chlorures liquides à la température ordinaire : le bichlorure d'étain et le perchlorure d'antimoine $SbCl^5$; tous deux fument à l'air et possèdent une odeur forte. Les autres chlorures sont solides et dépourvus d'odeur. La plupart sont volatils; c'est ce qui faisait dire aux alchimistes que le chlore donne des ailes aux métaux. Quelques-uns seulement sont insolubles : le chlorure de plomb, celui d'argent, le protochlorure de mercure et le sous-chlorure de cuivre; tous les autres se dissolvent facilement dans l'eau.

28. **Propriétés chimiques.** — La chaleur, l'électricité, la lumière, les principaux métalloïdes agissent sur les chlorures.

La chaleur décompose les chlorures des métaux précieux, et elle ramène le protochlorure de cuivre à l'état de sous-chlorure.

L'électricité décompose les chlorures fondus en métal d'une part qui se dépose sur l'électrode négative et en chlore qui se dégage; on se sert du courant électrique pour la préparation du baryum et du strontium, que l'on n'obtient pas facilement par une autre méthode.

La lumière noircit le chlorure d'argent et le transforme en un corps insoluble dans l'ammoniaque et dans l'hyposulfite de soude : la photographie sur papier tire parti de cette réaction.

Les métalloïdes agissent, les uns, comme l'oxygène, sur le métal du chlorure; d'autres sur le chlore, comme l'hydrogène et les métaux; d'autres, enfin, à la fois sur le chlore et sur le métal; de ce nombre sont le soufre et le phosphore. Dans chaque cas, il y a décomposition du chlorure si la nouvelle combinaison peut dégager plus de chaleur que n'en a produit la formation primitive du chlorure.

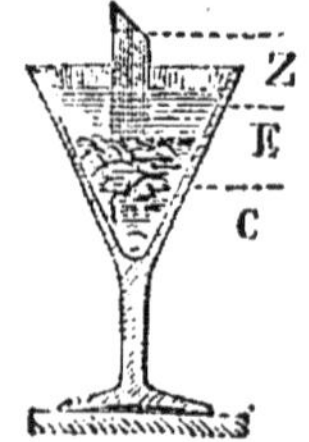

Fig. 10. — Réduction du chlorure d'argent. — C, chlorure d'argent; E, eau avec quelques gouttes d'acide chlorhydrique; Z, Lame de zinc plongée dans le chlorure.

Ainsi, l'hydrogène réduit les chlorures des métaux des dernières sections. On fait l'expérience sur le chlorure d'argent, soit en le chauffant et en faisant passer sur lui un courant d'hydrogène, soit en produisant de l'hydrogène naissant au sein du chlorure d'argent sous un liquide un peu acidulé où plonge une lame de zinc (fig. 10). On tient le chlorure d'argent sous une couche d'eau très légèrement acidulée, on y plonge une lame de zinc et la masse ne tarde pas à noircir totalement : l'hydrogène produit par le zinc et l'acide réduit le chlorure et met en liberté l'argent métallique sous la forme d'une poudre grise.

29. **Usages des chlorures.** — Les principaux chlorures seront étudiés à propos de chaque métal; les plus intéressants

sont le chlorure de sodium ou sel marin et son congénère le chlorure de potassium, les chlorures de baryum et de calcium, celui de zinc, les deux chlorures de l'étain et du mercure, le chlorure d'argent et les chlorures d'or et de platine.

CHAPITRE IV

SELS

30. On a longtemps défini les *sels* des composés formés d'un acide et d'une base. C'est la définition de Lavoisier, qui n'avait en vue que les composés oxygénés, comme l'acide sulfurique et la potasse, et qui avait pris comme unique base de cette définition le phénomène de la neutralisation où l'acide et la base perdent tous deux leurs propriétés sur les réactifs colorés comme le tournesol, pour donner un corps neutre qui n'est plus corrosif comme l'acide ni caustique comme la base.

On réalise la *neutralisation* de la potasse par l'acide sulfurique en versant lentement de ce dernier dans une solution de potasse colorée en bleu par du tournesol, et on cesse de verser de l'acide quand la liqueur vire au rouge. Le sel est formé; il suffit d'évaporer le liquide pour obtenir le sulfate de potasse.

On ne limite plus le nom de *sels* aux seuls composés oxygénés, comme le voulait Lavoisier; autrement, le sel de cuisine, qui a probablement été le premier type des sels, n'en serait pas un, puisqu'il est formé seulement d'un métalloïde et d'un métal. On adopte généralement la définition de Berzélius ou celle de Gehrardt; la première, appuyée sur les décompositions électro-chimiques, considère les sels comme formés de deux éléments : l'un ordinairement métallique, dit électro-positif; l'autre simple ou complexe, dit électro-négatif. Dans la seconde, qui repose sur les échanges que subissent les composés quand ils agissent les uns sur les autres, les *sels sont tous les corps formés d'une partie métallique simple et d'une partie non métallique, simple ou composée, capable de s'échanger par double décomposition.*

Pour l'enseignement, il est très commode de comparer les sels aux acides hydratés qui en sont les générateurs : *un sel est alors comparé à un acide où l'hydrogène a été remplacé par un métal.* Cette manière de voir a le double avantage d'être très générale et très claire; elle fait en effet rentrer les chlorures et les sulfures avec les sels oxygénés; un chlorure est comparable à l'acide chlorhydrique où l'hydrogène a été remplacé par un métal, comme un azotate est comparable à l'acide azotique où l'hydrogène a été également remplacé par un métal, et les deux sels échangent par double décomposition leur portion métallique pour donner deux autres sels :

Acide chlorhydrique. .	HCl	Acide azotique . .	$HOAzO^5$
Chlorure de sodium. .	$NaCl$	Azotate d'argent. .	$AgOAzO^5$

$$NaCl + AgOAzO^5 = AgCl + NaOAzO^5.$$

De cette manière, on n'éprouve pas de difficulté pour écrire la composition d'un sel, puisqu'il suffit de connaître celle de l'acide qui l'a formé ou dont il dérive.

31. Formules des sels. — Les formules qui précèdent se rapportent à la notation ordinaire en équivalents. On les a adoptées parce qu'elles conservent visibles la base et l'acide du sel et qu'elles rendent sensible le rapport de l'oxygène de l'acide, à l'oxygène de la base, dont Berzélius a fait la caractéristique de chaque genre des sels oxygénés. On peut indifféremment écrire l'acide azotique

$$HOAzO^5 \quad \text{ou} \quad HAzO^6$$

et un azotate

$$MOAzO^5 \quad \text{ou} \quad MAzO^6.$$

Ni l'une ni l'autre de ces deux manières de représenter le corps n'indique rien sur la façon dont les éléments sont groupés dans le composé. Mais l'une comme l'autre simplifie l'exposé d'une réaction.

Nous gardons dans cet ouvrage la première sans proscrire la seconde en aucune façon. Et pour rendre facile la transformation des formules écrites en équivalents, en formules écrites dans la notation atomique, plus moderne, nous donnons ici les formules atomiques des principaux acides et de leurs principaux sels.

Acide azotique	....	$HAzO^3$
Azotates.......	des métaux monoatomiques......	$MAzO^3$
	— diatomiques	$M'(AzO^3)^2$
Acide sulfurique	....	H^2SO^4
Sulfates.......	neutre de potasse.................	K^2SO^4
	acide de potasse..................	$KHSO^4$
	de cuivre..........................	$CuSO^4$
Acide sulfureux	....	H^2SO^3
Sulfites.......	neutre de potasse.................	K^2SO^3
	bisulfite de potasse..............	$KHSO^3$
	de cuivre..........................	$CaSO^3$
Acide carbonique	(supposé hydraté)................	H^2CO^3
Carbonates....	neutre de potasse.................	K^2CO^3
	bicarbonate de soude	$KHCO^3$
	de chaux..........................	$CaCO^3$
Acide phosphorique	....	$Ph^2O^6 \left\{ \begin{matrix} H^2 \\ H^2 \\ H^2 \end{matrix} \right.$
Phosphates....	tribasique de chaux..............	$Ph^2O^6 (Ca)^3$
	acide de chaux	$Ph^2O^6 \left\{ \begin{matrix} Ca \\ H^2 \\ H^2 \end{matrix} \right.$
	de soude	$Ph^2O^6 \left\{ \begin{matrix} Na^2 \\ Na^2 \\ H^2 \end{matrix} \right.$

32. Propriétés physiques des sels. — Tous les sels sont solides et plus lourds que l'eau. Beaucoup sont incolores; un certain nombre sont colorés : les sels d'or sont *jaunes;* ceux de cuivre, *bleus* ou *verts;* ceux de cobalt, *bleus* ou *roses;* ceux de fer, *verts* ou *rougeâtres.* La couleur est variable avec la quantité d'eau que contient le sel. Ainsi le sulfate de cuivre, qui est d'une belle couleur bleue en solution ou en cristaux, devient incolore quand on le dessèche; mais il peut reprendre sa couleur primitive si on lui rend l'eau qu'on en avait chassée. A cet exemple, ajoutons celui du chlorure de cobalt, qui est rose en solution et bleu quand il se dessèche, et qui peut par suite prendre les diverses nuances du bleu au rose suivant l'humidité dont il se pénètre.

La saveur des sels est très variable : ceux de soude sont salés, ceux de magnésie amers, ceux d'alumine astringents.

33. Action de l'eau sur les sels. — L'eau dissout un très grand nombre de sels; mais elle est absolument sans action sur quelques-uns, comme le sulfate de baryte, le chlorure d'argent, le carbonate de plomb. La solubilité de beaucoup de sels augmente quand la température s'élève; on peut s'en assurer sur le salpêtre. On chauffe dans un ballon (fig. 11) une solution saturée à froid avec beaucoup plus de salpêtre qu'elle n'en a dissout, et le solide disparaît rapidement dans l'eau chaude. Un second exemple est celui du chlorure de plomb, qui reste dissout dans l'eau chaude et se précipite en aiguilles de sa solution bouillante lorsqu'on la laisse refroidir. L'un des plus curieux exemples de sels solubles, c'est le sulfate de soude. L'eau à 33° en dissout une grande quantité.

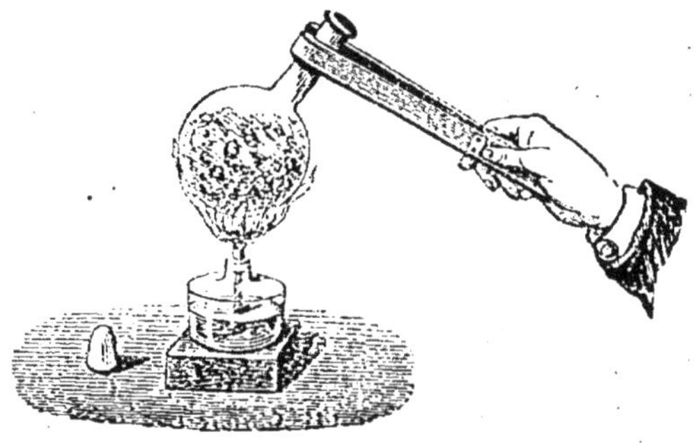

Fig. 11. — L'eau chaude dissout beaucoup plus de salpêtre que l'eau froide.

Nature de l'eau dans les sels, — Quand on fait cristalliser un sel, de petites quantités de l'eau-mère peuvent rester emprisonnées entre les particules solides : c'est l'*eau d'interposition,* qui se résout rapidement et brusquement en vapeur quand on chauffe le sel, témoin la décrépitation du sel de cuisine sur les charbons ardents. Cette eau nuit à la pureté du solide; aussi, pour en empêcher le dépôt et obtenir un sel pur, le fait-on cristalliser *en farine,* comme le salpêtre, en agitant le liquide quand il cristallise.

Certains sels, en cristallisant, s'associent une quantité déterminée d'eau qui paraît nécessaire à leur forme cristalline; c'est l'*eau de cristallisation.* On la figure généralement par le symbole Aq, qui est l'égal de HO, pour indiquer qu'elle n'entre que comme accessoire dans l'édifice chimique du sel. Le carbonate de soude cristallise avec 10 Aq, le sulfate de cuivre avec 5 Aq, le sulfate de fer avec 7 Aq.

L'eau est dite de **constitution** quand elle fait partie intégrante du sel et qu'on ne peut la chasser sans détruire ni changer le sel ; telle est la molécule d'eau du bicarbonate de soude, $NaO,HO,2CO^2$, ou celle du phosphate ordinaire de soude $(NaO)^2,HO,PhO^5$.

34. Action de la chaleur. — Le premier effet de la chaleur sur les sels cristallisés est de dessécher les cristaux. Quand le sel contient beaucoup d'eau de cristallisation, il l'abandonne facilement par la chaleur et s'y dissout ; on dit qu'il subit la **fusion aqueuse ;** ainsi les cristaux de carbonate de soude, $NaOCO^2\,10Aq$, subissent cette fusion avant la température de 50° ; aussi, dans l'industrie, ne les dessèche-t-on qu'à l'air. Un sel qui a subi la fusion aqueuse et qu'on a privé de son eau par la chaleur est dit **anhydre.** Il faut, suivant les cas, une température plus ou moins élevée pour produire ce résultat; ainsi le sulfate de fer $FeOSO^3,7Aq$ abandonne 6 équivalents de son eau de cristallisation vers 100°, et il faut une température bien plus haute pour le priver du dernier.

Presque tous les sels, naturellement anhydres ou devenus tels, se liquéfient quand on les chauffe fortement, si toutefois ils ne se décomposent pas auparavant ; c'est leur **fusion ignée,** qui permet de les couler pour les obtenir en plaques. Tel est l'azotate d'argent, qui fond vers 250°, tandis qu'à cette même température l'azotate de cuivre se décompose, perd son acide en éléments gazeux et laisse l'oxyde comme résidu.

D'une manière générale, on peut dire que la chaleur décompose les sels dont les acides sont facilement volatils ou peuvent le devenir en se décomposant eux-mêmes à haute température.

L'air sec est sans action sur les sels anhydres. L'air humide peut, par la vapeur d'eau qu'il contient, déterminer sur quelques-uns une action chimique qui les hydrate ; c'est le cas du chlorure de calcium fondu, qui s'échauffe en s'hydratant et qu'on emploie à dessécher les gaz.

Certains sels déjà hydratés absorbent encore de l'humidité au contact de l'air et deviennent liquides; on les dit **déliquescents ;** tel est le carbonate de potasse. D'autres sels hydratés, au contraire, abandonnent à l'air sec une portion de leur eau de cristallisation et prennent une surface poussiéreuse, ils sont appelés *efflorescents;* tel est le carbonate de soude en cristaux et aussi le sulfate de la même base. Cette double propriété n'est pas absolue ; elle varie avec l'état hygrométrique de l'air.

35. Propriétés chimiques des sels. — Les sels peuvent être décomposés par la chaleur, par l'électricité et la lumière ; ils le sont aussi par les métaux agissant sur leurs dissolutions et par les solutions d'autres sels agissant sur eux dans des conditions convenables.

La *lumière* réduit certains sels des métaux précieux, notamment les sels d'argent. La photographie tire parti de ces réactions.

L'*électricité* décompose toutes les solutions des sels ou tous les sels fondus qu'elle peut traverser : le métal est porté au pôle négatif et tout le reste au pôle positif ; et si l'on constate d'autres dépôts, ils sont le résultat d'actions chimiques qui ont suivi l'action de l'électricité. C'est sur le sulfate de cuivre que le phénomène est le plus net ; si on plonge dans ce sel les deux électrodes de platine d'une pile, on voit le fil négatif se recouvrir de cuivre rouge, tandis que l'oxygène se dégage contre le fil positif. Le résultat est analogue avec le sulfate de potasse quand on prend soin de former l'électrode négative avec du mercure où le potassium déposé par le courant peut venir s'amalgamer.

36. Action des métaux sur les sels. — Équivalents. — Les métaux se déplacent les uns les autres de leurs dissolutions : le mercure placé au fond d'un verre contenant une solution d'azotate d'argent fait déposer ce dernier métal sous forme d'une cristallisation brillante; une lame de cuivre blanchit dans un sel mercurique, par le mercure qui se dépose à sa surface; un fil de fer plongé dans une solution de sulfate de cuivre fait déposer ce dernier métal (fig. 12); une lame de zinc dans un sel de plomb dépose le plomb en paillettes cristallines très brillantes.

Fig. 12. — Le fer fait déposer le cuivre d'une dissolution de sulfate — A, solution de sulfate de cuivre; B, lame ou fil de fer.

Si l'on opère cette série de décompositions sur les sulfates, on reconnaît que le métal libre prend la place du métal combiné et que, dans tous les cas, c'est *un poids déterminé* du premier qui remplace *un poids déterminé* du second :

$$AgOSO^3 + Hg = HgOSO^3 + Ag$$
$$HgOSO^3 + Cu = CuOSO^3 + Hg$$
$$CuOSO^3 + Zn = ZnOSO^3 + Cu.$$

100 grammes de mercure	déplacent	108 grammes d'argent.
31,75 de cuivre.	—	100 grammes de mercure.
33 de zinc.	—	31,75 de cuivre.

Si d'autre part on fait agir le zinc sur l'acide chlorhydrique

$$Zn + HCl = ZnCl + H,$$

33 grammes de zinc déplacent 1 gramme d'hydrogène. Cette même quantité d'hydrogène (1 gramme), en agissant sur les sulfates de cuivre et d'argent, dépose 31 gr. 75 de cuivre et 108 grammes d'argent.

Ainsi, pour déposer une même quantité d'argent (108 grammes) d'un de ses sels, on peut employer :

L'hydrogène, dont il faut.	1 gramme;
Le zinc, dont il faut	33 grammes;
Le cuivre, dont il faut	31 gr. 75.

Ces nombres sont donc les *poids équivalents* des différents corps qui, dans les réactions chimiques, peuvent jouer le même rôle, posséder la même puissance, produire des effets analogues. On les appelle simplement *équivalents* ou même *nombres proportionnels*.

Et comme on est convenu de représenter l'hydrogène par le symbole H et de lui faire figurer 1 gramme, on est conduit à représenter chaque corps simple par un symbole et à faire exprimer à ce symbole le nombre qui est ou peut être l'équivalent de 1 d'hydrogène ; c'est ainsi que

Zn	représente	33 gr.	de zinc,
Cu	—	31gr,75	— cuivre,
Hg	—	100 gr.	— mercure,
Ag	—	108	— d'argent.

Et chaque corps composé se trouve figuré par les symboles des corps simples qui le forment et représenté en poids par la somme des équivalents de ces corps simples.

37. Actions réciproques des dissolutions salines. — Lois de Berthollet. — Nous verrons fréquemment, dans le cours, deux dissolutions salines agir l'une sur l'autre faire *double échange* et produire deux nouveaux sels. Pour n'en citer qu'un exemple, le sel marin dissous, versé dans l'azotate d'argent, précipite du chlorure d'argent insoluble en formant de l'azotate de soude qui reste dissous :

$$NaCl + AgOAzO^5 = AgCl + NaOAzO^5.$$

Berthollet a résumé ces phénomènes en quelques lois dont le but est de prévoir les réactions qui peuvent se produire entre les composés mis en présence. Pour les étudier plus commodément, on en fait trois groupes : l'action d'un acide sur un sel, l'action d'une base et enfin l'action d'un sel.

1° Action d'un acide sur un sel. — Quand un acide agit sur un sel, il déplace l'acide du sel :

a) *Si celui-ci est gazeux ou peut le devenir.*

Ainsi l'acide azotique, en agissant sur un carbonate, fait dégager l'acide carbonique gazeux :

$$\underset{\text{Sel.}}{CaOCO^2} + \underset{\text{Acide.}}{HOAzO^5} = \underset{\text{Sel nouveau.}}{CaOAzO^5} + HO + \underset{\text{Acide gazeux.}}{CO^2}.$$

L'acide sulfurique en agissant sur un azotate peut déplacer l'acide azotique si l'on chauffe à l'ébullition et que ce dernier acide *devienne* volatil :

$$KOAzO^5 + HOSO^3 = KOSO^3 + HOAzO^5.$$

b) Si *l'acide du sel est insoluble* dans les circonstances de l'expérience.

L'acide sulfurique décompose le silicate de potasse et dépose la silice insoluble :

$$KOSiO^2 + HOSO^3 = KOSO^3 + HO + SiO^2.$$

c) Si l'*acide nouveau peut donner avec la base du sel un composé insoluble.*

L'acide sulfurique déplace l'acide azotique, si on le verse dans un azotate de baryte ou de plomb, parce qu'il peut former un sel insoluble qui se forme en effet instantanément :

$$BaOAzO^5 + HOSO^3 = BaOSO^3 + HOAzO^5.$$

2° **Action d'une base sur un sel.** — Lorsqu'on fait agir une base sur un sel, elle déplace la base du sel dans trois conditions identiques aux précédentes :

a) Si *la base du sel est volatile.* — La potasse ou la chaux déplacent l'ammoniaque qui se dégage à l'état de gaz :

$$AzH^4Cl + CaOHO = CaCl + 2HO + AzH^3.$$

b) Si *la base du sel est insoluble.* — Les alcalis déplacent de leurs sels solubles tous les autres oxydes qui sont insolubles :

$$PbOAzO^5 + KOHO = KOAzO^5 + HO + PbO;$$

c'est le mode de préparation des oxydes par voie humide.

c) Si *le sel nouveau est insoluble.* — La chaux déplace la potasse et la soude de leur carbonate en précipitant du carbonate de chaux insoluble :

$$KOCO^2 + HOCaO = CaOCO^2 + KOHO.$$

3° **Action d'un sel sur un sel.** — Lorsqu'on mélange deux sels, il peut s'en former deux autres par double échange, et ce double échange est complet quand l'un des deux nouveaux sels est *volatil* ou *insoluble*, ou bien peut le devenir dans les circonstances de l'expérience.

Le sulfate d'ammoniaque fait double échange avec le carbonate de chaux par la formation du carbonate d'ammoniaque volatil :

$$AzH^4OSO^3 + CaOCO^2 = CaOSO^3 + AzH^4OCO^2.$$

Le bichlorure de mercure résulte de l'action du sel marin sur le sulfate mercurique, parce qu'il est sublimable à la température de la réaction :

$$HgOSO^3 + NaCl = NaOSO^3 + HgCl.$$

L'iodure de potassium fait double échange avec un sel soluble de plomb par la formation d'iodure de plomb insoluble :

$$PbOAzO^5 + KI = PbI + KOAzO^5.$$

Le chlorure de potassium transforme les sels de soude en sels de potasse parce que ceux-ci deviennent moins solubles dans les conditions de l'expérience :

$$NaOAzO^5 + KCl = KOAzO^5 + NaCl.$$

Ici les deux nouveaux sels sont solubles et resteraient mélangés ; mais, après une longue évaporation, le refroidissement fait cristalliser le sel de potasse tandis que l'autre reste soluble.

Généralisation des lois de Berthollet. — Comme on le voit par les exemples ci-dessus, les lois de Berthollet sont relatives à la *volatilité* et à l'*insolubilité*, c'est-à-dire à des conditions physiques des corps en présence ou des corps qui peuvent se former ; elles supposent donc la connaissance complète de ces modifications d'état physique que l'on ne connaît bien qu'après de longues manipulations.

De plus, elles ont été formulées à l'époque où le sel était toujours considéré comme la réunion d'un acide et d'une base. Avec les idées modernes sur les sels, elles deviennent plus simples ; on peut les réunir en une seule et dire que, *quand deux composés agissent l'un sur l'autre, il peut y avoir double échange, complet ou non, des métaux ou de l'hydrogène, et que ce double échange est complet quand l'un des quatre corps possibles est ou peut devenir volatil ou insoluble.*

38. Le dégagement de chaleur comme moyen d'étude du mélange des dissolutions. — Les lois de Berthollet font prévoir ce que pourra être l'action de deux dissolutions salines quand l'un des produits de la réaction doit être insoluble ou volatil; elles sont muettes dans le cas où il ne doit se former dans les circonstances de l'expérience ni produit insoluble, ni produit volatil.

M. Berthelot les a généralisées et étendues en étudiant la chaleur dégagée dans les réactions et en formulant *les lois de la thermochimie.*

Il a mesuré la chaleur de formation des principaux corps, oxydes, sulfures, chlorures, etc., aussi la chaleur de dissolution, la chaleur dégagée par toutes les combinaisons, et il a reconnu *que la réaction qui s'accomplit entre deux ou plusieurs corps simples ou complexes est celle qui peut dégager la plus grande quantité de chaleur.* C'est ce qu'on a appelé la *loi du travail maximum,* en assimilant les changements chimiques à des changements d'état.

Cette étude des phénomènes thermiques a jeté un jour nouveau sur les réactions des corps en général, et notamment sur les mélanges de sels. Ce n'est pas l'insolubilité ou la volatilité d'un des produits qui est la cause déterminante des réactions, c'est le plus grand dégagement de chaleur.

Voici, entre plusieurs, un exemple caractéristique : on sait que l'acide chlorhydrique attaque le carbonate de chaux et fait dégager l'acide carbonique; on avait, depuis Berthollet, l'habitude de dire que c'était parce que l'acide carbonique était gazeux que cette réaction avait lieu. Mais si l'on emploie un acide chlorhydrique dilué et qu'on le verse dans de l'eau tenant en suspension le carbonate de chaux pulvérisé, l'acide carbonique ne peut pas se dégager : il reste en solution dans l'eau. On ne peut plus dès lors invoquer la volatilité du produit formé. Et cependant la réaction s'accomplit parce qu'elle dégage de la chaleur.

Toute réaction entre deux corps A et B, produisant un corps nouveau C, dégage ou exige de la chaleur et peut se formuler

$$A + B = C \pm Q \text{ calories}$$

elle est dite *endothermique* quand elle exige de la chaleur, *exothermique* lorsqu'elle en dégage. Et cette quantité de chaleur est un des facteurs importants que l'on ne peut négliger.

Ainsi dans l'exemple qui précède, la véritable réaction qui s'opère doit se formuler ainsi :

$$CaOCO^2 + HCl = CaCl + HO + CO^2 + 4^{cal}2.$$

L'ammoniaque est déplacée par la soude du chlorhydrate d'ammoniaque dissous, même quand le gaz ammoniac reste dans le liquide, parce qu'il y a chaleur dégagée dans la réaction.

Bien des réactions qui se produisent et qui semblent en contradiction avec les lois de Berthollet sont expliquées par la théorie thermo-chimique. C'est ainsi qu'un composé soluble peut être déplacé par un composé insoluble. Voici un exemple : l'oxyde de cuivre solide introduit dans une dissolution de sulfure de potassium se transforme en sulfure insoluble : on constate en effet que la formation du sulfure de cuivre par l'oxyde et l'acide sulfhydrique dégage plus de chaleur que la formation du sulfure de potassium. On a effet :

$$KO \text{ en solution} + HS = KS + HO + 3^{cal}8$$
$$CuO \text{ précipité} + HS = CuS + HO + 15^{cal}8.$$

On doit donc avoir

$$KS + CuO = CuS + KO + (15,8 - 3,8)$$

c'est-à-dire une réaction accompagnée d'un dégagement de chaleur.

39. Sels neutres, acides, basiques. — Dans les premières idées chimiques sur la constitution des sels, on appelait *sel neutre* le sel où l'acide et la base entrent en telle proportion que les propriétés de l'un soient complètement dissimulées par les propriétés de l'autre, le sel qui n'exerce d'action ni sur le tournesol rouge, ni sur le tournesol bleu. Le sulfate de potasse, indifférent aux réactifs colorés, formé d'un acide énergique et d'une base forte, en était le type. Le *sel acide* était celui où la présence d'un excès d'acide fait virer au rouge le tournesol. Le *sel basique* était celui où l'on supposait un excès de base.

Ces expressions, ainsi entendues, sont vicieuses, puisqu'elles tendraient à faire croire qu'une même proportion d'acide peut se combiner avec des quantités très différentes de la même base ; tandis que toutes les lois de la chimie démontrent au contraire qu'un poids donné d'un acide ne peut prendre qu'un poids déterminé d'une base. De plus, elles conduiraient à séparer les uns des autres des sels qui ont les plus grandes analogies : ainsi nul doute que le sulfate de cuivre ne soit l'analogue du sulfate de potasse ; et il faudrait le placer dans les sels acides, puisqu'il rougit le tournesol.

Pour faire disparaître cette anomalie, Berzélius a proposé de n'appeler *sels neutres* que ceux où l'oxygène de l'acide est à l'oxygène de la base dans un rapport simple et constant :

3 à 1 pour les sulfates que nous figurons $MOSO^3$;
5 à 1 pour les azotates figurés par $MOAzO^5$;
5 à 3 pour les phosphates dont la formule est $(MO)^3 PhO^5$, etc.

Mais l'usage ne s'est pas conformé entièrement à cette loi de Berzélius, puisque l'on désigne encore les trois phosphates

$(CaO)^3,PhO^5$ — $(CaO)^2HO,PhO^5$ — $CaO,2HO,PhO^5$ par les noms de phosphate tribasique, neutre, et acide,

bien qu'ils soient aussi neutres l'un que l'autre au point de vue du rapport de l'oxygène de l'acide à celui de la base.

On a de même conservé le nom de *sels acides* à ceux qui paraissent contenir deux molécules d'acide pour une de base, comme le *bisulfate de potasse* $KOHO,2SO^3$; et l'on a continué d'appeler *sels basiques* ceux où plusieurs molécules de base sont soudées en apparence à une seule d'acide, comme l'azotate basique de plomb $(PbO)^2HOAzO^5$.

Mais on peut faire disparaître toutes ces incertitudes, si l'on compare les sels aux acides hydratés dont ils ont été formés. Il est en effet facile de reconnaître que les acides ont :

Une molécule d'hydrogène échangeable contre un métal, comme l'acide azotique $HOAzO^5$;

Ou *deux* molécules comme l'acide sulfurique qu'il faut figurer $H^2O^22SO^3$ ou $(HO)^2S^2O^6$, si l'on veut rendre compte de toutes ses réactions;

Ou *trois* molécules comme l'acide phosphorique $(HO)^3,PhO^5$.

Alors les sulfates acides ou les bisulfates, et les carbonates acides ou les bicarbonates deviennent des sels doubles où l'un des métaux est l'hydrogène :

$$\text{Le bisulfate de potasse} \left\{ \begin{array}{l} KOSO^3 \\ HOSO^3 \end{array} \right.$$

est un sulfate de K et de H.

$$\text{Le bicarbonate de soude} \left\{ \begin{array}{l} NaOCO^2 \\ HOCO^2 \end{array} \right.$$

est un carbonate de Na et de H.

Quant aux sels basiques, ce sont, pour la plupart, des sels simples, soudés à une ou plusieurs molécules d'un hydrate d'oxyde que l'on peut encore considérer comme sel en faisant jouer à l'eau le rôle d'acide; ce sont donc encore des sels multiples.

$$\text{Tel est} \ldots\ldots\ldots \left\{ \begin{array}{l} ZnO,SO^3 \\ ZnO,HO \end{array} \right.$$

sous-sulfate de zinc ou sulfate et hydrate d'oxyde de zinc réunis.

Il en est de même pour l'azotate basique de plomb dont la formule peut s'écrire

$$\left\{ \begin{array}{l} PbOAzO^5 \\ PbOHO \end{array} \right.$$

dans lequel un équivalent d'eau joue le rôle d'acide ou une molécule d'hydrate PbOHO le rôle d'un sel.

On ne peut donc pas reconnaître sûrement avec le tournesol si dans un sel l'acide est complètement saturé par la base. Le tournesol est lui-même un sel formé par la combinaison d'un acide organique, l'*acide litmique* avec la chaux. L'acide est rouge et ses combinaisons avec les bases fortes sont bleues, tandis qu'elles sont roses ou rouges avec les bases faibles. Lorsqu'on mêle le tournesol avec le sulfate de potasse, il n'y a pas de réaction parce que l'acide sulfurique et la potasse dégagent plus de chaleur en se combinant ensemble, qu'ils n'en produiraient en se combinant l'un avec la chaux, l'autre avec l'acide litmique. Mais quand on ajoute du tournesol au sulfate de cuivre, il y a une réaction parce que l'acide sulfurique peut dégager plus de chaleur en se combinant avec la chaux qu'avec l'oxyde de cuivre; il en résulte une combinaison de l'acide litmique avec l'oxyde de cuivre et cette combinaison est rouge. L'action du réactif coloré change ainsi avec la base et n'indique pas si celle-ci est entièrement saturée par l'acide.

On peut employer d'autre matières colorantes. L'*orangé n° 3 de Poirrier* qui est jaune en dissolution aqueuse étendue vire au rouge par les acides et elle reste inaltérée dans les sels où la base est complètement saturée. La *phtaléine du phénol* en solution alcoolique est rouge dans les solutions alcalines et elle se décolore quand on sature la base par un acide. L'une et l'autre peuvent indiquer les sels qui sont neutres d'après la convention de Berzélius.

40. Genre d'un sel. — Tout sel peut être considéré comme formé d'une partie métallique, qui s'échange contre une autre métallique aussi ou contre l'hydrogène, et d'un ou plusieurs corps simples non métalliques. Cette dernière partie, à laquelle on donne souvent le nom de *radical*, détermine le *genre* du sel; ainsi le genre des chlorures embrasse tous les sels dont le radical est le chlore, quel que puisse être d'ailleurs le métal qui lui est combiné; le genre des sulfates contient tous les sels dont la portion non métallique est O,SO^3 ou SO^4. Dans chacun des genres, l'espèce est déterminée par le métal joint au radical.

Les différents genres salins ont des propriétés caractéristiques bien tranchées, dont la connaissance est indispensable pour l'analyse minérale. Il nous faudrait compléter l'étude que nous avons faite des sels métalliques par celle des propriétés générales de chaque groupe. Nous ne ferons d'abord ce travail que pour les carbonates, les sulfates et et les azotates; il sera fait pour tous les autres principaux genres de sels à la fin du volume après l'étude de tous les composés métalliques et comme introduction aux notions élémentaires sur leur analyse.

41. Propriétés générales des carbonates. — Tous les carbonates sont insolubles, à l'exception des carbonates alcalins. Tous sont décomposés par la chaleur seule, excepté les carbonates alcalins et le carbonate de baryte. Dans cette décomposition, dont la préparation de la chaux est un exemple, il peut se former un oxyde plus oxygéné que celui du sel et se dégager un peu d'oxyde de carbone avec l'acide carbonique.

L'action combinée de l'eau et de la chaleur détruit les carbonates alcalins et fait dégager leur acide :

$$KOCO^2 + HO = KOHO + CO^2.$$

Le *charbon* décompose les carbonates en agissant sur l'oxyde s'ils sont décomposables par la chaleur seule, ou bien en agissant sur tout le carbonate s'il est indécomposable au feu; les deux réactions sont figurées par les deux exemples suivants :

$$ZnOCO^2 + C = Zn + CO + CO^2$$
$$KOCO^2 + 2C = K + 3CO.$$

Les *acides* attaquent tous les carbonates et en dégagent l'acide carbonique avec effervescence. C'est le caractère le plus saillant et le plus facile à constater.

42. Propriétés générales des sulfates. — Les sulfates sont tous plus ou moins solubles, à l'exception des sulfates de baryte et de plomb, absolument insolubles, et du sulfate de chaux, presque insoluble.

La *chaleur* n'altère pas les sulfates alcalins, ni les sulfates de chaux, de baryte et de plomb; mais elle décompose tous les autres. Les gaz dégagés peuvent être l'acide sulfureux et l'oxygène ou même l'acide sulfurique; le produit qui reste comme résidu est le métal, si l'oxyde est décomposable à chaud, ou l'oxyde simple, ou un suroxyde. Les trois exemples suivants présentent ces différents cas:

$$AgOSO^3 = Ag + O + SO^3$$
$$ZnOSO^3 = ZnO + O + SO^2$$
$$2(FeOSO^3) = Fe^2O^3 + SO^2 + SO^3.$$

Le *charbon* décompose tous les sulfates à chaud. Son action sur les sulfates que la chaleur peut scinder en leurs éléments est variable avec ces éléments. Son action sur les sulfates indécomposables par la chaleur seule donne un sulfure pour résidu et fait dégager de l'oxyde de carbone :

$$KOSO^3 + 4C = KS + 4CO$$
$$CaOSO^3 + 4C = CaS + 4CO.$$

Les *acides* agissent sur les sulfates d'après les lois de Berthollet que nous avons étudiées ci-devant.

43. Propriétés générales des azotates. — Tous les azotates sont solubles. Tous sont décomposés par la chaleur : l'azotate de plomb laisse pour résidu de l'oxyde et dégage un mélange d'oxygène et de vapeurs nitreuses que l'on refroidit pour obtenir l'acide hypoazotique liquide (fig. 13).

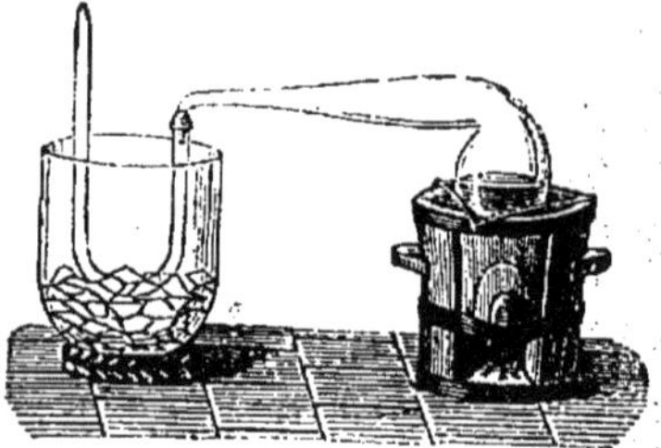

Fig. 13. — Décomposition de l'azotate de plomb par la chaleur et liquéfaction de l'acide hypoazotique.

$$PbOAzO^5 = PbO + O + AzO^4.$$

L'azotate de potasse dégage 2 équivalents d'oxygène et reforme d'abord de l'azotite qu'une chaleur plus intense décompose en potasse et en un mélange d'oxygène, d'azote et d'acide hypoazotique :

$$KOAzO^5 = KOAzO^3 + O^2.$$

Le *charbon* favorise la décomposition des azotates chauffés; il fait fuser et déflagrer les azotates alcalins.

Le soufre agit d'une façon analogue : mélangé avec l'azotate de potasse et jeté dans un creuset de terre chauffé au rouge, il produit une énergique conflagration aux dépens de l'oxygène de l'acide azotique décomposé.

Le mélange du soufre et du charbon avec l'azotate de potasse forme la poudre à tirer.

CHAPITRE V.

POTASSIUM ET SES COMPOSÉS. — K = 39.

42. **Propriétés physiques.** — Le potassium est un corps solide, mou comme de la cire, se laissant facilement entamer au couteau. Fraîchement coupé, il est blanc, avec l'éclat de l'argent; mais il se ternit tèrs rapidement. C'est le plus léger des métaux, après le lithium; sa densité est de 0,86. Il fond à 58° et bout à la température du rouge en répandant une vapeur d'un très beau vert.

43. **Propriétés chimiques.** — C'est le seul métal susceptible de s'oxyder à froid dans l'air sec. A l'air ordinaire, il se couvre immédiatement d'une couche blanche d'oxyde hydraté; aussi le conserve-t-on dans l'huile de naphte, où il est à l'abri de l'oxydation. Chauffé à l'air, il brûle avec une flamme violette.

L'affinité du potassium pour l'oxygène est la *propriété caractéristique* de ce métal; elle est si grande qu'il enlève l'oxygène aux corps composés, à l'eau notamment, dont il met le gaz hydrogène en liberté.

Quand on jette un globule de potassium sur l'eau contenue dans un vase à bords élevés (*fig.* 14), on voit le métal fondre en un globule brillant qui émet une flamme rouge violacé et tournoie rapidement à la surface du liquide. Au bout de peu de temps, la flamme s'éteint et le petit globule restant éclate (c'est pour ne pas être blessé par les projections qu'on emploie un vase à bords élevés). Dans cette expérience, le potassium a décomposé l'eau, s'est emparé de l'oxygène et a mis l'hydrogène en liberté :

Fig. 14. — Combustion du potassium sur l'eau.

$$K + 2HO = KO,HO + H;$$

la chaleur de la combinaison est assez grande pour enflammer l'hydrogène et pour volatiliser une partie du potassium qui communique à la flamme sa couleur rouge-violacé. L'hydrogène, en se dégageant, supprime le contact du globule avec l'eau et le repousse ; de là le mouvement giratoire que l'on observe. Quand tout le potassium est oxydé, la flamme disparaît ; il reste un globule incandescent de potasse qui ne touche pas l'eau ; mais dès qu'il est refroidi et que son contact avec l'eau a lieu il se produit une brusque vaporisation qui lance de tous côtés des gouttelettes de liquide.

Le potassium a une grande affinité pour la plupart des métalloïdes, notamment pour le chlore. Il s'enflamme et brûle dans un flacon de chlore ; il peut même enlever ce corps aux chlorures de magnésium et d'aluminium.

Il s'amalgame au mercure avec un dégagement de chaleur et un sifflement aigu.

44. Usages. — Le potassium est aujourd'hui peu employé ; il détone parfois ; il est presque toujours dangereux à manier en grande masse ; on le remplace par le sodium, dont les réactions sont moins violentes et qui a de plus le double avantage d'avoir un équivalent moins élevé et de coûter moins cher.

45. État naturel. — Le potassium est très-répandu dans la nature ; mais il ne s'y rencontre qu'à l'état de combinaisons. Les roches du terrain primitif contiennent ses sels en assez grande quantité ; on en trouve aussi dans les végétaux terrestres, et, partant, dans la cendre de tous les bois.

46. Préparation. — C'est *Davy* qui, en 1807, isola le premier le potassium en décomposant la potasse par un courant électrique. Il obtint d'abord « *de petits globules d'un vif éclat métallique, semblables aux globules de mercure et qui brûlaient avec explosion et flamme brillante à mesure qu'ils se formaient* ».

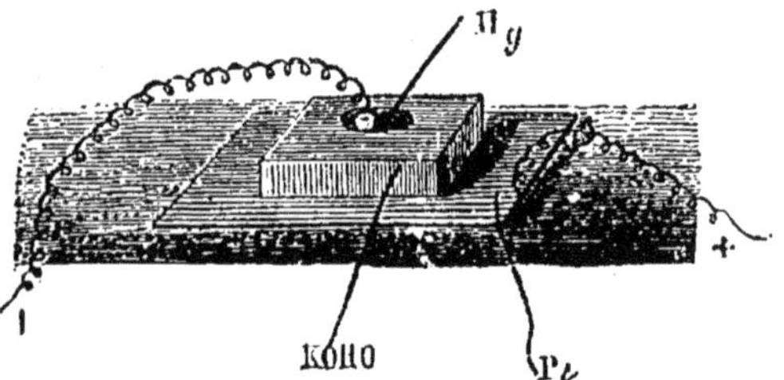

Fig. 15. — Décomposition de la potasse par la pile.

Pour répéter cette célèbre expérience, on place (*fig.* 15) sur une lame de platine communiquant avec le pôle + d'une pile un fragment de potasse creusé d'une petite cavité que l'on remplit de mercure et où l'on amène le fil — de la pile. Le potassium vient former un amalgame d'où l'on peut ensuite chasser le mercure par la chaleur en opérant dans du gaz azote.

Les piles les plus énergiques ne peuvent donner que de petites quantités de potassium ; aussi a-t-on cherché à préparer ce métal industriellement par des procédés purement chimiques. Celui qui est actuellement en usage est dû à *Brunner* ; il a été perfectionné par MM. *Donny* et *Marescat*.

Il consiste à chauffer fortement un mélange de carbonate de potassium et de charbon, que l'on obtient en calcinant le *tartre brut*. La réaction est théoriquement très-simple :

$$KOCO^2 + 2C = 3CO + K.$$

Il se dégage un mélange d'oxyde de carbone et de potassium en vapeur.

L'expérience a montré qu'un peu de carbonate de chaux est nécessaire pour empêcher le carbonate de potassium de se séparer du charbon en fondant.

La cornue où l'on opère la calcination est une des bouteilles de fer battu dans lesquelles on expédie le mercure d'Espagne et à laquelle on adapte un canon de fusil (*fig* 16). Un lut réfractaire n'est pas suffisant pour protéger la cornue pendant l'opération ; aussi faut-il répandre sur elle du borax préalablement fondu et pulvérisé, quand elle commence à rougir, pour constituer un vernis préservateur.

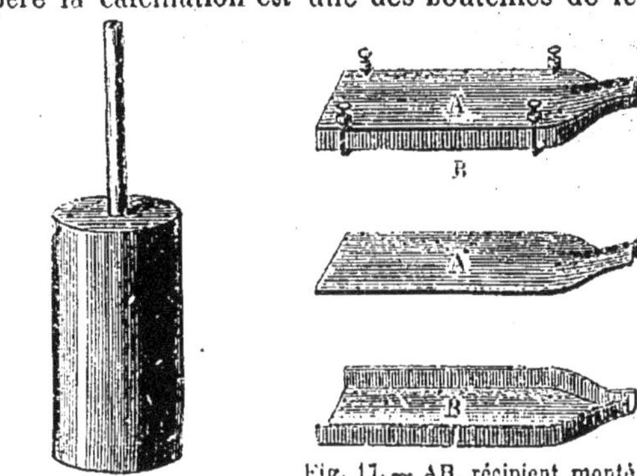

Fig. 16. — Cornue pour obtenir le potassium.

Fig. 17. — AB, récipient monté ; — A, couvercle supérieur ; — B, face inférieure.

Il faut, pour recueillir le potassium et l'empêcher de réagir sur l'oxyde de carbone avec lequel il se dégage, un récipient d'une forme particulière ; c'est une boîte allongée (*fig.* 17), en fer laminé, dont la hauteur entre les

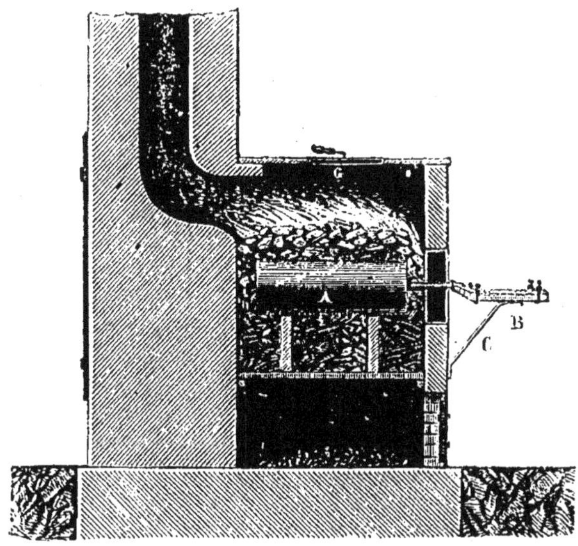

Fig. 18. — A, cornue ; — B, récipient en place ; — C, support du récipient ; — G, ouverture pour introduire le combustible.

parois n'est que de 6 millimètres ; elle est composée de deux parties qui se vissent l'une sur l'autre. On l'adapte au tube de la cornue, quand celle-ci, portée au rouge blanc, laisse dégager des fumées blanches ; elle est pleine au bout d'une demi-heure. On la retire et on la plonge dans un vase contenant de l'huile de naphte, où elle refroidit. Quand elle est suffisamment refroidie, on l'ouvre, on détache le potassium qui s'est condensé sur ses parois pour l'introduire dans des flacons remplis de naphte.

Le potassium ainsi obtenu est impur et serait trop détonant. On le purifie par distillation dans une bouteille semblable à celle qui a servi à son extraction et dont le col incliné se rend dans un récipient contenant de l'huile de naphte.

OXYDE DE POTASSIUM ou POTASSE CAUSTIQUE. — KOHO.

47. **Propriétés.** — L'oxyde de potassium hydraté, connu sous le nom de **potasse caustique** et dont la formule est KOHO, se présente en plaques blanches, onctueuses au toucher, d'une saveur brûlante et urineuse, fondant au rouge sombre.

Au contact de l'air, la potasse attire l'humidité et l'acide carbonique ; elle est déliquescente. Elle se dissout dans la moitié de son poids d'eau en dégageant beaucoup de chaleur, ce qui prouve qu'elle se combine à l'eau en s'hydratant. Sa dissolution concentrée est très-caustique; elle attaque très-énergiquement la peau et provoque la sensation d'une vive brûlure. Aucune matière organisée ne lui résiste.

Elle attaque le verre et la porcelaine en dissolvant la silice et l'alumine; aussi ne peut-on concentrer cette substance ou la fondre que dans des vases d'argent.

C'est une base puissante, qui s'unit aux acides forts avec un vif dégagement de chaleur. Elle prend même les acides à la plupart des sels métalliques, en déposant leurs oxydes, qu'elle sert ainsi à préparer par voie humide.

48. **Usages.** — Outre ses emplois comme réactif usité des laboratoires, la potasse sert à la confection des savons mous et au lessivage. Elle est employée en médecine sous le nom de **pierre à cautère** pour cautériser les chairs. On lui donne, pour cet usage, la forme de baguettes en la fondant et en la coulant dans une lingotière de bronze (*fig.* 19),

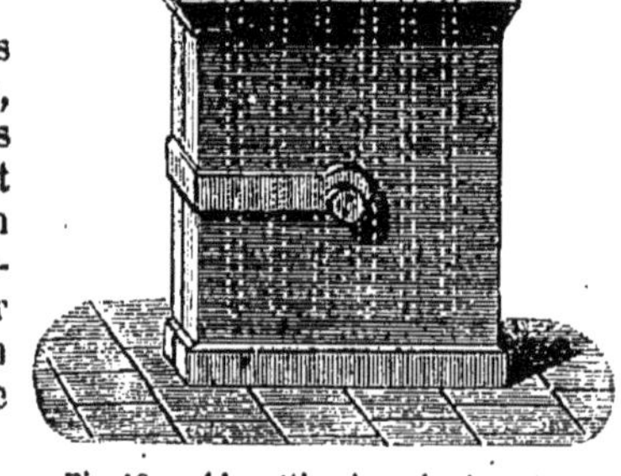

Fig. 19. — Lingotière à couler la potasse en bâtons.

49. **Préparation.** — On prépare la potasse caustique en décomposant le carbonate de potassium en dissolution par la chaux. Celle-ci forme, avec l'acide carbonique, du carbonate de calcium (*craie*) insoluble, et la potasse devient libre :

$$KOCO^2 + CaOHO = CaOCO^2 + KOHO.$$

On opère de la manière suivante : on dissout 1 partie de carbonate de potassium dans 10 parties d'eau et on porte à l'ébullition dans une chaudière en fonte; on ajoute alors par petites portions de la chaux éteinte délayée dans de l'eau chaude, de manière à ne pas arrêter l'ébullition; on continue ainsi jusqu'à ce qu'en prenant avec une pipette une petite quantité du liquide, la laissant s'éclaircir dans un verre et décantant la partie claire, celle-ci ne donne plus d'effervescence par l'addition d'acide chlorhydrique. On enlève alors la chaudière du feu; on la couvre pour éviter que la potasse ne prenne l'acide carbonique de l'air, et on laisse le liquide se clarifier par un repos de quelques heures. On la décante dans une bassine de cuivre, ou mieux encore d'argent, où il doit être soumis à une évaporation rapide; il se concentre de plus en plus et prend l'aspect d'une huile. On le verse sur une plaque de cuivre, où il se fige. On concasse ensuite la matière solide que l'on conserve dans des flacons bien bouchés.

Cette potasse est appelée **potasse à la chaux**; elle est pure quand le carbonate et la chaux employés sont purs eux-mêmes; mais il en est rarement ainsi. Pour purifier la potasse à la chaux, on la dissout dans l'alcool concentré; les impuretés se déposent par le repos; la potasse dissoute dans l'alcool surnage le dépôt. Au moyen d'un siphon, on fait passer la dissolution dans une cornue de verre où elle est distillée pour permettre d'en retirer les deux tiers de l'alcool. Le résidu est versé dans une capsule d'argent, évaporé à sec, fondu au rouge sombre et coulé sur une plaque d'argent. C'est la **potasse à l'alcool.**

Il faut conserver la potasse dans des flacons très-bien bouchés si on veut éviter qu'elle ne se carbonate à l'air.

L'industrie n'emploie que la potasse à la chaux que l'on a concentrée dans des vases de cuivre ou même de fonte.

SULFURES DE POTASSIUM.

Le soufre, en s'unissant au potassium, peut donner les composés

$$KS, \quad KS^2, \quad KS^3, \quad KS^4, \quad KS^5;$$

le premier et le dernier sont seuls importants.

80. Monosulfure de potassium. — Pour préparer le monosulfure de potassium, on partage en deux parties égales une dissolution de potasse et l'on en soumet une à un courant d'hydrogène sulfuré jusqu'à complète saturation; on obtient ainsi un sulfure double d'hydrogène et de potassium ou sulfhydrate de potassium :

$$KOHO + \frac{HS}{HS} = KS,HS + 2HO;$$

en mêlant ensuite à cette liqueur la seconde moitié de la solution de potasse, il se forme du monosulfure de potassium en vertu de la réaction

$$KS,HS + KOHO = 2KS + 2HO.$$

La dissolution obtenue est incolore et fortement alcaline. Elle jaunit à l'air parce que l'acide carbonique en fait dégager de l'hydrogène sulfuré et fait déposer du soufre. Elle sent les œufs pourris.

On s'en sert dans l'analyse pour produire des sulfures dans les dissolutions des sels métalliques.

81. Pyrophore de Gay-Lussac. — On obtient un monosulfure de potassium, très-divisé et prenant feu au contact de l'air, en calcinant dans une cornue de grès un mélange de sulfate de potassium et de noir de fumée. La cornue (*fig* 20) est munie d'un tube vertical d'au moins 80 centimètres de long, dont on plonge l'extrémité dans un verre rempli de mercure. De la cornue refroidie, on retire un produit qui, projeté dans l'air, brûle avec un grand éclat.

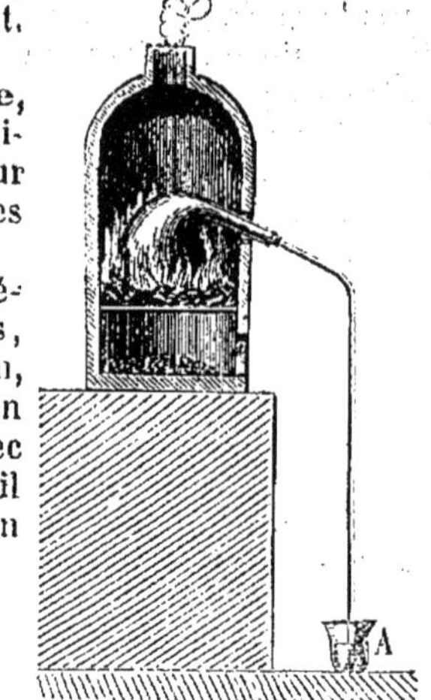

Fig. 20. — Cornue pour préparer le pyrophore. — A, vase contenant du mercure.

52. **Pentasulfure ou foie de soufre,** KS^5. — C'est un composé brun jaunâtre, déliquescent, soluble dans l'eau en une liqueur jaune. Il sert en médecine pour préparer les **bains de Barèges artificiels.**

On l'obtient en chauffant au rouge un mélange de monosulfure et de soufre en excès, ou bien un mélange de carbonate de potassium, de soufre et de charbon, ou même encore en faisant bouillir une solution de potasse avec un excès de soufre. Dans ce dernier cas, il est mélangé d'hyposulfite qui ne nuit pas à son action dans les bains.

CHLORURE DE POTASSIUM. — KCl.

53. **Propriétés.** — Le chlorure de potassium est un sel blanc, cristallisé en cubes d'une saveur salée, inaltérable à l'air. Il est insoluble dans l'alcool, mais il se dissout assez bien dans l'eau, et il y produit un abaissement notable de température : 50 grammes de ce chlorure en poudre fine et 200 grammes d'eau, dans un vase pesant 180 grammes, produisent par leur mélange un froid de 11° au-dessous de zéro.

54. **Usages.**— On en emploie de grandes quantités comme engrais. L'industrie l'utilise pour transformer les sels de sodium en sels de potassium, notamment le salpêtre ; il est la source de plusieurs sels de potassium, surtout du chlorate, du chromate, et même du carbonate artificiel.

55. **État naturel et extraction.** — Il existe en grande quantité dans la nature; il se dépose des eaux-mères des marais salants (voir chlorure de sodium); on le retirait autrefois des cendres des varechs. A *Stassfurt*, près de *Magdebourg*, dans des mines destinées à rechercher le sel gemme, on l'a trouvé en grandes masses mélangé à du chlorure de magnésium et à d'autres sels de potassium. C'est de ces mines qu'on l'extrait. On le livre au commerce au prix de 20 francs les 100 kilogrammes.

BROMURE DE POTASSIUM. — KBr.

56. Le bromure de potassium est un sel blanc cristallisant en cubes, d'une saveur piquante. Il est très-soluble dans l'eau, décomposable par le chlore qui le colore en rouge orangé en mettant le brome en liberté.

Il est employé en médecine comme sédatif du système nerveux.

On peut l'obtenir en saturant le brome par la potasse caustique, évaporant et calcinant le résidu, puis en reprenant par l'eau et en faisant cristalliser.

IODURE DE POTASSIUM. — KI.

57. Ce sel cristallise en cubes comme le précédent; ses cristaux sont transparents lorsqu'il est pur; ils sont opaques quand le sel renferme un peu de carbonate de potassium. Sa saveur est salée et désagréable. Il est très-soluble dans l'eau qu'il refroidit en s'y dissolvant. Il donne facilement d'autres iodures avec les solutions métalliques, notamment l'iodure de mercure.

Il est employé en médecine dans le traitement du goître et des maladies scrofuleuses; c'est un médicament devenu très-fréquent.

On l'obtient en traitant l'iodure de fer par le sulfate de potassium additionné de chaux.

CYANURE DE POTASSIUM. — KC^2Az ou KCy.

58. **Propriétés.** — Le cyanure de potassium se présente en plaques blanches, possédant une légère odeur d'amandes amères. Il est déliquescent et très-soluble dans l'eau. Abandonné à l'air, il absorbe l'eau et l'acide carbonique, surtout s'il est déjà en dissolution; il dégage de l'acide cyanhydrique et ne contient bientôt plus que du carbonate de potassium:

$$KCy + HOCO^2 = KOCO^2 + HCy.$$

C'est un poison énergique.

Il est très-facilement oxydable; on le prouve en projetant de l'oxyde de cuivre sur du cyanure de potassium que l'on a préalablement fondu; l'oxyde se réduit avec ignition.

Il dissout les composés de l'argent; aussi l'emploie-t-on à la préparation de la liqueur qui sert à l'argenture galvanoplastique. Cette même propriété le fait employer en photographie pour enlever les composés d'argent que la lumière n'a pas attaqués.

59. **Préparation.** — On l'obtient pur, mais en petite quantité, par l'action de l'acide cyanhydrique sur la potasse. Dans la fabrication en grand, on fait d'abord du **prussiate jaune** en calcinant des matières organiques azotées avec de la potasse et des ferrailles, puis on traite le sel obtenu, en vase clos, par le charbon; on reprend par l'eau et on fait cristalliser. C'est l'ancien procédé.

Actuellement, on envoie de l'air dépouillé d'oxygène, c'est-à-dire du gaz azote, sur un mélange fortement chauffé de charbon et de potasse. L'air traverse d'abord une longue colonne de coke incandescent qui lui enlève l'oxygène, puis il est poussé dans des cylindres en briques réfractaires, espèces de hauts-fourneaux, contenant des couches alternatives de charbon et de potasse, et portés à une haute température. Après avoir exposé ce charbon potassé pendant dix heures à l'action de l'azote, il suffit de le traiter par l'eau pour qu'il lui abandonne une forte proportion de cyanure de potassium. Ce cyanure est employé immédiatement à la préparation du prussiate.

L'économie qui résulte de l'application de ce procédé est considérable en ce qu'il permet de réserver, pour engrais agricoles, les milliers de kilogrammes de matières animales employées jusqu'ici à la fabrication du prussiate.

Exercices. — 1. Quel poids de potassium peut-on retirer de 10 kilogrammes de carbonate de potassium sec et pur?

2. Quel poids de potasse peut-on obtenir en traitant par la chaux 20 kilogrammes d'une potasse d'Amérique qui ne renferme que 70 p. % de carbonate pur.

3. Combien de litres de chlore faut-il pour obtenir 1 kilogramme de chlorure de potassium, et à combien revient ce sel obtenu par le procédé des laboratoires, si la potasse coûte 3 francs le kilogramme, et le mètre cube de chlore 6 francs?

CHAPITRE II

SELS DE POTASSIUM

CARBONATE DE POTASSIUM. — $KOCO^2$.

60. **Propriétés.** — Le carbonate de potassium est blanc, pulvérulent, d'une saveur acre et alcaline. Il est déliquescent dans l'air humide; l'eau en dissout son poids à la température ordinaire. Il est insoluble dans l'alcool. Au rouge, il fond sans se décomposer; mais la vapeur d'eau lui enlève son acide carbonique. Nous avons vu que le charbon le réduit à l'état de potassium en dégageant de l'oxyde de carbone.

61. **Préparation.** — Quand on veut obtenir le carbonate de potassium pur, on calcine du sel d'oseille (*oxalate de potassium*) dans une capsule d'argent; on dissout le résidu, on le filtre, on l'évapore à siccité et on conserve le produit dans des flacons bien bouchés.

Ordinairement, on calcine le *tartre* (*bitartrate de potassium*) avec son poids de salpêtre, dans un vase couvert, jusqu'à ce que la masse ne dégage plus de fumée; le résidu est noir à cause du charbon qui s'y trouve; on lui donne le nom de **flux noir** et on l'emploie dans les laboratoires comme fondant réducteur. Si l'on mélange au tartre deux fois plus de salpêtre, le résidu obtenu est blanc et porte le nom de **flux blanc**, souvent aussi celui de **sel de tartre** qui révèle son origine.

Le carbonate de potassium ainsi préparé n'a d'usage que dans les laboratoires. Pour faire les savons mous, où il est nécessaire, et pour le blanchiment, on emploie le sel du commerce, plus connu sous le nom de **potasse naturelle.**

POTASSES DU COMMERCE.

62. Sous le nom très-impropre de **potasse du commerce**, on désigne le carbonate de potassium impur que fournit l'incinération des végétaux terrestres. Les plantes qui croissent loin de la mer renferment de la potasse combinée à des acides organiques, tels que les acides **acétique, oxalique, tartrique, malique**, acides décomposables par la chaleur; quand on les brûle, elles laissent un résidu grisâtre qui constitue les cendres; les acides organiques, qui renferment du charbon, ne peuvent brûler sans produire de l'acide carbonique; aussi trouve-t-on dans les cendres des carbonates, surtout du carbonate de potassium.

On constate très-facilement la présence dans les cendres des carbonates alcalins. Pour cela, on délaye dans de l'eau chaude de la cendre commune et on filtre. La liqueur filtrée est alcaline; elle fait effervescence avec les acides, preuve qu'elle contient un carbonate, et si on y verse un peu de chlorure de platine alcoolisé il s'y forme un précipité jaune, révélant la potasse. D'ailleurs, dans les ménages, on fait la lessive avec des cendres, et cette lessive n'est qu'une dissolution d'un sel de potassium.

Toutes les plantes sont loin de laisser la même quantité de cendres comme résidu de leur combustion complète; les plantes herbacées en donnent plus que les plantes ligneuses, l'écorce plus que les feuilles, celles-ci plus que les rameaux, les rameaux plus que le tronc.

En moyenne, pour 100 parties en poids du végétal, la proportion de cendres est la suivante :

Aune	0,40	*Chêne*	3,30
Charme	0,60	*Chardons*	4,03
Peuplier	0,80	*Paille de blé*	4,50
Sapin	0,83	*Sarments de vigne*	4,66
Bouleau	1,00	*Tiges de pois*	11,30
Pin	1,50	*Tiges de pomme de terre*	15,00

Ces cendres ont une composition complexe et variable avec le terrain où la plante s'est développée. On y trouve une partie soluble, comprenant les sels de potassium, et une partie insoluble, composée surtout de sable et de carbonate de calcium. Ces deux sortes de matières sont à peu près dans les proportions suivantes :

Végétaux qui ont produit les cendres.	Portion soluble pour 100 de cendres.	Portion insoluble pour 100 de cendres.
Paille de blé	10,10	89,90
Chêne	12,00	88,00
Pin	13,60	86,40
Bouleau	16,00	84,00
Aulne	18,80	81,20
Fougères	29,00	71,00

L'incinération des végétaux, dans l'unique but d'en extraire la potasse, se pratique dans les contrées où les forêts sont abondantes et les moyens de transporter le bois difficiles, dans l'*Amérique du Nord* notamment, où l'on défriche d'immenses forêts vierges. On utilise au même usage les grandes herbes des *steppes de la Russie* et les broussailles que fournit l'exploitation des forêts *de l'Allemagne* et des *Vosges*.

Incinération. — Les plantes, desséchées par une longue exposition à l'air, sont brûlées en tas, soit dans des fosses de 1 mètre de profondeur, soit sur des aires planes, bien battues et abritées du vent. On alimente le feu jusqu'à ce que la fosse soit remplie ou que l'on ait sur l'aire une assez grande quantité de cendres.

Lessivage. — Les cendres ainsi obtenues sont passées au crible et tassées dans des tonneaux à double fond percillé de trous et recouvert de paille. On achève de remplir avec de l'eau qui entraîne les sels solubles et passe d'un cuvier à l'autre en s'enrichissant, de manière à marquer 15° à l'aréomètre *de Baumé*. Les lessives sont évaporées dans des chaudières plates en tôle jusqu'à ce qu'elles deviennent sirupeuses, puis dans des chaudières de fonte où on les agite jusqu'à dessiccation complète.

Le produit solide obtenu est dur, d'une couleur brune ou noire ; c'est le **salin.** 100 kilogrammes de bonnes cendres donnent environ 10 kilogrammes de salin.

Calcination du salin. — Le salin brut est trop impur pour les usages industriels. On le soumet à une calcination à l'air qui détruit les matières organiques auxquelles il doit sa coloration brune. Cette opération s'effectue sur la sole d'un four à réverbère chauffé au rouge sombre par

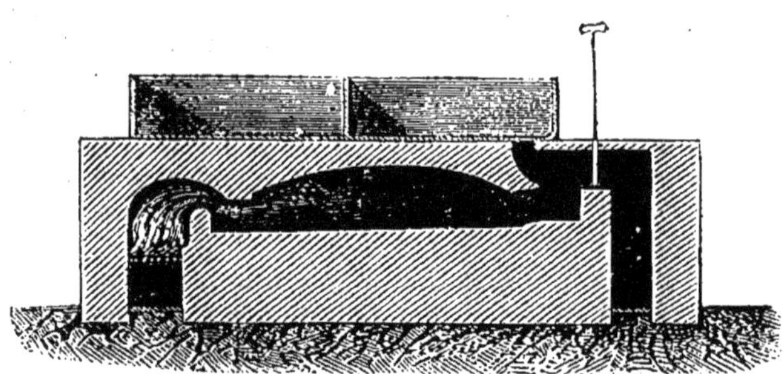

Fig. 21. — Four à calciner les potasses.

des foyers latéraux (*fig* 21). On brasse la matière pour en exposer toutes les parties à l'action de la flamme. Après le travail, le salin se trouve converti en une masse grisâtre, légèrement colorée et en petits grains ; c'est la **potasse perlasse.** Ce produit est souvent désigné, d'après son origine, sous le nom de **potasse d'Amérique, des Vosges, de Dantzig,** etc.

63. **Raffinage des potasses.** — Les potasses commerciales contiennent du sulfate et du chlorure en même temps que du carbonate de potassium. Pour en extraire ce dernier sel, on se base sur sa grande solubilité dans l'eau. On traite la potasse brute par son poids d'eau ; seul le carbonate se dissout. On décante la solution, on évapore et on obtient la **potasse raffinée.**

Elle contient 95 p. % de son poids de carbonate, tandis que les meilleures potasses perlasses d'Amérique n'en renferment que 70 p. %.

64. **Potasses des mélasses de betteraves.** — Quand on a retiré le sucre de la betterave, il reste des résidus sirupeux que l'on nomme **mélasses.** On les fait fermenter, puis on les distille ; on en retire de l'alcool et il reste un liquide, les **vinasses,** qui contient tous les sels minéraux fournis par la betterave. Ces vinasses évaporées et calcinées donnent un salin qu'on soumet au raffinage et qui fournit une assez grande quantité de potasse commerciale. C'est M. Dubrunfaut qui, vers 1845, a introduit cette industrie dans les pays où l'on fabrique le sucre de betterave.

65. **Potasses des laines en suint.** — La laine du mouton est imprégnée d'une matière grasse appelée **suint,** formée de sueur et de potasse, dont il faut la débarrasser par un lavage à l'eau avant de l'employer. Les eaux provenant du désuintage, évaporées, donnent un salin d'où l'on peut retirer par calcination et lessivage du carbonate de

potassium à peu près pur. L'eau du lessivage de 1,000 kilogrammes de laine peut en produire 75 kilogrammes.

66. **Charrées.** — Le résidu insoluble que laissent les cendres lessivées porte le nom de **charrées.** L'agriculture l'emploie comme engrais. Il convient surtout aux terres argileuses où le calcaire fait plus ou moins défaut et aux terrains tourbeux.

67. **Usages des potasses.** — Les potasses commerciales servent pour la verrerie fine et la cristallerie; elles sont la base des savons mous, de la fabrication d'un certain nombre de sels de potassium.

On reconnaît leur richesse en carbonate ou leur véritable valeur par l'**alcalimétrie** que nous exposerons après l'étude des sels de sodium.

SULFATES DE POTASSIUM.

68. L'acide sulfurique peut échanger une ou deux molécules d'hydrogène contre un métal; on doit donc avoir deux sulfates :

1° Le sulfate neutre $\left.\begin{matrix}KO\\KO\end{matrix}\right\}2SO^3$ ou simplement $KOSO^3$;

2° Le sulfate acide ou bisulfate $\left.\begin{matrix}KO\\HO\end{matrix}\right\}2SO^3$ ou $KOHO,2SO^3$;

Ce dernier se forme dans la préparation de l'acide azotique par le salpêtre; il donne le premier quand on le chauffe fortement.

69. **Sulfate neutre.** — Il cristallise en prismes à 6 pans terminés par des pyramides; les cristaux sont beaux et transparents; on les met dans les *flacons* dits de *vinaigre*, avec de l'acide acétique concentré.

Il existe en grandes quantités dans les cendres des varechs. On le trouve tout formé à Stassfurt.

On commence à l'employer pour obtenir le carbonate de potassium par un procédé analogue à celui que nous décrirons pour les cristaux de soude.

AZOTATE DE POTASSIUM. — $KOAzO^5$.

70. **Propriétés.** — L'azotate de potassium, appelé ordinairement **nitre** ou **salpêtre,** est un sel blanc, cristallisé, d'une saveur fraîche et piquante, que le commerce livre en masses cristallines ou en poudre sableuse. Il se dissout dans l'eau avec abaissement de température et sa solubilité est beaucoup plus grande à chaud qu'à froid.

100 *grammes d'eau*	*dissolvent*	13	*grammes de nitre* à	0°
—	—	85	—	50°
—	—	246	—	100°
—	—	335	—	116°.

Il est très-peu soluble dans l'alcool faible, insoluble dans l'alcool absolu. Il s'humecte un peu dans une atmosphère saturée d'humidité.

Soumis à l'action de la chaleur, il fond vers 350°. Il se décompose au-dessous du rouge en dégageant de l'oxygène et en laissant de l'azotite de potassium :

$$KOAzO^5 = KOAzO^3 + O^2.$$

Projeté sur des charbons ardents, il fond, fuse avec flamme blanche en activant la combustion, par suite de l'oxygène qu'il dégage.

Sa décomposition facile en fait un oxydant énergique. Un mélange intime de 15 parties de nitre et de 5 parties de soufre en poudre, projeté dans un creuset chauffé au rouge, brûle avec une flamme éblouissante. Le mélange de 20 grammes de nitre avec 5 de charbon, projeté dans un creuset au rouge, déflagre avec une grande violence.

Chauffé avec les métaux usuels en limaille, le nitre les convertit en oxydes. Il sert principalement à la fabrication de la poudre.

71. État naturel. — Le salpêtre est très-répandu dans la nature ; il existe, en faible quantité, dans les eaux pluviales et la neige, sur le sol et dans nos habitations. Aux *Indes*, en *Égypte*, en *Espagne*, il couvre certaines régions d'efflorescences blanches qui ressemblent à une couche de neige. Au *Pérou* se trouvent de grands gisements de nitre, mais c'est du nitrate de sodium, mélangé de sable et d'argile, en couches de 2 à 3 mètres d'épaisseur, sur une grande surface, et dont l'exploitation s'accroît tous les jours. Dans nos contrées tempérées et dans les pays froids, le nitre est moins abondant; ce sont surtout des azotates terreux qui se forment en houppes blanches très-délicates, sur les murs humides des rez-de-chaussée, des caves, des bergeries.

72. Préparation du salpêtre. — On retirait autrefois le salpêtre du lessivage des terres de l'*Inde* et de l'*Égypte* et des platras des vieux murs comme des matériaux accumulés pour constituer les nitrières artificielles. Aujourd'hui, presque tout le salpêtre qu'emploie l'industrie provient de la transformation de l'azotate de sodium du Pérou.

1° *Transformation de l'azotate de sodium du Pérou en azotate de potassium.* — Le gisement d'azotate de sodium le plus important du Pérou est celui de la grande pampa de *Tamarugal.* On en extrait, à l'aide de la poudre, des blocs de sel de 10 à 20 kilogrammes, sous le nom de *caliches*, contenant de 40 à 65 p. % de nitrate, mélangé de sel gemme. Ces blocs sont concassés, jetés dans des chaudières avec de l'eau, où ils se dissolvent. Les solutions décantées sont abandonnées au repos. On en retire un sel cristallisé qui contient jusqu'à 95 p. % d'azotate de sodium, quand l'opération a été bien conduite. C'est ce sel que l'on envoie en Europe comme source de salpêtre.

On le convertit en azotate de potassium en provoquant une double décomposition à l'aide du chlorure de potassium qui détermine la formation de deux sels inégalement solubles et par suite séparables l'un de l'autre :

$$\underset{\text{Azotate de sodium.}}{NaOAzO^5} + KCl = \underset{\text{Chlorure de sodium.}}{NaCl} + \underset{\text{Salpêtre.}}{KOAzO^5}$$

On fait deux dissolutions, l'une de nitrate du Pérou, l'autre de chlorure de potassium ; on les mêle à chaud. Le sel marin ou chlorure de sodium qui se forme par double échange se dépose en partie parce qu'il est peu soluble ; l'azotate de potassium, très-soluble dans l'eau chaude, reste en solution. On le fait cristalliser par refroidissement. Ainsi obtenu, il contient un peu de sel marin dont on le débarrassera par le raffinage.

2° *Salpêtre de l'Inde.* — Le lessivage des terres richement salpêtrées de l'Inde et de l'Égypte donne une eau qui dépose, par l'évaporation au soleil, de gros cristaux d'azotate de potassium contenant quelques sels étrangers, surtout du sel marin. C'est le **salpêtre brut** de l'Inde que l'on soumet en Europe au raffinage.

3° *Salpêtre des platras et des nitrières artificielles.* — A l'époque du blocus continental, la France, ne pouvant plus tirer de l'étranger le salpêtre nécessaire à la fabrication de la poudre, exploitait non-seulement celui que la nature offre dans les platras des vieux murs, mais elle en provoquait la formation dans des nitrières artificielles. Cette industrie n'a plus de raison d'être; nous ne la décrirons pas; mais nous indiquerons sommairement la transformation des azotates terreux en azotates de potassium, comme un exemple des échanges que l'on peut provoquer entre les dissolutions salines.

La lessive des matériaux salpêtrés contient des azotates de calcium et de magnésium avec de l'azotate de potassium et différents chlorures. Si on la filtre sur des cendres, qui contiennent du sulfate et du carbonate de potassium, les azotates terreux sont transformés en azotates alcalins, en déposant des sels insolubles

$$\underset{\text{Azotate de calcium.}}{CaOAzO^5} + KOSO^3 = KOAzO^5 + \underset{\text{Sulfate insoluble.}}{CaOSO^3}$$

$$\underset{\text{Azotate de magnésium.}}{MgOAzO^5} + KOCO^2 = KOAzO^5 + \underset{\text{Carbonate insoluble.}}{MgOCO^2}$$

de sorte que le liquide qui passe ne contient plus que de l'azotate de potassium avec des chlorures dont on le sépare par cristallisation.

Mais ce procédé serait trop coûteux, à cause du prix élevé des cendres, et le salpêtre reviendrait trop cher. Il a fallu songer à employer d'autres corps.

Les eaux du lessivage des platras salpêtrés sont traitées par la chaux qui change en azotate de calcium l'azotate de magnésium existant dans la lessive :

$$MgO,AzO^5 + CaO = CaOAzO^5 + MgO.$$

Le liquide, décanté, est traité par le sulfate de sodium qui agit sur l'azotate de calcium pour déposer du sulfate de calcium (plâtre) insoluble :

$$CaOAzO^5 + NaOSO^3 = NaOAzO^5 + CaOSO^3;$$

après dépôt et décantation, on obtient un liquide qui ne contient plus que de l'azotate de sodium : on le transforme en salpêtre comme nous l'avons indiqué, c'est-à-dire par le chlorure de potassium.

73. Raffinage du salpêtre. — Quelle que soit sa provenance, le salpêtre brut est impur; il contient des chlorures, notamment du sel marin, qui le rendent hygroscopique et par suite impropre à la fabrication de la poudre. Pour l'amener au degré voulu de pureté, on se fonde sur la différence de solubilité qui existe entre le salpêtre et le sel marin. On dissout le salpêtre brut dans une faible quantité d'eau; les chlorures qu'il contient restent en partie au fond de la chaudière sans se dissoudre ; on les enlève avec un rateau. La dissolution de salpêtre est trouble, visqueuse, par la présence de matières organiques en suspension. On la clarifie avec du sang de bœuf ou de la colle qui en se coagulant amène les matières organiques à la surface sous forme d'écumes. Quand on a enlevé ces écumes, on transvase le liquide clair dans des cristallisoirs où la plus grande partie du salpêtre qu'il contient se dépose. On agite sans cesse le liquide pendant la cristallisation, pour empêcher le dépôt de gros cristaux et obtenir le solide en neige ou en farine; les gros cristaux retiendraient des eaux-mères qu'on ne pourrait pas leur enlever. Le sel solide est égoutté ou même turbiné ; après quoi, il est tassé dans des caisses à double fond percé de trous, puis arrosé avec une dissolution saturée à froid de salpêtre pur. Cette dissolution, en traversant le solide, ne peut plus lui enlever de salpêtre puisqu'elle en a tout ce qu'elle peut contenir ; mais elle entraîne les chlorures qui peuvent encore se trouver dans le salpêtre. Après cette opération, le salpêtre est presque absolument pur.

74. **Nitrification.** — Les azotates alcalins et terreux sont produits à profusion par la nature. Quelles sont les causes de leur formation constante ? C'est ce qu'il importe de rechercher.

On sait qu'un mélange humide d'oxygène et d'azote, sous l'influence de l'étincelle électrique, donne naissance à de l'acide azotique. Cette expérience importante explique la présence de l'acide azotique et des nitrates dans l'eau de pluie. Elle permet d'attribuer à l'influence électrique la formation des azotates des pays chauds, où l'atmosphère est constamment chargée de beaucoup d'électricité.

Il paraît hors de doute que les deux gaz de l'air, l'oxygène et l'azote, peuvent se combiner à froid rien que par l'effet de la combustion lente d'une matière oxydable; cette combinaison s'effectue régulièrement dans le sol arable, aéré, sous l'influence de la combustion lente des matières carbonées, et comme il y a des sels alcalins en présence, il en résulte une formation lente, mais continue, des nitrates.

Un mélange d'ammoniaque et d'air produit de l'acide azotique lorsqu'il est mis en contact avec un corps poreux ; les deux éléments de l'ammoniaque s'oxydent aux dépens de l'air :

$$AzH^3 + O^8 = AzO^5 3HO.$$

On réalise cette réaction dans les cours en faisant passer sur de la mousse de platine légèrement chauffée un mélange d'air et de vapeurs d'ammoniaque (*fig.* 22); les deux gaz se combinent, rendent la mousse de platine incandescente, et le produit formé est envoyé dans de l'eau où l'on constate la présence de l'acide azotique par la coloration brune qu'y prend du sulfate de fer.

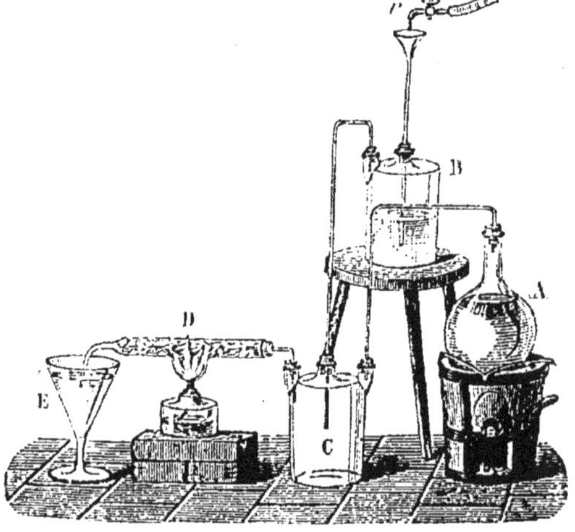

Fig. 22. — A, ballon dégageant l'ammoniaque; — B, flacon d'où l'eau chasse l'air; — C, flacon où se mélangent les gaz; — D, tube contenant de la mousse de platine; — E, verre à recueillir l'acide azotique.

Cette importante réaction permet de comprendre comment le salpêtre se forme et s'accumule sur les murs humides, notamment aux abords des étables ou des écuries ; le carbonate d'ammoniaque de l'urine se répand dans l'air et au contact des parois poreuses s'oxyde lentement en donnant les nitrates en efflorescences blanches neigeuses.

Ainsi voilà expliquée la nitrification au contact des substances animales, ou en général des substances azotées. Quand les nitrates se forment dans des terres peu riches en matières azotées, mais où s'effectuent des combustions lentes de substances carbonées, on admet que les deux gaz de l'air peuvent s'unir sous l'influence multiple des bases, des corps poreux et de l'humidité.

POUDRE.

75. Composition. — La poudre des armes à feu est un mélange intime de salpêtre, c'est-à-dire d'un puissant agent d'oxydation, avec le soufre et le charbon, deux substances facilement combustibles. Il est très-facile de prouver que c'est un mélange et non une combinaison : les dissolvants peuvent en effet séparer l'un de l'autre les trois corps qui y entrent. Ainsi l'eau enlève à la poudre le salpêtre qui est soluble dans ce liquide. Le résidu, desséché et traité par le sulfure de carbone, abandonne le soufre ; le charbon reste comme dernier résidu.

Mais, bien que la poudre soit un mélange, il est à remarquer que les poids des matières qui la forment satisfont aux proportions chimiques suivantes :

$$KOAzO^5 + 3C + S,$$

où, pour 101 grammes de salpêtre, il faut 18 grammes de charbon et 16 grammes de soufre.

Voici la composition des quatre principales poudres employées en France :

		Salpêtre.	Soufre.	Charbon.
Poudre de chasse		78	10	12
Poudres de guerre	*à canon*	75	12,5	12,5
	à chassepot	74	10,5	15,5
Poudre de mine		62	18	20.

76. Fabrication. 1° *Matières premières.* — On n'emploie pour la poudre que du salpêtre pur, en petits cristaux, contenant moins de 3 p. % de chlorure (s'il en contenait plus, la poudre attirerait l'humidité de l'air). On se sert du soufre raffiné en canons et non pas de la fleur de soufre qu'il faudrait d'abord purifier des acides sulfureux et sulfurique qu'elle contient. Le soufre est pulvérisé par des billes de bronze dans des tonnes rotatives, puis tamisé avec grand soin. Le charbon est l'objet d'une fabrication spéciale ; on n'y emploie que des bois tendres comme la bourdaine, l'aune, le peuplier, carbonisés en petites branches et différemment suivant la poudre que l'on veut obtenir.

2° *Trituration ou mélange mécanique des substances.* — Le mélange doit être aussi intime que possible ; il nécessite un broyage qui réduise les matières en particules très-ténues et une compression, de manière à obtenir que la masse ait une grande homogénéité et une grande densité. L'opération se fait dans des mortiers de chêne avec des pilons de bronze (*fig.* 23), ou bien, pour la poudre de chasse, par deux meules en fonte d'un poids de 5,000 kilogrammes roulant dans un auge où l'on place les substances. On opère avec 24 mortiers à la fois dont les pilons sont mus par le même mécanisme et dans chacun on met un litre d'eau avec 1 kilog. 25 de charbon, puis 7 kilog. 5 de salpêtre et 1 kilog. 25 de soufre. On bat très-longtemps de manière à obtenir une matière très-compacte.

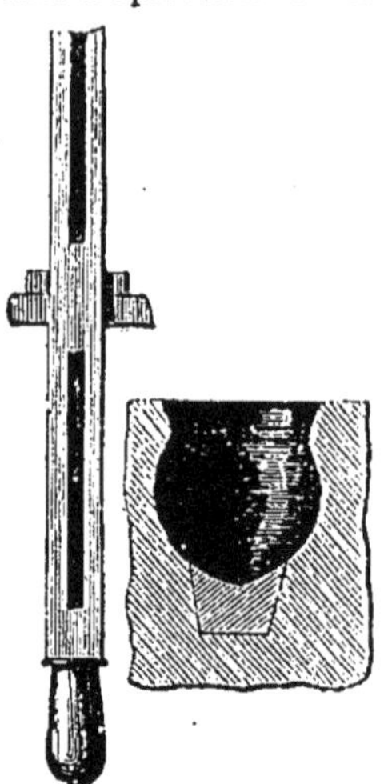

Fig. 23. — Mortier et pilon pour la poudre.

3° *Grenage.* — La pâte est séchée jusqu'à ce qu'elle devienne cassante. On la divise sur un crible appelé *guillaume* (*fig.* 24), par l'action d'un disque lenticulaire en bois dur, qui porte le nom de *tourteau.* Ce disque, par son poids, brise la pâte et la comprime assez pour la faire passer au travers du tamis. La poudre divisée est passée dans un second crible appelé *grenoir*, qui égalise les grains, puis dans deux autres dont l'un sépare la poussière et l'autre retient les grains trop gros.

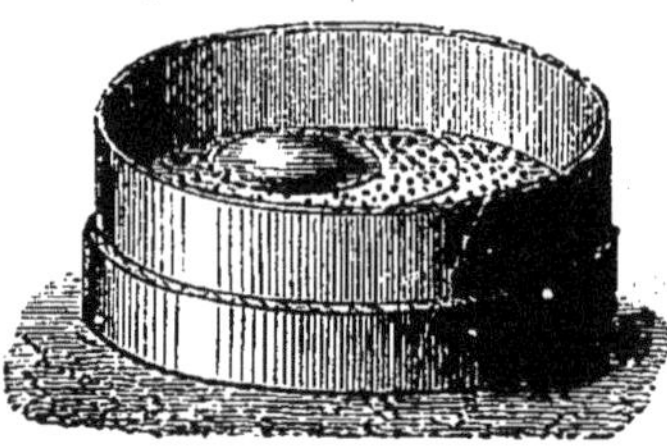

Fig. 24. — Guillaume à cribler la poudre.

4° *Séchage.* — La poudre est séchée à l'air libre pendant la bonne saison; on l'étend sur des toiles, en couches de 3 à 4 millimètres d'épaisseur, et de temps en temps on renouvelle la surface pour hâter la dessiccation. Dans la saison humide, on chauffe les couches de poudres par des courants d'air chaud.

5° *Lissage.* — La dernière opération, qu'on ne fait subir qu'à la poudre de chasse, c'est le lissage; elle a pour objet de donner à la poudre une surface polie et brillante qui en assure la conservation. Elle s'effectue en introduisant la poudre dans un tonneau garni de côtes saillantes que l'on fait tourner: les grains de poudre, roulant les uns sur les autres, usent leurs aspérités et prennent une surface polie.

77. Combustion de la poudre. — La poudre prend feu à une température de 300° brusquement appliquée. Le choc peut l'enflammer s'il produit assez de chaleur; ainsi le choc du fer contre le fer produit l'explosion; aussi on n'emploie pas ce métal, mais bien le cuivre, pour les outils avec lesquels on manie la poudre. Elle prend feu par l'étincelle électrique. Les corps en ignition et les flammes qui l'échauffent assez produisent son explosion. En poussière fine, elle brûle lentement; en grains, elle brûle avec rapidité, parce que la flamme se propage facilement. La meilleure poudre, pour une arme donnée, est celle qui brûle d'une manière complète dans le temps que le projectile met à sortir et qui lui imprime, successivement et non pas instantanément, toute la force de projection dont elle est capable.

Cette force de projection, elle la doit aux gaz qu'elle produit et qui, comprimés, acquièrent une très-grande force élastique. Théoriquement, elle produit de l'acide carbonique et de l'azote, et laisse comme résidu, formant la crasse de l'arme, du sulfure de potassium.

$$KOAzO^5 + 3C + S = 3CO^2 + Az + KS.$$

Le calcul, appliqué à cette égalité, montre que
135 grammes de poudre donnent 66 grammes d'acide carbonique, ou

$$\frac{66}{22 \times 0{,}895} = 33 \text{ litres de gaz carbonique,}$$

et comme l'azote occupe le tiers du volume
de l'acide carbonique, il y a. . . . . . . 11 litres d'azote,

En tout. . . . . 44 litres de gaz.

Mais la température développée par la combustion est de près de 1000°, ce qui rend 4 à 5 fois plus grand le volume des gaz. De sorte que 135 grammes de poudre, occupant au plus 150 centimètres cubes, produisent par leur combustion plus de 200 litres de gaz, c'est-à-dire un volume douze à treize cents fois plus grand; ils pressent donc sur les parois avec une force de 1,200 à 1,300 atmosphères : voilà la cause des puissants effets de la poudre.

CHLORATE DE POTASSIUM. — $KOClO^5$.

78. Propriétés. — Le chlorate de potassium est un sel cristallisé en belles lames hexagonales transparentes et brillantes, peu soluble dans l'eau froide, assez soluble dans l'eau bouillante. Il fond à une température de 400°. Si on continue à chauffer, il se décompose d'abord en chlorure et perchlorate de potassium, en dégageant le tiers de son oxygène.

$$2(KOClO^5) = KCl + \underset{\text{Perchlorate.}}{KOClO^7} + O^4.$$

Une température plus élevée décompose ce perchlorate, et finalement il reste comme résidu du chlorure de potassium; tout l'oxygène s'est dégagé :

$$KOClO^7 = KCl + O^8,$$

de sorte que la décomposition complète peut s'écrire :

$$KOClO^5 = KCl + O^6.$$

On s'aperçoit de la succession de ces deux phases dans la préparation de l'oxygène par le chlorate seul; le gaz se dégage d'abord à une température peu élevée, puis le dégagement s'arrête pour ne reprendre que si on chauffe beaucoup plus.

Si on mêle au chlorate du bioxyde de manganèse ou de l'oxyde de cuivre, la décomposition est complète sans qu'on ait besoin d'élever autant la température : aussi prend-on toujours cette précaution quand on prépare l'oxygène.

Jeté sur des charbons ardents, le chlorate de potassium fuse et déflagre : sa décomposition met en liberté de l'oxygène qui active la combustion.

C'est un puissant agent d'oxydation : si on le mêle à une matière organique combustible, poudre de lycopode, résine, benjoin ou sciure de bois, et qu'on verse quelques gouttes d'acide sulfurique sur le mélange, il y a presque immédiatement inflammation du corps combustible. Le chlorate est décomposé et l'acide chlorique, très-instable, se décompose à son tour et brûle la matière organique.

Le mélange de chlorate de potassium avec le soufre ou le charbon ou les sulfures métalliques constitue des poudres qui détonent violemment par le choc ou par la chaleur; on appelle ces poudres **brisantes**, à cause de la soudaineté de l'explosion et de la violence avec laquelle elles projettent les corps qui s'opposent à l'expansion des gaz qu'elles produisent. On fait éclater vivement un mélange de 1 partie de soufre avec 3 parties de chlorate en poudre placé dans un papier, en le frappant avec un marteau sur une enclume. De très-petites quantités d'un mélange de 3 parties de chlorate avec une demi-partie de soufre et une demi-partie de charbon, triturées dans un mortier, y produisent une série de détonations avec flamme.

Le chlorate, chauffé avec l'acide chlorhydrique, dégage du chlore avec un de ses acides :

$$KOClO^5 + 2HCl = KCl + 2HO + ClO^4 + Cl;$$

ce mélange détruit très-promptement les matières organiques.

79. **Usages.** — Le chlorate de potassium est employé pour obtenir l'oxygène dans les laboratoires. L'industrie s'en sert dans la fabrication des capsules fulminantes. Il entre dans les mélanges pyrotechniques. Il sert dans la fabrication des allumettes sans soufre et sans phosphore, qui s'enflamment avec une petite explosion. Comprimé avec du coton-poudre, il constitue une poudre très-puissante pour les mines.

80. **Préparation.** — On ne le prépare plus par l'action du chlore sur une solution concentrée de potasse (voir 2e année, composés du chlore); ce procédé est trop coûteux à cause du prix élevé de la potasse.

On produit le chlorate de calcium par l'action du chlore sur un lait de chaux, ou bien par l'ébullition d'une solution de chlorure de chaux. Dans la solution obtenue, on ajoute du chlorure de potassium ; il se fait un double échange ; le liquide refroidi laisse cristalliser du chlorate de potassium ; le chlorure de calcium, très-soluble, reste dans les eaux-mères :

$$CaOClO^5 + KCl = CaCl + KOClO^5.$$

On peut aussi faire arriver le chlore dans un mélange de lait de chaux et de chlorure de potassium, laisser reposer le liquide après la saturation par le chlore, décanter la liqueur claire, la concentrer rapidement et la laisser refroidir ; le chlorate formé se dépose.

On purifie le sel en le redissolvant dans l'eau bouillante, précipitant les impuretés par des cristaux de soude et faisant cristalliser la liqueur claire décantée.

HYPOCHLORITE DE POTASSIUM. — EAU DE JAVEL.

81. **L'eau de Javel** est un mélange d'hypochlorite et de chlorure de potassium, obtenu en faisant passer un courant lent de chlore dans une solution étendue et froide de potasse :

$$2KO + 2Cl = KOClO,KCl.$$

C'est le liquide le plus anciennement employé comme décolorant ; il se décompose, en effet, sous l'influence des acides, même de l'acide carbonique de l'air, et dégage du chlore :

$$KOClO,KCl + 2CO^2 = 2KOCO^2 + 2Cl.$$

L'industrie l'obtient par deux procédés :

1° En faisant arriver un courant de chlore dans une dissolution de 7 kilogrammes de potasse perlasse dans 100 litres d'eau, jusqu'à ce que la liqueur marque 8° *Baumé ;*

2° En dissolvant d'une part 10 kilogrammes de chlorure de chaux dans 120 litres d'eau, d'autre part 12 kilogrammes de potasse perlasse dans 40 litres d'eau chaude et mêlant les deux dissolutions ; il se forme un double échange ; du carbonate de calcium insoluble se dépose ; le liquide est l'eau de Javel :

$$CaOClO,CaCl + 2KOCO^2 = 2CaOCO^2 + KOClOKCl.$$

Ce dernier procédé est le plus économique.

L'eau de Javel est souvent remplacée par l'hypochlorite de sodium appelé **liqueur de Labarraque**, qui a les mêmes propriétés et qui coûte moins. Nous étudierons les applications de ces chlorures décolorants en traitant du chlorure de chaux, le plus employé des trois.

SILICATE DE POTASSIUM.

82. En calcinant du quartz avec de la potasse et du charbon, on obtient une masse vitreuse que l'on a appelée le **verre soluble** parce qu'on peut le dissoudre dans l'eau par une longue ébullition. C'est le silicate de potassium.

On l'emploie pour rendre moins altérables par les agents atmosphériques les sculptures et les ornements des constructions taillées en pierres tendres. Le carbonate qui forme la pierre se durcit rapidement à la surface quand il a été arrosé avec du silicate de potassium. On l'a proposé aussi pour servir de véhicule aux couleurs dans la peinture sur pierre.

SULFOCARBONATE DE POTASSIUM. — KS,CS^2.

83. On désigne sous ce nom un composé où le sulfure de carbone joue le rôle d'acide et le sulfure de potassium le rôle de base (voir 2e année, sulfure de carbone). On le prépare en agitant, dans un vase parfaitement étanche, de l'eau, du sulfure de potassium et du sulfure de carbone ; on obtient ainsi une solution d'un beau rouge orangé qui peut fournir de gros cristaux très-déliquescents.

Le sulfocarbonate de potassium, sous l'influence des acides, même de l'acide carbonique de l'air, dégage du gaz sulfhydrique et du sulfure de carbone en vapeur, c'est-à-dire deux corps extrêmement nuisibles aux êtres organisés.

$$KS,CS^2 + HO + CO^2 = KOCO^2 + HS + CS^2.$$

C'est cette raison qui le fait employer en solution étendue pour les arrosages destinés à combattre le phylloxéra ; en même temps qu'il dégage un poison pour l'insecte, il laisse par sa décomposition un sel de potassium qui sert d'engrais au sol arrosé.

84. **Caractères des sels de potassium.** — Les sels de potassium, tous solubles, se reconnaissent aux caractères suivants :

1° *Le chlorure de platine*, additionné d'alcool, y produit un précipité jaune qui met quelque temps à se déposer ;

2° *L'acide tartrique* donne dans les dissolutions concentrées un précipité cristallin qui se dépose après agitation.

Exercices. — 4. Quel poids de chlorure de potassium et de nitre du Pérou faut-il pour produire 100 kilogrammes de salpêtre ? — A combien revient le salpêtre, si le nitre du Pérou coûte 1 franc le kilogramme et le chlorure de potassium 0 fr. 50 ?

5. Quel volume d'oxygène mesuré humide à 20° sous la pression 680mm peut-on retirer d'un kilogramme de chlorate de potassium ?

CHAPITRE II

SODIUM ET SES COMPOSÉS. — Na = 23.

85. **Propriétés du sodium.** — Le sodium est mou comme de la cire à la température ordinaire ; doué d'un éclat très-brillant quand il est fraîchement coupé, il est d'un blanc d'argent qui se ternit vite à l'air. Il est un peu plus léger que l'eau ; il fond à 96° et il colore en jaune la flamme du gaz où il est brûlé. On peut le laminer entre deux feuilles de papier, le manier, le couper à l'air, pourvu que ni les doigts ni les instruments ne soient mouillés.

Il s'oxyde à l'air, mais moins rapidement que le potassium ; il se détruirait complétement dans l'air humide ; aussi le conserve-t-on d'habitude dans de l'huile de naphte. Mais dans l'air sec l'oxydation s'arrête à la surface quand il s'est formé une couche d'oxyde, et on peut le conserver dans des boîtes bien closes, à l'abri de l'humidité.

Il décompose l'eau comme le potassium, donne de la soude qui rend l'eau savonneuse et dégage de l'hydrogène :

$$Na + 2HO = NaOHO + H ;$$

mais la chaleur dégagée par la réaction n'est pas assez forte pour enflammer l'hydrogène, à moins que la quantité d'eau ne soit très-faible et rendue visqueuse par un peu de gomme pour empêcher la gyration du globule métallique ; alors l'hydrogène brûle avec une flamme jaune (*fig.* 25). Cette décomposition de l'eau est souvent accompagnée d'explosions dont la cause est inconnue.

Fig. 25. — Combustion du sodium sur l'eau.

Le sodium brûle dans le chlore et il enlève ce métalloïde aux composés qui le contiennent. Il a toutes les affinités du potassium, mais avec moins d'énergie.

Il se combine au mercure en donnant un composé solide et en dégageant beaucoup de chaleur. Cet amalgame, d'un usage assez fréquent dans les laboratoires, s'obtient en introduisant peu à peu du sodium coupé en morceaux dans du mercure un peu chauffé dans un creuset de terre; chaque fragment de sodium se combine avec incandescence. On peut aussi l'obtenir en faisant arriver un filet de mercure dans du sodium fondu sous un couche de naphte; la masse se gonfle, devient solide et cristalline.

80. **Usages.** — Le sodium est beaucoup plus employé dans les laboratoires que le potassium, à cause de son bas prix et de la facilité de le manier sans accident. L'industrie de l'*aluminium* en consomme de très-grandes quantités.

87. **État naturel.** — Le sodium est très-répandu dans la nature, mais à l'état de composés. Le chlorure se rencontre en masses dans le sol, en quantité dans les eaux de la mer; l'azotate forme de grands bancs au *Pérou*. Les cendres de toutes les plantes marines contiennent du carbonate. L'analyse spectrale révèle presque partout la présence des composés sodiques, tant est grande leur diffusion.

Le sodium a été isolé pour la première fois par *Davy*, par l'électrolyse de la soude.

88. **Préparation.** — On retire le sodium de son carbonate en le réduisant par le charbon, à haute température :

$$NaOCO^2 + 2C = 3CO + Na.$$

Mais la préparation est beaucoup plus facile et plus sûre que celle du potassium. On l'effectue, comme cette dernière, dans des bouteilles en

Fig. 26. — Préparation du sodium. — A, C, cylindre-cornue; — V, récipient vertical; — R, vase contenant du naphte, où tombe le sodium.

fer, quand on ne veut opérer que sur de petites quantités. Dans l'industrie, on se sert de l'appareil continu imaginé par *M. Deville*.

La réaction a lieu dans de grands cylindres fortement chauffés qui portent à une extrémité un récipient de *Donny* posé verticalement; l'autre bout peut s'ouvrir pour permettre de charger et de décharger les cylindres (*fig.* 26). On fait un mélange de

Carbonate de sodium sec.	30 kilogrammes.	
Houille sèche à longue flamme. . .	13	—
Craie de Meudon	5	—

le tout pulvérisé et calciné; on en forme des gargousses que l'on introduit dans le tube et dont on retire les restes après la réaction, pour en introduire de nouvelles. Le sodium, condensé dans le récipient, coule à sa partie inférieure dans une marmite contenant de l'huile de naphte.

On fond ce sodium brut sous l'huile; quand le métal est liquide, on le moule dans des lingotières, comme on ferait du plomb.

L'industrie, grâce aux patientes recherches de M. Deville, livre aujourd'hui le sodium au prix de 15 francs le kilogramme.

OXYDE DE SODIUM HYDRATÉ OU SOUDE CAUSTIQUE. — NaOHO.

89. La **soude caustique** a les mêmes propriétés que la potasse; comme celle-ci, elle se liquéfie à l'air et absorbe l'acide carbonique; seulement le carbonate formé est pulvérulent, au lieu que le carbonate de potassium est déliquescent.

On l'obtient d'une manière analogue à la potasse en traitant le carbonate de sodium par l'eau de chaux. On a la **soude à la chaux** et la **soude à l'alcool.** Mais les usages de la soude sont plus nombreux que ceux de la potasse, parce qu'elle est d'un prix moins élevé. Elle forme la base des savons durs ou savons ordinaires.

CHLORURE DE SODIUM. — NaCl.

90. **Propriétés et usages.** — Le chlorure de sodium que l'on appelle **sel gemme** quand on l'extrait des gisements terrestres, **sel marin** quand on le retire des eaux de la mer, partout **sel de cuisine** parce qu'il sert depuis les temps les plus reculés comme assaisonnement de la nourriture de l'homme, a une saveur franchement salée, sans arrière-goût. Il cristallise en cubes qui forment par leur réunion des *trémies* (*fig.* 27). A la chaleur rouge, il décrépite à cause d'un peu d'eau interposée entre ses lamelles cristallines, puis il fond en répandant des vapeurs blanches. Il n'est pas beaucoup plus soluble dans l'eau chaude que dans l'eau froide. Quand il n'est pas absolument pur, il est déliquescent et presque toujours un peu humide.

Fig. 27. — Cristal et trémie de sel gemme.

Il est décomposé par l'acide sulfurique qui donne avec lui du sulfate de sodium et laisse dégager l'acide chlorhydrique : il est ainsi le générateur du chlore et des chlorures, et en même temps des sels de soude, c'est-à-dire de beaucoup de produits industriels très-importants.

91. **État naturel.** — Il est abondamment répandu dans la nature; les eaux de la mer qui couvrent les trois quarts du globe sont une dissolution de chlorure de sodium. Le sol en renferme de grands bancs, que des eaux souterraines dissolvent peu à peu. L'air lui-même en contient l'état de poussières invisibles que l'analyse spectrale sait révéler.

On ne le fait pas dans les laboratoires, bien qu'il prenne naissance dans l'action de l'acide chlorhydrique sur la soude ou le carbonate de sodium. On l'extrait soit en *blocs ou gemmes*, soit des sources salées qu'on retire du sol, soit enfin des eaux de la mer.

92. 1° *Extraction du sel gemme.* — Le sel gemme forme des bancs puissants dans un des étages du terrain de trias. Les principales mines exploitées en Europe sont celles de *Wielliczka* en *Pologne* où la couche de sel présente une superficie considérable et une épaisseur de plus de 200 mètres; en France, les gisements de la *Meurthe*, du *Jura*, de l'*Ariége* et des *Basses-Pyrénées*.

Il est quelquefois assez pur pour être livré à la consommation te qu'on l'extrait de la mine; dans d'autres cas, une cristallisation suffit pour l'amener au degré de pureté voulu. Mais le plus souvent on le dissout dans la mine même par deux méthodes différentes.

Dans la première, on ouvre dans le gisement des galeries et des chambres de dissolution où l'on fait arriver des eaux douces. L'eau creuse peu à peu les parois des chambres et les élargit; quand elle est saturée, on la soutire à l'aide d'un siphon pour la conduire aux chaudières d'évaporation. C'est ainsi qu'on opère dans la Saxe.

Dans le second procédé, on creuse des trous de sonde dans lesquels on engage une série de tuyaux de cuivre réunis les uns aux autres et terminés à la partie supérieure par une pompe. On fait arriver de l'eau dans le trou de sonde entre ses parois extérieures et les tuyaux; elle se charge de sel, et la solution saline, plus dense que l'eau ordinaire, occupe la partie inférieure, et c'est elle que la pompe aspire et soulève pour l'envoyer aux chaudières d'évaporation. Dans certains cas, à Dieuze notamment, il existe des nappes d'eau dans les gisements salins; cette eau se trouve naturellement saturée; il suffit de l'extraire et de l'évaporer.

93. 2° *Exploitation des sources salées.* — Les sources salées sont dues à des infiltrations dans des gisements de sel d'où les eaux sortent plus ou moins chargées. Pour qu'elles puissent être exploitées, il faut qu'elles contiennent au moins 5 p. % de sel; elles peuvent en renfermer de 12 à 20 p. %, surtout quand par des sondages convenables on arrive à les puiser plus près des gisements. Avant de songer à les évaporer économiquement par la chaleur, on les fait concentrer en les évaporant lentement à l'air, soit en les faisant couler le long de cordes qui présentent un très-grand développement (comme en Savoie), soit surtout en les faisant passer sur des *bâtiments de graduation.* Ce sont des amas de fagots de broussailles (*fig.* 15), retenus par des châssis, recouverts par des hangars, orientés de manière à présenter leurs grandes faces latérales aux vents qui règnent le plus souvent dans la contrée, le tout surmonté d'une rigole et donnant au-dessus d'une forme de bassin. On fait couler l'eau salée sur ces amas : elle se répand sur une très-grande surface; elle y subit une évaporation qui la concentre notablement. Quand elle arrive dans le bassin, on la remonte sur un second bâtiment, de manière à obtenir qu'elle marque de 14° à 20° à l'aréomètre *Baumé.* On peut alors l'évaporer au feu.

94. Évaporation. — Que les eaux sortent des puits de mine ou des bâtiments de graduation, on les amène dans des chaudières peu profondes, mais d'une très-grande surface. Ces chaudières, en fonte ou en tôle, sont recouvertes d'une hotte en bois, destinée à provoquer un tirage qui enlève la vapeur d'eau. Elles sont chauffées, les unes directement par la flamme du foyer, les autres par un courant d'air chaud. On commence

Fig. 28. — Bâtiment de graduation.

par porter le liquide à l'ébullition. Il se fait peu à peu un dépôt abondant nommé **schlott** qui est formé de sulfate double de sodium et de calcium; on le retire avec des rables et on le dépose dans de petites auges percillées où il s'égoutte au-dessus de la chaudière. On procède ensuite au **salinage**, dans la même chaudière ou dans une seconde, c'est-à-dire qu'on enlève, à l'aide de rables le sel qui se dépose par l'évaporation. A la fin de l'opération, le sel obtenu contient du chlorure de magnésium qui cristallise avec lui. Pour éviter cet inconvénient et la perte du sel qui résulterait de l'abandon des derniers produits, on ajoute de la chaux aux eaux salées avant l'évaporation. Cette chaux fait déposer la magnésie, et le chlorure de calcium qui se fait est décomposé par le sulfate de sodium des eaux avec dépôt de plâtre et transformation en chlorure de sodium des chlorures qui forçaient à rejeter trop tôt les *eaux-mères*. Le salinage est plus ou moins rapide; quand il a lieu par ébullition et avec enlèvement continu, le sel est en très-petits grains, c'est le **fin-fin**; quand au contraire l'évaporation est lente, les cristaux sont volumineux, on retire du **gros sel**.

95. 3° *Extraction du sel des eaux de la mer.* — L'évaporation des eaux de la mer constitue la source la plus abondante du sel ordinaire. La composition de ces eaux est variable, comme le montre le tableau suivant :

	Océan.	Méditerranée.
Chlorure de sodium	25,10	27,22
— *de potassium*	0,50	0,70
A reporter.	25,60	72,92

Report	25,60	72,92
Chlorure de magnésium. . .	3,50	6,14
Sulfate de magnésium. . . .	5,78	7,02
— *de calcium*	0,15	0,15
Carbonate de magnésium . .	0,18	0,10
— *de calcium.* . . .	0,02	0,01
— *de potassium.* . .	0,23	0,21
Eau.	964,54	958,36
	1000,00	1000,00

L'évaporation s'exécute dans de grands bassins ménagés sur les côtes et désignés sous le nom de **marais salants** dans l'Ouest, de **salins** dans le Midi.

Dans l'Ouest (*fig.* 29), l'eau arrive, à marée haute, par un petit canal

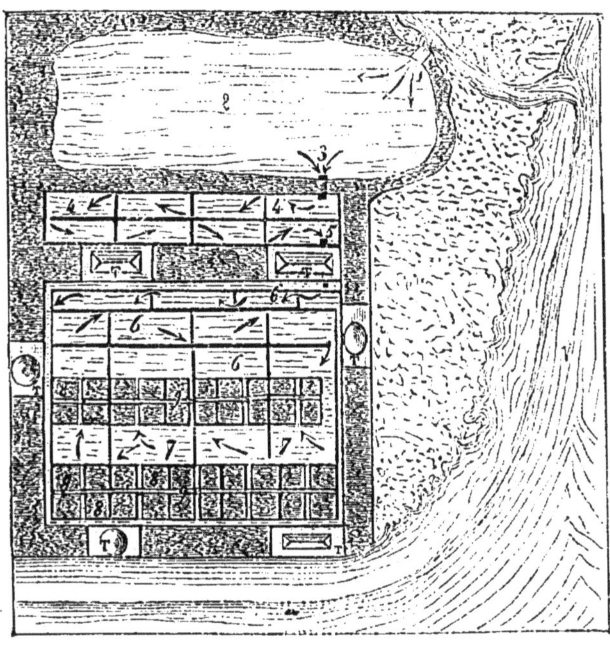

Fig. 29. — Marais salants. — 1, arrivée de l'eau ; — 2, grand réservoir d'arrivée ; — 4, 5, 6, 7, différents petits bassins d'évaporation ; — 8, 9, derniers bassins de salaison. — T, tas de sel terré.

muni d'une vanne, dans un grand bassin de 1 000 mètres carrés dont le niveau domine celui des autres réservoirs. De là elle passe dans un réservoir où elle subit une première concentration, puis dans une série de compartiments rectangulaires qu'elle parcourt successivement et avec lenteur, en se concentrant peu à peu. Quand elle arrive à son maximum de concentration, on la conduit aux cristallisoirs où elle dépose le sel On recueille le sel, à l'aide de râteaux, d'abord en petits tas pour qu'il s'égoutte, puis en tas plus gros et coniques que l'on recouvre de terre glaise. Sous l'influence de l'humidité entretenue par cette couche de terre, le chlorure de magnésium déliquescent s'écoule ; il reste un **sel gris** encor impur, qui a généralement besoin d'être raffiné. Pour cela, on le dissout dans l'eau ; on ajoute de la chaux pour précipiter la magnésie ; on filtre dans des vases dont le fond percé de trous est recouvert de nattes et on évapore la solution dans des chaudières.

Une campagne de salinage commence vers le 15 mai et se termine en fin septembre quand disparaissent les beaux jours. Elle prendrait d'ailleurs fin par l'accumulation des *eaux-mères* où le sel marin cesse de se déposer.

Salins du Midi.—Les marais salants du Midi ne peuvent pas avoir la même disposition que ceux de l'Ouest, à cause de l'absence de marées dans la Méditerranée. Les bassins sont établis dans un terrain argileux. L'eau de la mer arrive dans le premier par des pentes naturelles ; elle y subit sous l'action du soleil une évaporation active. On l'élève ensuite, à l'aide de machines, d'abord dans un second système de bassins, puis dans un troisième où s'effectue le dépôt du sel. Dans ce mouvement, la surface de l'eau se renouvelle sans cesse, ce qui accroît beaucoup son évaporation. Le sel obtenu, égoutté en énormes tas de forme pyramidale, est en masses agrégées de gros cristaux blancs ; il est plus pur que celui de l'Ouest.

96. **Extraction du sel par la gelée.** — Dans le nord de l'Europe, où l'évaporation des marais salants n'est pas possible, on soumet l'eau de la mer à la congélation. Elle donne de la glace pure, et la partie restée liquide se concentre ; si on enlève les glaçons et qu'on fasse de nouveau congeler le liquide, on finit par avoir une eau très-chargée, dont on achève la concentration dans des chaudières. Mais le sel ainsi obtenu est encore plus impur que celui de l'Ouest.

97. **Utilisation des eaux-mères des marais salants.** — Les eaux de la mer contiennent, outre le chlorure de sodium qu'on en retire par l'évaporation, d'autres matières salines dont les bases et les acides (comme la potasse et l'acide sulfurique) sont d'un usage répandu. Ces matières restent dans les *eaux-mères* où le sel s'est déposé ; il est donc d'un grand intérêt d'utiliser ces eaux-mères au lieu de les rejeter. M. Balard a indiqué un procédé de traitement de ces eaux qui permet d'en tirer à peu de frais tout l'acide sulfurique à l'état de sulfate de sodium, et tout le potassium à l'état de chlorure.

Lorsque les eaux ne laissent plus déposer de sel marin sensiblement pur, on les laisse se concentrer jusqu'à 35° ; elles déposent alors un produit nommé *sel mixte* qui est un mélange de sulfate de magnésium et de sel marin (le premier domine dans le mélange pendant la nuit, le second pendant le jour). Le dépôt recueilli en tas est égoutté, puis redissous dans de l'eau. Les solutions sont soumises à un refroidissement, soit naturel dans les nuits d'hiver, soit artificiel en toute saison, à l'aide des appareils Carré, à réfrigération par l'évaporation de l'ammoniaque. Sous l'influence du froid, il se produit une double décomposition ; le sulfate de sodium formé se précipite et cristallise, le chlorure de magnésium reste en dissolution :

$$NaCl + MgOSO^3 = NaOSO^3 + MgCl.$$

Le sulfate ramassé, égoutté, est obtenu en grande quantité, bien qu'il n'existe pas dans les eaux de la mer. Son emploi à la fabrication des cristaux de soude en fait un produit de première importance.

Les *eaux-mères* à 35° qui ont laissé déposer le *sel mixte* sont emmagasinées à la fin de la campagne dans de grands réservoirs bétonnés. Sous l'influence des premiers froids, vers 10°, elles laissent déposer du sulfate de magnésium. On les soutire et on les évapore. Par le refroidissement, elles abandonnent un chlorure double de potassium et de magnésium. Ce produit recueilli est lavé avec la moitié de son poids d'eau froide qui lui enlève le chlorure de magnésium déliquescent; il reste le chlorure de potassium qu'on turbine pour le sécher.

Ajoutons que c'est dans les *eaux-mères* des marais salants qu'on retire le brome et l'iode.

Exercices. — 6. Quel poids de soude caustique peut-on obtenir en traitant par la chaux 1 kilogramme de sel de soude sec qui contient 80 p. % de son poids de carbonate?

7. Un liquide contient par litre 59gr.25 d'un mélange à équivalents égaux de sulfate de magnésium et de chlorure de sodium : quel poids de sulfate de sodium pourra-t-on retirer de 10 mètres cubes de ce liquide?

CHAPITRE IV

SELS DE SODIUM.

AZOTATE. — $NaOAzO^5$.

98. **L'azotate de sodium** employé aujourd'hui à la fabrication du salpêtre a les mêmes propriétés que celui-ci; seulement il est déliquescent, c'est pourquoi on ne peut l'employer à la fabrication de la poudre.

Il existe au *Pérou* et au *Chili* en gisements considérables que l'on exploite activement. On peut l'obtenir pur par cristallisation.

Il est préféré au salpêtre pour la préparation de l'acide azotique, parce qu'il est moins cher, d'un équivalent moins élevé (85 au lieu de 101), et qu'il laisse un résidu très-employé (le sulfate de sodium).

SULFATE. — $NaOSO^3 10Aq$.

99. **Propriétés.** — Le sulfate de sodium se présente en cristaux prismatiques incolores, transparents et volumineux, qui s'effleurissent rapidement à l'air en perdant leur eau. On l'appelle **sel de Glauber** du nom de celui qui l'a obtenu le premier et qui l'avait nommé le **sel admirable** à cause de sa beauté quand il vient d'être préparé. Il a une saveur fraîche et amère.

Il est très-soluble dans l'eau; mais sa solubilité, qui s'accroît avec la température depuis 0, est maximum vers 33°; l'eau peut dissoudre trois fois son poids de sel. Au-dessus de 33°, la solubilité décroît; on attribue ce phénomène à un changement dans la nature du sel; on remarque en effet que s'il se dépose d'une solution bouillante, il est anhydre, tandis qu'il prend 10 molécules d'eau pour cristalliser à froid.

La solution saturée et portée à l'ébullition se conserve liquide au repos, bien qu'elle contienne plus de sel qu'elle n'en peut tenir, qu'elle se *sursature*. Si on la laisse refroidir avec précaution, à l'abri des poussières de l'air, soit dans un tube à col effilé (*fig.* 30), soit en couvrant le vase qui la contient, elle reste sursaturée sans déposer de cristaux. Mais le choc ou le brusque contact de l'air ou d'une baguette de verre lui fait prendre immédiatement l'état solide.

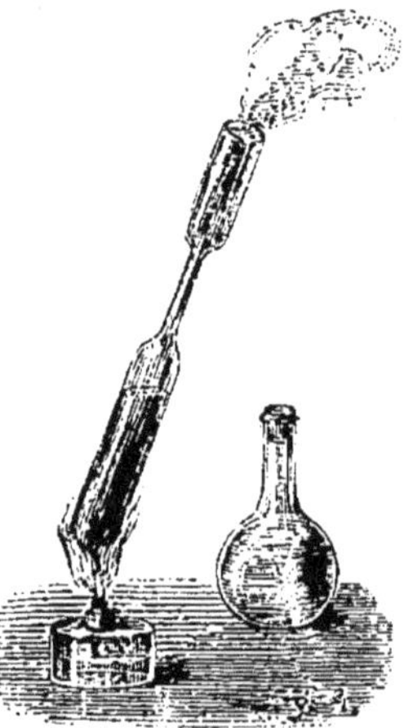

Fig. 30. — Sursaturation du sulfate de soude.

La dissolution dans l'eau a lieu avec abaissement de température; mais un froid plus considérable est produit par la dissolution de 8 parties de sel dans 5 d'acide chlorhydrique; c'est un mélange réfrigérant souvent employé.

Le sulfate de sodium, chauffé, devient liquide dans son eau de cristallisation; puis anhydre quand il a perdu cette eau; il fond, sans se décomposer, à une plus haute température.

100. Préparation. — Il existe en *Espagne* des gisements de sulfate de sodium que l'on exploite. Mais l'industrie, qui fait de ce produit une consommation énorme, le fabrique en attaquant le sel marin par l'acide sulfurique :

$$NaCl + HOSO^3 + NaOSO^3 + HCl.$$

Cette réaction donne naissance à un dégagement d'acide chlorhydrique (c'est elle qui est utilisée dans les laboratoires quand on veut pré-

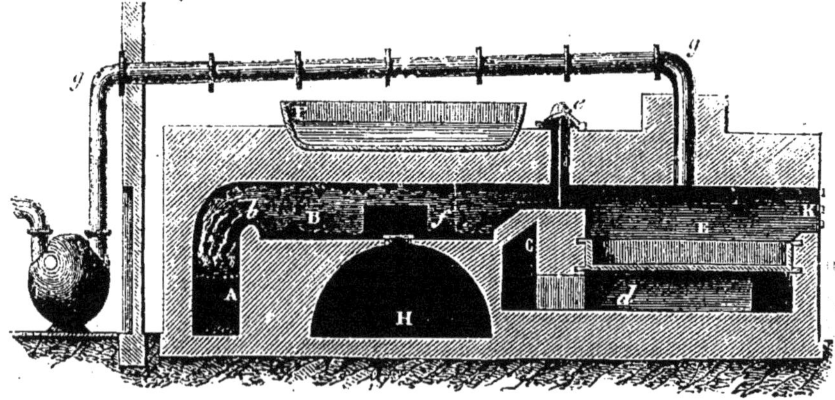

Fig. 31. — Four à sulfate de soude. — A, foyer; — B, calcine; — E, cuvette; — H, cavité pour recueillir le sulfate fait; — K, porte pour charger la cuvette; — P, bassine à chauffer l'acide; — *e*, valve de communication de la calcine et de la cuvette; — *g*, tube emmenant le gaz chlorhydrique.

parer cet acide); le sulfate reste comme résidu. Elle s'accomplit en deux phases dont l'une commence à la température ordinaire et n'exige qu'une chaleur modérée, tandis que la seconde ne s'accomplit qu'à une température voisine du rouge.

Les appareils industriels se composent d'un grand four (*fig.* 31) qui permet un travail continu sur de grandes masses, des tuyaux de conduite pour le gaz chlorhydrique et des vases où l'on opère sa condensation.

Le four comprend toujours deux compartiments : l'un appelé la **cuvette**, en plomb ou en fonte, où s'accomplit la première phase de l'opération; l'autre, la **calcine**, à réverbère, c'est-à-dire à feu direct, ou à moufle, où l'on chauffe fortement le mélange provenant de la cuvette et d'où l'on retire le sulfate tout formé. Le foyer chauffe d'abord la calcine, et les produits de la combustion viennent ensuite passer sous la cuvette qui n'a pas besoin d'être autant chauffée.

On emploie du sel raffiné et de l'acide sulfurique marquant 60° Baumé et qu'il est avantageux de chauffer au préalable. Le sel introduit dans la cuvette, on y fait couler un poids égal d'acide; on mélange bien, on ferme et on lute la porte. La réaction devient très-vive; il se dégage des torrents d'acide chlorhydrique presque pur qui vont aux appareils de condensation; la masse se boursoufle et prend peu à peu une consistance pâteuse. A ce moment, on ouvre la communication entre les deux compartiments du four et on pousse dans le second la masse du sel inachevé. Ce transport effectué, on recharge à nouveau la cuvette pour que l'opération soit continue. On brasse la matière fortement chauffée de la calcine; du gaz chlorhydrique s'en dégage encore, entraîné avec les produits de la combustion. Tout le sulfate est à la fin chauffé au rouge naissant; il prend une coloration jaune qu'il perdra par le refroidissement. On le tire du four avec un racloir et on le fait tomber dans un compartiment où il se refroidit.

Dans ces appareils, on décompose en deux ou trois heures 150 à 200 kilogrammes de sel marin.

Fig. 32. — Bonbonnes à condenser l'acide chlorhydrique. Le gaz marche de gauche à droite, le liquide de droite à gauche, par les siphons d'une bonbonne à l'autre.

Les appareils condensateurs de l'acide chlorhydrique sont les corollaires nécessaires des fours à sulfate; c'est le plus souvent une longue série de bonbonnes à demi remplies d'eau (*fig.* 32), où le gaz circule en sens inverse de l'eau et se dissout peu à peu; ou une suite de caisses en pierres dures remplies d'eau aux deux tiers et offrant ainsi aux gaz une grande surface de condensation. Quel que soit le mode employé, il faut faire suivre la dernière bonbonne ou la dernière auge d'une tour contenant du grès et du coke concassés, sans cesse humectés d'un filet d'eau et que le gaz traverse avant de se rendre dans l'atmosphère.

Il y a d'autres sources de sulfate de sodium, comme les eaux-mères des marais salants et les schlotts des eaux salées ; même d'autres procédés de fabrication qui reposent presque tous sur la transformation du sel marin ; le plus important, après celui que nous avons décrit, consiste à faire réagir sur le chlorure de sodium les pyrites ferrugineuses et cuivreuses ou les gaz qu'on obtient en les grillant.

Le sulfate de sodium est employé en quantité considérable à la fabrication du verre ; mais il sert surtout à la préparation des soudes commerciales.

SOUDES DU COMMERCE.

101. Les soudes commerciales sont des carbonates plus ou moins impurs. On les dit **naturelles** quand elles sont fournies directement par la nature, comme celles que l'on retire des végétaux croissant sur le littoral de la mer ; elles sont dites **artificielles** quand elles sont obtenues par des procédés chimiques.

102. Soude naturelle. — Diverses plantes qui croissent dans le voisinage de la mer et des lacs salés, et que l'on désigne sous le nom généraldc *salifères* ou *marines*, comme les *salsola*, les *salicornia*, puisent dans le sol du sel marin, l'élaborent pendant l'acte de la végétation et le transforment en divers sels organiques à base de soude. Quand on les incinère, elles laissent beaucoup de cendres contenant surtout du sel marin et du carbonate de soude. La combustion a lieu dans des fosses où les cendres subissent, sous l'action de la température développée, une demi-fusion et se transforment en une masse agglomérée, de couleur foncée et d'aspect vitreux, que l'on brasse demi-fluide pour la rendre homogène. C'est la **soude brute** ; la meilleure est produite en *Espagne* ; elle renferme environ un quart de son poids de carbonate.

103. Soude artificielle. — Jusqu'à la fin du siècle dernier, c'était la potasse qui était employée presque partout où l'on avait besoin d'un alcali ; la soude ne servait guère qu'à la fabrication des savons durs et les soudes naturelles suffisaient. L'augmentation du prix des potasses fit rechercher les moyens de fabrication artificielle des soudes. En 1789, **Leblanc** découvrit son procédé. On le suit encore aujourd'hui tel que l'auteur l'avait indiqué. Mais il n'est plus le seul qui fournisse économiquement la soude artificielle ; le procédé de **Schlœsing** appliqué par **Solvay** commence à lui faire une sérieuse concurrence. Nous allons décrire chacun de ces deux moyens d'obtenir les sels de soude dont l'industrie actuelle fait une énorme consommation.

104. Procédé Leblanc. — Le procédé Leblanc repose sur la transformation du sulfate de sodium en carbonate sous la double influence du carbonate de calcium et du charbon. Le charbon réduit le sulfate en produisant du sulfure de sodium :

$$NaOSO^3 + 4C = NaS + 4CO.$$

Ce sulfure de sodium fait double échange avec le carbonate de calcium en produisant du carbonate de soude et du sulfure de calcium :

$$NaS + CaOCO^2 = CaS + NaOCO^2.$$

Sous l'influence de la haute température, une molécule de carbonate de calcium est décomposée par le charbon avec dégagement d'oxyde de carbone et production de chaux :

$$CaOCO^2 + 2C = CaO + 2CO,$$

de sorte que l'ensemble de la réaction peut s'écrire :

$$NaOSO^3 + 2CaOCO^2 + 6C = CaS + CaO + NaOCO^2 + 6CO.$$

On trouve en effet, dans le résidu, du sulfure de calcium insoluble mélangé de chaux et du carbonate de soude soluble; il se dégage dans l'opération de l'oxyde de carbone. On admettait autrefois la formation d'un oxysulfure de calcium, et on paraissait ne pas croire à l'insolubilité du sulfure; les travaux récents de M. Scheurer-Kestner ont fait abandonner cette hypothèse.

La réaction précédente répond d'ailleurs complétement aux nombres indiqués par Leblanc pour les poids des trois corps à employer dans une opération bien conduite.

Matières premières. — Le sulfate de soude doit être anhydre, poreux et léger, d'une nature homogène; le calcaire, aussi blanc et aussi pur que possible, exempt d'argile et concassé en petits morceaux. Le charbon est généralement de la houille menue, mais non en poussière. Les matières dosées sont mélangées grossièrement et jetées dans le four à la pelle.

Fours. — Le premier four employé était en briques réfractaires, à deux soles elliptiques avec deux portes latérales (*fig.* 33). Le mélange, intro-

Fig. 33. — Ancien four à soude. — A, coupe de la première partie; — B, élévation de la deuxième partie; — C, dessus.

duit d'abord sur la sole la plus éloignée du feu, chauffé par la flamme du foyer, était brassé vigoureusement à main d'homme avec de longs rables en fer, jusqu'à ce que la masse devînt liquide. On le faisait passer sur la sole antérieure, plus chaude, où la fusion devenait plus parfaite et la réaction plus énergique; le brassage était activement continué jusqu'à disparition des petites flammes d'oxyde de carbone. On retirait alors du four par la porte de travail la masse semi-pâteuse que l'on recevait sur un chariot en tôle. Refroidie et solidifiée, cette masse constitue ce que l'on nomme un **pain** de soude brute.

Depuis quelques années, on emploie le **four tournant**. C'est un énorme cylindre en fonte (*fig.* 34), doublé intérieurement d'une maçon-

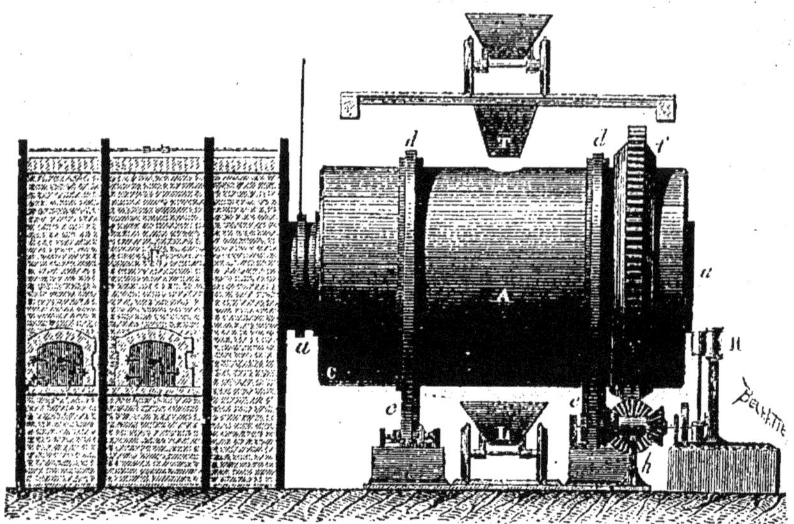

Fig. 34. — Four tournant pour la fabrication de la soude. — A, cylindre tournant; — *a*, ouverture cylindrique pour le passage de la flamme; — *c*, *d*, galets dirigeant le mouvement; — *f*, roue dentée engrenant avec le pignon *h*; — *v*, wagonnet pour recevoir le produit retiré du four.

nerie en briques réfractaires et mobile autour de son grand axe qui est horizontal. Deux ouvertures circulaires, ménagées à chaque extrémité, permettent à la flamme d'un foyer voisin de traverser le cylindre comme un grand carneau et de chauffer ce qu'il contient. On y introduit le mélange et on met l'appareil en mouvement; les réactions s'opèrent; les masses y sont sans cesse fortement remuées. Quand l'opération est terminée, on vide le contenu du cylindre, c'est-à-dire la soude brute fondue, dans une série de wagonnets où elle se prend en pains.

Le travail est plus régulier et le rendement est meilleur que dans l'ancien four.

Lessivage de la soude brute. — Les pains de soude brute sont un mélange de carbonate de soude et de sulfure de calcium. Pour séparer les deux produits, dont le premier est soluble et le second insoluble dans l'eau, on soumet la masse concassée à un lessivage à l'eau tiède. Ce lessivage est *méthodique*, c'est-à-dire que l'eau passe sur des produits de moins en moins épuisés et se sature dans tout son trajet qui se trouve être l'inverse de celui qu'on fait suivre à la matière à dissoudre.

Qu'on imagine en effet une série de cuves en gradins (*fig.* 35), communiquant l'une à l'autre et dans chacune desquelles plonge un panier en tôle, percé de trous et rempli de soude brute concassée en fragments. L'eau arrive dans la cuve supérieure et descend successivement tous les gradins. Les paniers les plus élevés renferment le produit le plus épuisé. On les remplace par ceux du gradin immédiatement inférieur, et

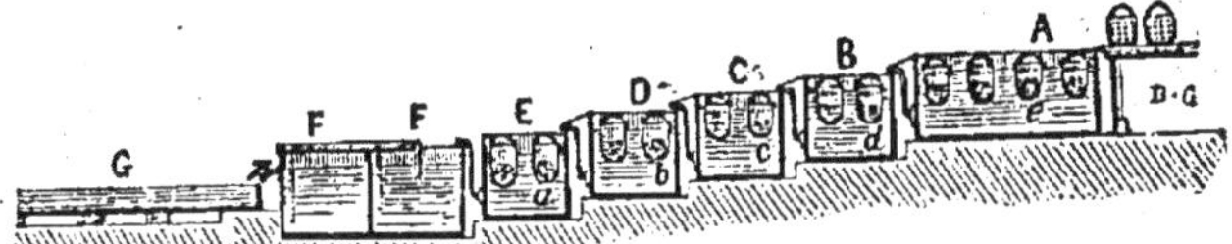

Fig. 35. — Ancien mode de lessivage de la soude brute. — A, B, C, D, auges recevant l'eau qui s'écoule de l'une à l'autre; — F, cuves de dépôt de la solution; — G, bassin de l'évaporation; — *a*, *b*, *c*, *d*, *e*, paniers contenant la soude brute.

dans le dernier on met de la matière qui n'a pas encore subi l'action de l'eau. De cette manière, la soude brute est épuisée avec le moins d'eau possible, et celle-ci, trouvant dans sa marche un produit de plus en plus riche en matières solubles, s'est saturée; son évaporation est bien moins coûteuse.

L'appareil que nous venons de décrire présente l'inconvénient d'exiger trop de travail pour le transport des paniers. On le remplace par une série de cuves horizontales, communiquant les unes aux autres par des

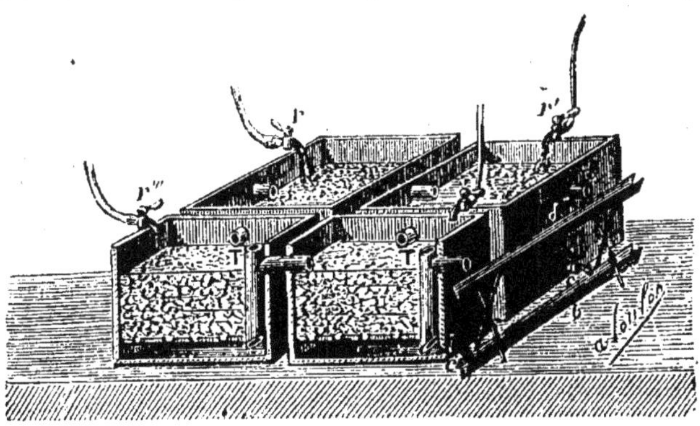

Fig. 36. — Appareil moderne de lixiviation de la soude brute sans déplacement des caisses qui la contiennent. — *r*, *r'*, *r''*, *r'''*, robinets amenant l'eau pure; — T, tubes faisant siphon et conduisant le liquide d'une cuve à l'autre; — *b*, *d*, rigoles d'écoulement du liquide saturé.

tubes, comme l'indique la figure 36. L'écoulement de l'eau de l'une à l'autre est déterminé par la différence de niveau existant entre les colonnes liquides qui diffèrent de densité à mesure qu'elles sont plus concentrées. L'eau passe de la matière la plus épuisée à celle qui l'est le moins, comme dans l'appareil incliné précédemment décrit.

Le résidu insoluble est désigné sous le nom de **marc de soude.** On l'utilise dans quelques usines en régénérant le soufre qu'il contient.

Les lessives fortes marquant de 24° à 30° Baumé sont conduites dans de grands bassins de dépôt maintenus à une température de 40° où elles se clarifient.

Sel de soude caustique. — Quand on les évapore dans des bassins chauffés, puis sur la sole d'un four à réverbère (fig. 21), on obtient une pâte granuleuse blanche et amorphe; c'est le sel de soude **caustique,** ainsi nommé parce qu'il renferme avec du carbonate une certaine quantité de soude libre.

Sel de soude carbonaté. — Quand on veut un carbonate sec, sans causticité, on soumet, avant de les évaporer, les lessives brutes à un courant d'acide carbonique qui transforme la soude libre en carbonate.

Cristaux de soude. — Pour obtenir le carbonate de soude en cristaux, ou ce qu'on appelle vulgairement les *cristaux de soude*, on emploie le sel précédent, que l'on redissout dans le moins d'eau possible. Une grande chaudière en tôle, conique (*fig.* 37), munie d'un tuyau à vapeur qui débouche près du fond, est remplie aux trois quarts d'eau. Le sel à dissoudre est placé dans un panier percillé mobile au moyen de poulies. On chauffe l'eau par le jet de vapeur; et la dissolution est d'autant plus rapide que l'eau saturée tombe à mesure au fond de la chaudière. La liqueur saturée est abandonnée au repos; elle laisse déposer ses impuretés. On la siphonne dans des cristallisoirs de dimensions très-diverses, où elle cristallise. Les cristaux séchés, concassés, s'effleurissent un peu à la surface. On les embarille pour les soustraire au contact de l'air.

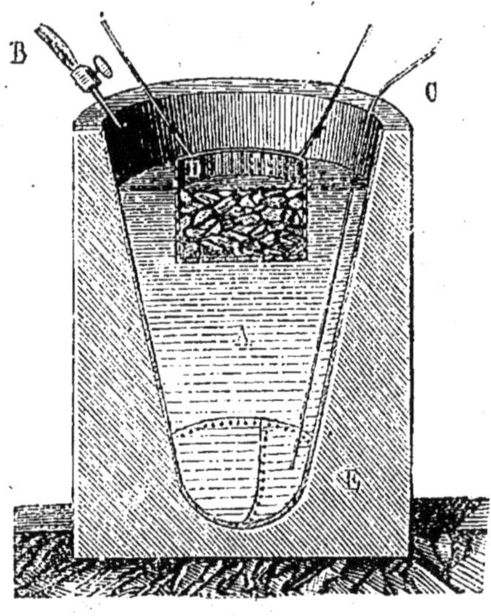

Fig. 37. — Chaudière à dissoudre le sel de soude pour la préparation des cristaux. — A, chaudière conique en tôle; — E, enveloppe de maçonnerie; — C, tuyau à vapeur; — D, panier percillé suspendu.

C'est le carbonate à 10 équivalents d'eau ($NaOCO^2 10Aq$). Il renferme 64 p. % d'eau; mais pour beaucoup d'usages il est préféré aux sels de soude secs, parce qu'il ne contient pas de matières insolubles.

103. Procédé Schlœsing ou à l'ammoniaque. — Ce procédé qui n'est devenu pratique que depuis quelques années, entre les mains de M. Solvay, a été imaginé en 1854 par **M. Schlœsing**. Il repose sur la réaction suivante :

Le *bicarbonate d'ammonium* donne avec le sel marin, par double décomposition, du *bicarbonate de sodium* peu soluble et du chlorure d'ammonium très-soluble dans l'eau :

$$NaCl + AzH^4OHO2CO^2 = NaOHO2CO^2 + AzH^4Cl.$$

Par suite, une solution de sel marin presque saturée est additionnée d'ammoniaque caustique, mélangée de carbonate d'ammoniaque, puis sursaturée par l'acide carbonique; elle est ensuite portée à l'ébullition et la réaction précédente s'opère. Le bicarbonate de sodium déposé est recueilli, lavé, séché, puis finalement calciné. Il se convertit en carbonate de soude en dégageant la moitié de son acide carbonique qui rentre dans la fabrication.

Le chlorure d'ammonium qui reste dans les eaux-mères, bouilli avec de la chaux, laisse dégager tout l'ammoniaque qu'il contient et que l'on condense dans une nouvelle solution de chlorure de sodium.

On obtient par ce procédé un beau sel de soude, sans causticité, sans impuretés. De plus on peut employer directement l'eau salée, tandis que le procédé Leblanc exige la mise en œuvre de sel cristallisé.

106. **Usages des soudes du commerce.** — On emploie les cristaux de soude dans le blanchiment, le sel de soude calciné dans la verrerie fine, la soude brute dans la fabrication des bouteilles. Ils sont préférés au carbonate de potasse parce qu'ils ne sont pas déliquescents; il en faut un poids moindre pour produire le même effet chimique; de plus leur prix est bien inférieur.

CARBONATE DE SODIUM PUR. — $NaOCO^2,10Aq$.

107. Le **carbonate de soude**, même en beaux cristaux bien blancs, n'est pas absolument pur. Pour le purifier, on le fait dissoudre dans l'eau bouillante jusqu'à saturation; on filtre la solution et on la fait refroidir brusquement en l'agitant constamment. Il se forme ainsi une farine de très-petits cristaux qu'il est facile de priver de leur eau-mère par des lavages avec de petites quantités d'eau.

Ce sel est très-soluble; l'eau en dissout huit fois son poids à la température de 36°, beaucoup moins à 100°. Chauffé, il fond dans son eau de cristallisation, puis devient anhydre et finalement liquide au rouge, sans décomposition. Ses réactions sont les mêmes que celles du carbonate de potassium. — On en retire la soude et le sodium.

BICARBONATE. — $NaO,HO,2CO^2$.

108. Ce sel existe en dissolution dans certaines eaux minérales, notamment dans les **eaux de Vichy**; aussi le désigne-t-on d'habitude sous le nom de **sel de Vichy.**

Il se produit quand le carbonate neutre en cristaux ou en solution est soumis à un excès d'acide carbonique; aussi sa préparation est très-facile.

Dans les laboratoires, on peut faire passer un courant de gaz carbonique dans une solution de carbonate neutre; l'acide est absorbé; le bicarbonate, peu soluble, se dépose en cristaux souvent volumineux. On peut encore appliquer la réaction principale du procédé **Schlœsing** précédemment décrit. Quand on opère sur les cristaux de soude, on les place dans un vase allongé qui reçoit le gaz carbonique par son extrémité inférieure et peut écouler l'eau que perdent les cristaux (*fig.* 38):

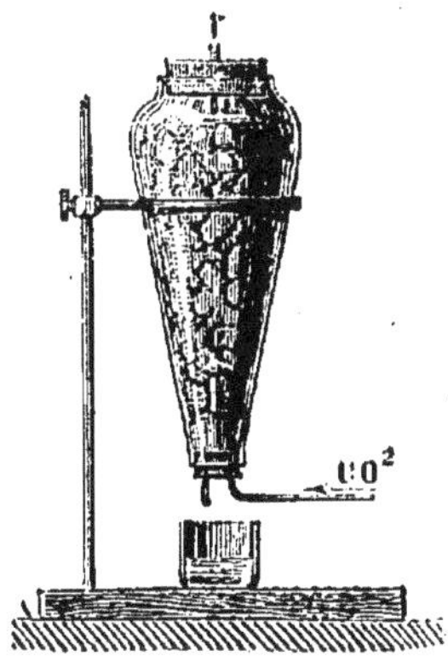

Fig. 38. — Préparation du bicarbonate de soude dans les laboratoires.

$$NaOCO^2 10Aq + CO^2 = NaOHO2CO^2 + 9HO;$$

la poudre qui reste dans le vase, quand il ne s'écoule plus d'eau, est du bicarbonate pur; les impuretés, sulfate et chlorure, ont été entraînées par le liquide.

Préparation industrielle. — A *Vichy* et à *Hauterive* (Allier), on tire parti du gaz carbonique qui se dégage en abondance des eaux minérales. On entoure la source d'un puits dans lequel plonge une cloche qui recueille le gaz et d'où on l'envoie à un laveur, puis dans de grandes chambres contenant les cristaux de soude disposés sur des châssis légèrement inclinés. L'acide carbonique pénètre peu à peu les cristaux et les transforme en bicarbonate.

En *Angleterre*, on combine cette fabrication avec celle du sulfate de magnésium pour utiliser l'acide carbonique produit dans l'attaque de la *dolomie* par l'acide sulfurique.

Le bicarbonate chauffé perd la moitié de son acide carbonique. — Sous l'action des acides, il le laisse dégager entièrement : c'est la raison de son emploi à la préparation de l'eau de selz dans les familles.

ESSAIS ALCALIMÉTRIQUES.

109. Les essais alcalimétriques ont pour but de déterminer la quantité réelle d'alcali contenue dans les potasses et les soudes du commerce. Ces substances sont toujours plus ou moins mélangées de matières étrangères, comme des sulfates et des chlorures; elle n'ont de valeur que par l'alcali qu'elles contiennent; c'est donc la quantité de ce dernier seul qu'il importe de connaître.

Le principe de l'alcalimétrie est le suivant : si dans une solution étendue d'un alcali, colorée en bleu par du tournesol, on verse peu à peu de l'acide sulfurique, cet acide porte son action uniquement sur l'alcali; tant que la base n'est pas saturée, le tournesol garde la couleur bleue; sitôt qu'on ajoute le plus petit excès d'acide après la saturation, la liqueur passe au rouge. On peut donc, d'après la quantité d'acide employée, connaître la quantité d'alcali contenue dans la matière à essayer.

On prépare une dissolution d'acide sulfurique dans l'eau, dont on connaît très-exactement le titre. D'après **Gay-Lussac**, cette liqueur dite **liqueur normale d'acide** doit contenir par litre 98 grammes d'acide sulfurique.

Or 49 grammes $HOSO^3$ saturent exactement 47 grammes de KO ou 31 grammes de NaO; si donc on prend 50 centimètres cubes de la liqueur normale, ils contiendront 4 gr. 9 d'acide et pourront saturer 4 gr. 7 de potasse ou 3 gr. 1 de soude.

Pour un essai, on prend un échantillon moyen, on en pèse 47 grammes pour une potasse, 31 grammes pour une soude; on le fait dissoudre dans l'eau de manière que la solution occupe exactement un demi-litre. On en prend 50 centimètres cubes avec une pipette graduée, on les verse dans un vase à fond plat reposant sur une feuille de papier blanc, on colore le liquide en bleu à l'aide du tournesol.

D'autre part, on remplit de liqueur normale d'acide une burette de Gay-Lussac (*fig.* 39, 40, 41) divisée en demi-centimètres cubes, et on verse doucement le liquide de la burette dans la liqueur alcaline, en agitant le vase qui la reçoit. La liqueur ne tarde pas à prendre une teinte vineuse due à l'acide carbonique qui se dégage. On verse alors l'acide avec plus de précaution, goutte à goutte, jusqu'à ce que la liqueur passe subitement au rouge pelure d'oignon. On lit sur la burette le nombre de divisions indiquant l'acide versé, soit 80 divisions ; on en conclut que la matière essayée ne contient que 80 p. % de son poids d'alcali. On dit que son titre alcalimétrique est 80°.

En effet, si on avait eu de la potasse ou de la

Fig. 39. — Pipette. Fig. 40. — Vase a précipité. Fig. 41. — Burette.

soude pure, puisqu'on en avait pris 4 gr. 7 ou 3 gr. 1, c'est-à-dire $\frac{1}{10}$ d'équivalent, il aurait fallu pour la saturer $\frac{1}{10}$ d'équivalent d'acide, soit 4 gr. 9 ou 50 centimètres cubes divisés en demi-centimètres cubes, autrement dit 100 divisions de la burette; si on n'a mis que 80 divisions de l'acide, c'est qu'il n'y a dans la liqueur et partant dans l'alcali essayé que 80 p. % de son poids d'alcali réel.

M. Mohr a proposé l'emploi de l'acide oxalique pur pour remplacer l'acide sulfurique dans les essais alcalimétriques. De plus, il conseille de faire les liqueurs de manière à ce qu'un litre contienne exactement 1 équivalent de la substance. Mais la méthode de **Gay-Lussac** est encore celle qu'on emploie le plus fréquemment.

BORAX OU BORATE DE SOUDE. — $NaO,2BoO^3,10Aq.$

110. Propriétés et usages. — Le borax est un sel blanc en gros prismes, parfois même en octaèdres. Il exige pour se dissoudre 12 fois son poids d'eau froide, 2 fois son poids d'eau bouillante. Chauffé, il fond dans son eau de cristallisation et se boursoufle; au rouge il donne un liquide limpide, qui se fige par refroidissement en un verre transparent et incolore.

Le borax fondu a la propriété de dissoudre les oxydes en prenant des couleurs variables selon leur nature :

L'*oxyde de manganèse* le colore en *violet améthyste* ;
— *cobalt* — *bleu très-intense* ;
— *fer* — *vert bouteille* ;
— *chrome* — *vert émeraude*.

On se sert de cette propriété dans l'*analyse au chalumeau*, pour reconnaître la nature des oxydes. On recourbe en anneau l'extrémité d'un fil de platine et on la chauffe au chalumeau (*fig.* 42) ; on la plonge rouge dans du borax fondu qui y adhère en partie. On reporte l'anneau dans le dard le plus chaud de la flamme : le borax fond et se moule en une perle transparente. On touche avec cette perle encore chaude l'oxyde à essayer réduit en poussière pour que quelques grains y adhèrent. On expose une dernière fois la perle à la flamme; elle entre en fusion, dissout les quelques grains d'oxyde qui se répartissent dans sa masse et lui donnent une coloration uniforme que l'on constate par transparence.

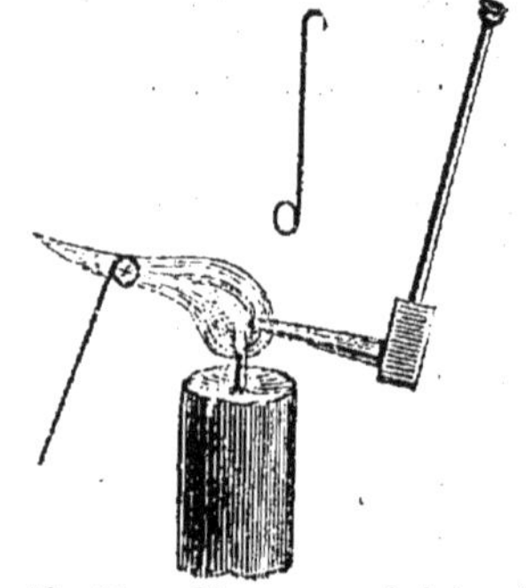
Fig. 42. — Flamme au chalumeau pour essais au borax.

C'est encore cette propriété de dissoudre les oxydes métalliques qui fait employer le borax pour la soudure des métaux. Un métal ne peut se souder à un autre qu'autant que leurs surfaces de contact restent brillantes et ne s'oxydent pas au feu : le borax permet d'atteindre ce résultat. Chauffé en poudre sur les pièces à souder, il fond, dissout les oxydes qui pourraient s'être formés et donne un vernis qui empêche l'accès de l'air. Pour la brasure du fer, c'est le borax octaédrique qui est préféré parce qu'il a moins d'eau de cristallisation et se boursoufle moins au feu que le borax prismatique.

Le borax entre dans la composition de quelques couleurs pour verres, et dans celle d'un cristal à base d'oxyde de zinc qu'on fabrique à Clichy.

111. Préparation. — Le borax existe dans les eaux de certains lacs de l'Asie; on l'en retire par l'évaporation; on raffine le produit brut obtenu, appelé *tinkal*, et on obtient le borax ordinaire.

Mais presque tout le borax du commerce s'obtient avec l'acide borique de *Toscane*. Cet acide est solide en paillettes cristallines; il est obtenu en faisant évaporer les eaux où l'on a fait condenser les gaz qui s'échappent du sol dans les **sufflont** fréquents dans une partie de l'Italie. La préparation du borax est facile. On fait une dissolution à chaud de carbonate de soude et on y introduit peu à peu l'acide borique qui chasse l'acide carbonique et produit le biborate qu'on retire par cristallisation.

112. Sulfite et hyposulfite de sodium ($NaOSO^2$ et $NaOS^2O^2$). — Quand on fait dégager l'acide sulfureux dans une solution de soude ou de carbonate de sodium, il se forme du sulfite. On produirait ce sel en assez grande quantité en appliquant le procédé *Deville* pour la préparation de l'oxygène par la décomposition de l'acide sulfurique à chaud.

La solution de ce sel, additionnée de soufre en poudre, portée à l'ébullition, puis filtrée et refroidie, laisse déposer de gros cristaux d'hyposulfite.

Cet hyposulfite est très-soluble dans l'eau; c'est le dissolvant de quelques oxydes métalliques et des composés d'argent que la lumière n'a pas transformés; aussi est-il beaucoup employé en photographie.

Traité par un acide, il dépose du soufre et dégage de l'acide sulfureux. On s'en sert comme anti-putride.

113. Caractères des sels de sodium. — Tous les sels de sodium sont solubles et incolores; ils ne précipitent pas par le bichlorure de platine, ce qui permet de les distinguer des sels de potassium, sans les caractériser suffisamment eux-mêmes. Le seul réactif qui les différencie est l'antimoniate de potasse, qui y donne un précipité *blanc*.

Exercices. — 8. On traite 100 kilogrammes de sel marin par l'acide sulfurique; quel poids de sulfate de sodium sec obtiendra-t-on et combien de litres d'acide chlorhydrique recueillera-t-on si on les mesure à 100° sous la pression 570?

9. Un sel de soude calciné marque 42° à l'essai alcalimétrique; combien contient-il de carbonate pour cent de son poids?

10. Quel poids de cristaux de soude faut-il pour obtenir 1 kilogramme de bicarbonate, et combien de litres d'acide carbonique pourra-t-on dégager de ce bicarbonate en l'attaquant par un acide?

CHAPITRE V

SELS AMMONIACAUX.

114. Les sels ammoniacaux résultent de la combinaison des principaux acides avec l'ammoniaque hydratée. Ils sont solides et cristallisables comme les sels de potassium et de sodium, isomorphes avec eux, c'est-à-dire prenant les mêmes formes cristallines et pouvant se remplacer dans les dissolutions, sans changer la cristallisation.

Dans le cours de 2e année, nous avons étudié l'ammoniaque, montré les propriétés de ce corps à l'état de gaz (AzH^3), la nécessité de le prendre hydraté, c'est-à-dire avec la formule AzH^3HO ou AzH^4O, quand on veut le combiner aux acides et le faire fonctionner comme une base alcaline.

L'ammoniaque humide a bien les propriétés caractéristiques de la potasse et de la soude ; comme ces deux corps, elle bleuit fortement le tournesol rouge, verdit le sirop de violette, présente une saveur caustique, remplace les bases insolubles dans leurs dissolutions salines.

Ses combinaisons avec les acides offrent une analogie complète avec celles de la potasse, quand on figure l'ammoniaque par AzH^4O en face de la potasse KO ; on a ainsi les réactions parallèles suivantes :

Avec l'acide sulfurique	$KOHO$	$+\ HOSO^3$	$= 2HO$	$+$	$KOSO^3$, Sulfate de potassium.
	AzH^4O,HO	$+\ HOSO^3$	$= 2HO$	$+$	AzH^4O,SO^3. Sulfate d'ammonium.
Avec l'acide azotique	KO,HO	$+\ HOAzO^5$	$= 2HO$	$+$	$KOAzO^5$, Azotate de potassium.
	AzH^4O,HO	$+\ HOAzO^5$	$= 2HO$	$+$	AzH^4O,AzO^5. Azotate d'ammonium.
Avec l'acide chlorhydrique	KO,HO	$+\ HCl$	$= 2HO$	$+$	KCl, Chlorure de potassium.
	AzH^4O,HO	$+\ HCl$	$= 2HO$	$+$	AzH^4Cl. Chlorure d'ammonium.

L'ammoniaque humide agit donc comme un oxyde basique. On a admis de la considérer comme l'oxyde d'un métal hypothétique AzH^4 auquel on donne le nom d'**ammonium** et que l'on représente parfois par le symbole Am.

115. Amalgame d'ammonium. — On n'a pas réussi jusqu'ici à isoler ce corps composé AzH^4, qui fonctionne comme un corps simple ; mais on l'a obtenu à l'état d'alliage avec le mercure, à l'état d'amalgame, par deux méthodes,

Dans la première, on décompose le sel ammoniac (AzH^4Cl) par un courant électrique, en opérant comme nous avons indiqué pour le potassium (*fig.* 43), c'est-à-dire en plongeant le fil négatif dans du mercure. On voit celui-ci augmenter de volume, prendre une consistance pâteuse, tout en conservant le brillant métallique que le mercure offre dans ses combinaisons avec les métaux. C'est l'amalgame d'ammonium, qui se détruit à l'air en régénérant le mercure et en dégageant de l'hydrogène et de l'ammoniaque.

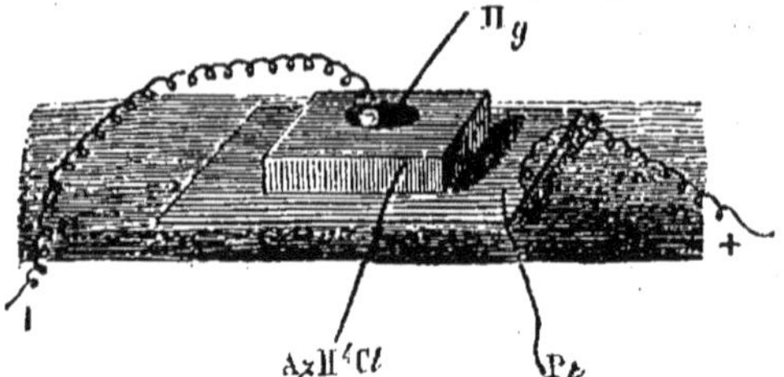

Fig. 43. — Décomposition du sel ammoniac par la pile.

La deuxième méthode consiste à mettre dans un tube qui contient déjà une solution concentrée de sel ammoniac (AzH^4Cl) un morceau d'amalgame de sodium (*fig.* 44). On voit se former un magma métallique qui augmente rapidement de volume et sort du tube; il se détruit promptement. Cet amalgame d'ammonium s'est formé par double échange; le corps hypothétique AzH^4 s'est transporté comme un corps simple, et il a donné au mercure le même aspect que prend ce liquide quand il s'allie aux autres métaux :

Fig. 44. — Formation de l'amalgame d'ammonium.

$$\underset{\text{Amalgame de sodium.}}{NaHg} + AzH^4Cl = NaCl + \underset{\text{Amalgame d'ammonium.}}{AzH^4Hg}.$$

Bien qu'on ne connaisse pas l'ammonium autrement qu'en amalgame, on n'hésite pas à en faire l'analogue du potassium et du sodium ; et les sels ammoniacaux deviennent des sels d'ammonium dont les réactions se prévoient et s'expliquent avec facilité.

CHLORURE D'AMMONIUM. — AzH^4Cl.

110. Propriétés. — Ce composé que l'on appelle ordinairement **sel ammoniac** a été longtemps désigné par les chimistes sous le nom de **chlorhydrate d'ammoniaque** qui indique sa nature de sel et la manière dont on peut l'obtenir artificiellement en combinant l'acide chlorhydrique et l'ammoniaque. Il se présente en masses blanches ou grises, translucides, à cassure fibreuse, difficiles à pulvériser. Sa saveur est piquante ; il n'a pas d'odeur. Il se dissout dans trois fois son poids d'eau froide, dans son poids d'eau bouillante. Il se volatilise, sans fondre et sans se décomposer ; on profite de cette propriété pour le sublimer.

Le potassium et le sodium, le fer et le zinc le décomposent à chaud en produisant un chlorure et en dégageant de l'ammoniaque et de l'hydrogène pour les premiers, de l'azote et de l'hydrogène pour les deux autres :

$$K + AzH^4Cl = KCl + AzH^3 + H ;$$
$$Fe + AzH^4Cl = FeCl + Az + H^4.$$

Les oxydes (MO) le décomposent à chaud en donnant naissance à un chlorure volatil que la chaleur fait disparaître:

$$CuO + AzH^4Cl = CuCl + AzH^3 + HO.$$

On utilise cette propriété dans la soudure et l'étamage. Le sel ammoniac dont on saupoudre la pièce à étamer dissout les oxydes qui peuvent se former et les transforme en chlorures que la chaleur enlève.

117. Modes de production. — Il prend naissance par la combinaison directe de l'acide chlorhydrique et de l'ammoniaque. Si on fait réagir ces deux corps à l'état de gaz secs, ils se combinent, sans rien céder, sous forme d'un nuage blanc qui se dépose à l'état solide.

On peut l'obtenir par l'action de l'acide chlorhydrique ou d'un chlorure comme le chlorure de calcium sur le carbonate d'ammoniaque :

$$HCl + AzH^4OCO^2 = AzH^4Cl + HO + CO^2$$
$$CaCl + AzH^4OCO^2 = AzH^4Cl + CaOCO^2.$$

118. Préparation industrielle. — Le sel ammoniac venait autrefois de l'Égypte où il était préparé en sublimant dans de grands matras la suie formée par la combustion de la fiente des chameaux. Aujourd'hui, l'industrie le prépare à bon marché en faisant agir l'acide chlorhydrique sur le carbonate d'ammoniaque impur que l'on retire de l'urine putréfiée, des eaux de condensation du gaz d'éclairage et de la distillation des os et autres matières animales.

L'urine est un produit animal azoté qui contient un principe, l'*urée*, dont la putréfaction donne du carbonate d'ammoniaque. Dans tous les grands centres de population, on recueille les vidanges dans de grands bassins; par le repos, il s'en sépare une matière solide qui desséchée constitue, sous le nom de **poudrette**, un engrais très-actif; les eaux qui surnagent, appelées **eaux-vannes**, sont une des sources d'ammoniaque.

Quand on distille la houille, pour obtenir le gaz d'éclairage, les produits gazeux qui sortent des cornues contiennent des sels ammoniacaux que l'on recueille dans de l'eau sous le nom **d'eau de condensation.**

Dans la calcination des os pour obtenir le noir animal, il se dégage des produits volatils, qu'on laissait perdre autrefois, et qu'on a intérêt à condenser dans de l'eau et à séparer par le repos du goudron entraîné avec eux, parce qu'ils contiennent du carbonate d'ammoniaque.

Les eaux ammoniacales prises à ces trois sources sont traitées directement par l'acide chlorhydrique. Quand elles sont assez claires, le liquide est filtré, puis concentré ; il s'y dépose des cristaux de sel ammoniac. Quand elles sont trop goudronneuses ou trop impures, on les distille avec de la chaux et on envoie les vapeurs qui s'en dégagent se condenser dans de l'acide chlorhydrique. La concentration de ce dernier liquide, quand il a été saturé, dépose le sel ammoniac.

119. Sublimation. — Pour purifier le sel obtenu, on le chauffe graduellement dans des pots en terre qui présentent leur partie supérieure hors du foyer, ou dans de grandes chaudières hémisphériques de fonte (*fig.* 45); dont le couvercle ou dôme n'est pas chauffé ; le sel se volatilise et se sublime à la partie supérieure du récipient qui le contient ; on l'enlève sous forme de pains arrondis.

Fig. 45. — Sublimation du sel ammoniac.

Il sert surtout dans le zincage du fer, l'étamage et la soudure.

SULFURE D'AMMONIUM. — AzH^4S.

120. Propriétés et usages. — Le sulfure d'ammonium, autrement dit **sulfhydrate d'ammoniaque** (AzH^3HS) est un liquide jaune d'une odeur très-désagréable rappelant celle des fosses d'aisances. Il se décompose sous l'influence de l'air en mettant du soufre en liberté ; aussi remarque-t-on que sa dissolution jaunit en vieillissant. Il décompose les sels de beaucoup de métaux avec formation de sulfures dont il peut redissoudre quelques-uns en donnant des sulfures doubles où il joue le rôle de base ; c'est pour cette raison qu'il est employé comme réactif dans l'analyse. Ainsi il précipite à l'état de sulfures les sels d'étain et de cuivre, et il redissout le sulfure d'étain qui est un sulfure acide, tandis qu'il ne redissout pas le sulfure de cuivre ; il peut ainsi servir à séparer ces deux métaux de leurs dissolutions salines.

121. Préparation. — Sa préparation est calquée sur celle du sulfure de potassium ou de sodium. Dans une partie d'ammoniaque, on fait passer à refus de l'hydrogène sulfuré ; il se forme un sulfure double d'hydrogène et d'ammonium :

$$AzH^4OHO + 2HS = AzH^4S,HS + 2HO\ ;$$

on ajoute une seconde partie d'ammoniaque :

$$AzH^4S,HS + AzH^4OHO = 2(AzH^4S) + 2HO,$$

et on obtient la solution de sulfure d'ammonium prête pour l'usage.

AZOTATE D'AMMONIUM. — AzH^4O,AzO^5.

122. Ce sel, cristallisé, blanc, déliquescent, est obtenu par l'action directe de l'acide azotique sur l'ammoniaque et l'évaporation du liquide. Il est très-soluble dans l'eau et produit un refroidissement qui va de + 10° à — 15° quand on le dissout dans son poids d'eau. Cette propriété le fait employer comme mélange réfrigérant, et son usage serait plus répandu encore si son prix était moins élevé.

Chauffé, il se décompose en perdant quatre équivalents d'eau; il dégage alors le protoxyde d'azote :

$$AzH^4OAzO^5 = 4HO + 2AzO\,;$$

c'est avec lui qu'on produit ordinairement ce gaz.

Rappelons que l'azotite AzH^4OAzO^3 perd aussi 4 équivalents d'eau par la chaleur et dégage du gaz azote pur.

SULFATE D'AMMONIUM. — AzH^4O,SO^3.

123. **Propriétés et usages.** — Le sulfate d'ammonium est un sel en cristaux transparents, semblables aux cristaux de sulfate de potassium, d'une saveur piquante et amère, soluble dans l'eau. Il décrépite par la chaleur, fond vers 140° et ne se décompose que vers 280°, en donnant d'abord le **bisulfate** ou sulfate acide dont la formule $AzH^4O,HO,2SO^3$ rappelle celle du bisulfate de potassium.

Il est employé comme engrais. L'industrie en consomme une certaine quantité pour la fabrication de l'alun ammoniacal, le moins cher des aluns.

124. **Préparation.** — On le prépare en faisant saturer, dans de l'acide sulfurique étendu, les vapeurs provenant de la distillation des **eaux-vannes** ou des **eaux de condensation** des usines à gaz; ou bien encore en faisant passer ces eaux à travers plusieurs caisses ou filtres contenant du plâtre (sulfate de calcium) et évaporant le liquide jusqu'à cristallisation :

AzH^4OCO^2	+	$CaOSO^3$	=	$CaOCO^2$	+	AzH^4OSO^3
Carbonate des eaux de condensation.		Plâtre.		Carbonate insoluble.		Sulfate d'ammonium soluble.

Dans certaines usines à gaz, on fait passer les produits gazeux sortant des cornues dans une colonne de coke arrosé avec de l'eau acidulée par l'acide sulfurique. Le sulfate se dépose par l'évaporation de ce liquide.

CARBONATES D'AMMONIUM.

125. On ne connaît pas celui qui correspond au carbonate de potassium $KOCO^2$. Celui qu'on obtient en condensant les gaz dégagés de la calcination des matières animales répond à la formule

$$\left.\begin{matrix}2(AzH^4O)\\ HO\end{matrix}\right\}3CO^2\,;$$

on l'appelle **sel volatil d'Angleterre** ou encore **carbonate d'ammoniaque des pharmacies**; il répand à l'air une forte odeur ammoniacale; sa saveur est caustique; il s'altère peu à peu en devenant opaque, pulvérulent, et en perdant la moitié de son ammoniaque.

Les pâtissiers l'emploient pour obtenir des pâtes légères et poreuses. On le prépare dans l'industrie en chauffant avec de la craie soit du sulfate, soit du chlorure d'ammonium. On envoie les vapeurs qui se forment se déposer dans des chambres en plomb en communication avec les cornues chauffées. Le sel déposé est ensuite sublimé dans des pots, comme le sel ammoniac; on l'obtient en masses blanches, fibreuses, que l'on enferme dans des flacons pour les conserver.

Le **bicarbonate d'ammonium** ($AzH^4O,HO2CO^2$) provient du sel précédent abandonné à l'air. On peut l'obtenir en saturant d'acide carbonique une dissolution concentrée de sesquicarbonate; il se dépose en beaux cristaux qui se volatilisent lentement à l'air.

PHOSPHATES D'AMMONIUM.

126. L'acide phosphorique peut donner avec les bases plusieurs séries de sels. Nous n'étudierons que deux de ses composés avec l'ammoniaque :

$$\text{le phosphate}\left\{\begin{matrix}2(AzH^4O)\\HO\end{matrix}\right\}PhO^5 \quad \text{et le phosphate double}\left\{\begin{matrix}AzH^4O\\NaO\\HO\end{matrix}\right\}PhO^5.$$

On obtient le premier en traitant le phosphate acide de calcium des os par l'ammoniaque ou son carbonate; le liquide, séparé du précipité insoluble de carbonate de calcium qui se forme, évaporé, donne le phosphate d'ammonium. Ce sel, chauffé au rouge, se décompose, perd l'ammoniaque qu'il contient et laisse l'acide **métaphosphorique** $HOPhO^5$ sous forme d'enduit vitreux.

Le second, soumis à l'action de la chaleur, fond d'abord, puis perd de l'eau et de l'ammoniaque, et finalement il donne du métaphosphate de sodium $NaOPhO^5$ qui a l'apparence du verre. C'est pourquoi on emploie ce phosphate double, sous le nom de **sel de phosphore,** comme le borax, pour les essais au chalumeau.

127 **Caractères des sels ammoniacaux.** — Les sels ammoniacaux donnent, comme les sels de potassium, un précipité jaune avec le bichlorure de platine alcoolisé. Mais leur *propriété caractéristique,* c'est de dégager du gaz ammoniaque quand on les chauffe avec de la chaux; on constate l'ammoniaque qui se dégage, par son odeur, par son action sur le tournesol et sur l'acide chlorhydrique.

Exercices. — 11. On distille avec de la chaux 10 kilogrammes de bisulfate d'ammonium impur ne contenant que 56 p. % de son poids de bisulfate pur quel volume de gaz ammoniac pourra-t-on obtenir?

12. On sature par l'acide carbonique 2 kilogrammes d'ammoniaque (AzH^3): quel poids de bicarbonate obtiendra-t-on? quel poids de sel marin pourra-t-il décomposer, et combien de carbonate de sodium produira cette opération?

CHAPITRE VI

MÉTAUX ALCALINO-TERREUX. — BARYUM ET SES SELS.

128. On désigne sous le nom **d'alcalino-terreux** trois métaux, le **baryum,** le **strontium** et le **calcium,** dont les oxydes ont l'aspect de *terres* et jouissent néanmoins d'une réaction alcaline sur le papier de tournesol.

C'est **Davy** qui les a découverts, comme le potassium, en décomposant leurs oxydes par le courant électrique. Ils ont l'un et l'autre l'aspect métallique; le premier est blanc comme l'argent, les deux autres sont jaunes. Tous trois sont très-oxydables; à l'air, ils se recouvrent d'une pellicule terreuse d'oxyde; ils décomposent l'eau en dégageant l'hydrogène; on les conserve dans l'huile de naphte.

On les obtient en faisant passer de la vapeur de potassium sur un de leurs composés chauffé au rouge : on amalgame le métal mis à nu et on distille à l'abri de l'air.

Ils sont sans usage; mais leurs oxydes et leurs sels ont de nombreux emplois.

129. Composés du baryum. — On trouve dans la nature, assez abondamment, une roche très-lourde que l'on appelle **spath pesant** ou **barytine**; elle se présente souvent en beaux cristaux prismatiques volumineux; c'est le **sulfate de baryum** naturel. On trouve aussi, en masses fibro-compactes d'un blanc jaunâtre, un **carbonate** naturel qu'on désigne sous le nom de **withérite.** Ce sont là les deux matières premières dont on retire tous les composés barytiques.

On comprend en effet que la **withérite**, traitée par l'acide chlorhydrique, puisse donner du chlorure de baryum, que le **spath pesant**, calciné avec du charbon, se transforme en sulfure et que ce dernier donne l'azotate, quand on le traite par l'acide azotique :

$$\underset{\text{Withérite.}}{BaOCO^2} + HCl = BaCl + HO + CO^2;$$

$$\underset{\text{Spath pesant.}}{BaOSO^3} + 4C = BaS + 4CO;$$

$$BaS + HOAzO^5 = BaOAzO^5 + HS,$$

et enfin que la calcination de l'azotate laisse comme résidu l'oxyde que l'on désigne ordinairement sous le nom de **baryte**

$$BaOAzO^5 = BaO + O + AzO^4.$$

130. Baryte ou oxyde de baryum (BaO). — La baryte est une terre spongieuse d'un blanc grisâtre, d'une saveur brûlante, très-caustique, désorganisant promptement les matières organiques. Exposée à l'air, elle s'effleurit en une poudre blanche, en absorbant l'humidité et l'acide carbonique de l'atmosphère. Anhydre, elle a pour l'eau une si grande affinité qu'au contact de ce liquide elle produit le bruissement d'un fer rouge.

C'est une base très-énergique, qui dégage une très-grande quantité de chaleur par son contact avec les acides; l'acide sulfurique concentré, versé goutte à goutte sur de la baryte anhydre, la rend incandescente.

Elle est peu soluble dans l'eau; sa dissolution ou **eau de baryte** est fortement alcaline et ne peut être conservée que dans des flacons bien bouchés.

On l'obtient anhydre en décomposant au rouge blanc l'azotate de baryum.

L'industrie la prépare hydratée en chauffant un mélange de carbonate naturel et de charbon et lessivant la masse refroidie. On l'emploie pour extraire le sucre des mélasses.

131. Bioxyde de baryum (BaO^2).— La baryte, chauffée au rouge sombre dans un courant d'air dépouillé de son acide carbonique, absorbe un équivalent d'oxygène et produit le bioxyde de baryum.

Ce corps d'un blanc grisâtre, qui se délite sous l'action de l'eau, est un oxydant très-énergique ; il est employé dans les laboratoires pour préparer l'oxygène actif ou ozonisé; à cet effet, on jette le bioxyde de baryum dans un tube bouché contenant de l'acide sulfurique concentré. il donne l'eau oxygénée quand on le dissout dans l'acide chlorhydrique :

$$BaO^2 + HCl = BaCl + HO^2.$$

Mais sa propriété la plus remarquable est de perdre un équivalent d'oxygène quand on le chauffe au rouge vif. M. Boussingault a proposé d'utiliser cette propriété pour enlever l'oxygène à l'air et préparer ainsi ce gaz à bon marché. La même quantité de baryte peut en effet servir longtemps à absorber à l'air au rouge sombre de l'oxygène qu'elle rend au rouge vif. Ce procédé, remarquable au point de vue théorique, n'a point passé dans la pratique.

132. Principaux sels de baryum. — Le sulfate est le seul qui ait quelques emplois hors des laboratoires ; l'industrie l'utilise sous le nom de **blanc fixe** dans la peinture.

Naturel ou artificiel, il est insoluble dans l'eau et dans les acides étendus ; il faut 300,000 parties d'eau pour en dissoudre une de ce sel.

Il se forme toutes les fois qu'un sel soluble de baryum ou de l'eau de baryte est jeté dans la solution d'un sulfate ou dans l'eau acidulée par l'acide sulfurique :

$$BaOHO + HOSO^3 = 2HO + BaOSO^3.$$

Cette réaction très-nette et extrêmement sensible est fréquemment utilisée pour révéler dans un liquide la présence de l'acide sulfurique et des sulfates.

L'azotate et le chlorure de baryum sont solubles ; ce sont deux réactifs importants des laboratoires.

133. Composés du strontium. — L'oxyde de ce métal porte le nom de *strontiane*; ses sels sont peu employés ; l'azotate sert à produire les feux de Bengale rouges ; l'alcool qui en a dissous brûle avec une flamme rouge très-accusée. Le sulfate est un produit naturel que l'on trouve, souvent associé au soufre, aux environs des volcans.

CHAPITRE VII

CALCIUM (Ca = 20). — CHAUX ET MORTIERS.

134. Calcium. — Le calcium est un métal que l'on ne prépare qu'en petites quantités, parce qu'il est sans usage. Il est jaune comme le métal des cloches, très-altérable à l'air ; il s'oxyde très-rapidement et décompose l'eau avec dégagement d'hydrogène. Sa poussière, projetée dans la flamme d'une lampe à alcool, y brûle en formant des étincelles étoilées d'un grand éclat.

On l'obtient par l'action du sodium sur l'iodure de calcium ; c'est par le courant électrique qu'il a été isolé la première fois par **Davy.**

Son oxyde, la **chaux**, est un des corps les plus répandus de la nature à l'état de combinaisons, en même temps qu'il est d'un usage journalier dans la construction.

CHAUX. — CaO.

135. **Propriétés.** — La chaux pure est une matière blanche, amorphe, tendre, infusible au feu de forge, ne se ramollissant qu'au chalumeau pouvant servir à la confection de creusets réfractaires pour les plus hautes températures.

Anhydre, elle porte le nom de **chaux vive** ; sa saveur est caustique et alcaline. Exposée à l'air, elle en attire l'humidité et tombe en poussière. Elle est très-avide d'eau et produit en s'y combinant un dégagement considérable de chaleur qui réduit en vapeur une portion de l'eau en présence. La chaux augmente de volume, foisonne, puis se délite et se réduit en poudre ; c'est la **chaux éteinte** ou hydrate défini de formule CaOHO.

Cette chaux éteinte, additionnée d'assez d'eau pour faire une bouillie claire, prend le nom de **lait de chaux.** La dissolution limpide constitue **l'eau de chaux**, qui ne contient guère qu'un gramme de chaux par litre d'eau et qu'il faut conserver dans un flacon toujours plein, à l'abri de l'air, sans quoi elle se transformerait en carbonate.

136. **Usages.** — On emploie la chaux dans la préparation des alcalis caustiques, dans la fabrication du sucre et des bougies, dans l'épilage des peaux, en agriculture comme amendement, et en quantité considérable pour les mortiers.

137. **Préparation.** — La chaux pure, pour l'usage des laboratoires, est obtenue par la calcination du marbre blanc, ou mieux encore par la décomposition de l'azotate de calcium que l'on obtient en dissolvant le marbre dans l'acide azotique.

138. **Fabrication industrielle de la chaux.** — La chaux résulte de la cuisson, dans de grands fours, de différentes variétés de calcaire ou carbonate de calcium, notamment du calcaire grossier et de la craie. Au rouge, le carbonate se décompose en acide carbonique qui se dégage et en chaux qui reste :

$$CaOCO^2 = CaO + CO^2.$$

Le dégagement de l'acide est facilité par l'humidité de la pierre ou l'eau dont on l'arrose et par l'air qui traverse le four ; on le laisse perdre dans l'atmosphère, ou bien on le recueille si on peut l'employer sur place.

Les fours sont de deux espèces : ceux où l'on suspend le travail après chaque cuisson, c'est-à-dire les fours **intermittents**, et ceux où le travail est continu ou les **fours coulants.**

1° *Fours intermittents.* — Le plus ancien est une cuve circulaire en maçonnerie où l'on dispose au-dessus d'une voûte de moellons des couches alternatives de pierres cassées et de combustible (broussailles, tourbe ou lignites) ; on allume le feu pour commencer la chauffe qui se propage de bas en haut, et quand le feu est arrivé à la moitié de la hauteur on recouvre la partie supérieure du four avec du gazon pour que la cuisson soit lente et régulière.

Une autre forme plus répandue est un four en briques avec revêtement en briques réfractaires. On construit dans le bas une voûte avec de grosses pierres et on achève la charge avec des morceaux de plus en plus petits (*fig.* 46). On brûle des fagots sous la voûte jusqu'à ce que les fragments supérieurs soient bien calcinés ; on laisse refroidir et on enlève la chaux.

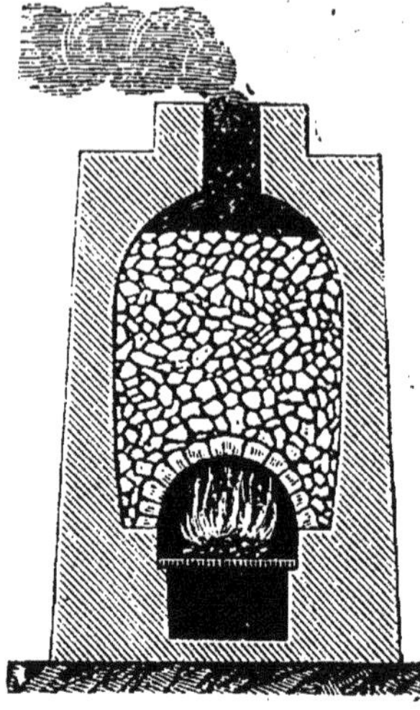

Fig. 46. — Four à chaux intermittent

2° *Fours coulants.* — On réalise une grande économie de temps et de combustible par l'emploi des fours continus. Dans les uns, on dispose en couches alternatives le calcaire et le combustible ; dans les autres, plus perfectionnés, le calcaire est seul dans le four, le combustible est brûlé dans des foyers latéraux ; la chaux obtenue est plus pure, elle n'est pas souillée par les cendres. La figure 47 représente le four coulant considéré comme le meilleur ; le défournement a lieu par une galerie creusée vis-à-vis de la portion inférieure du four où se rend la chaux cuite.

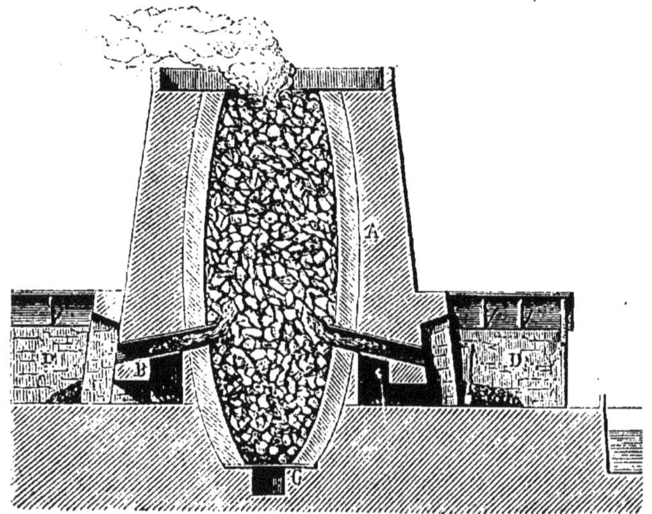

Fig. 47.— Four à chaux continu ; — A, maçonnerie du four ; — B, Foyers latéraux ; — C, cuve à défournement ; — D, hangars latéraux.

130. Différentes variétés de chaux. — Les calcaires purs fournissent par calcination des chaux **grasses** qui s'échauffent beaucoup au contact de l'eau, foisonnent, augmentent de volume et donnent une pâte forte et liante. Les calcaires moins purs, mélangés d'argile, de silice ou de sable, donnent des chaux **maigres** qui s'échauffent peu, se délitent lentement, sans grande augmentation de volume.

Ces deux espèces, mélangées en pâte à des briques ou à des pierres, ne durcissent qu'à l'air; c'est ce qui les a fait appeler **chaux aériennes.**

Les chaux douées de la propriété de durcir sous l'eau portent le nom de **chaux hydrauliques.** Les savantes recherches de **M. Vicat** ont démontré que ce durcissement est dû à l'argile que ces chaux renferment, et qu'il est d'autant plus rapide que la proportion d'argile est plus grande par rapport à celle du calcaire.

On les obtient en calcinant un calcaire argileux dans un four à chaux ordinaire, avec la précaution de ne pas pousser la cuisson trop loin dans la crainte de fritter la masse. On les fabrique artificiellement en mélangeant dans des proportions convenables de la chaux grasse avec de l'argile, ou même de la craie et de l'argile en poudre, façonnant en briques et portant à la cuisson. Celles que l'on dit *éminemment hydrauliques*, qui durcissent sous l'eau en trois ou quatre jours et qui après six mois ont acquis la dureté de la pierre, renferment de 15 à 20 pour cent d'argile.

On donne le nom de **ciments** à des chaux très-hydrauliques, susceptibles de se solidifier en quelques heures au contact de l'eau ou de l'air, après avoir été gâchés à la manière du plâtre. Ceux qu'on obtient avec des calcaires qui renferment 30 p. % d'argile sont dits à **prise rapide**; réduits en poussière après leur cuisson, et conservés à l'abri de l'air et de l'eau, ils sont très-employés sous le nom de *ciment romain*, de *Boulogne*, de *Pouilly*, de *Vassy*, de *Grenoble*, des localités où l'on trouve le calcaire qui les produit.

Les ciments artificiels, dont **le Portland** est le type et qui ont acquis une si grande importance dans l'art des constructions, sont à **prise lente.** On les obtient en cuisant convenablement un mélange intime de 78 p. % de calcaire avec 22 à 23 p. % d'argile. La cuisson chasse l'acide carbonique et détermine entre les différents éléments une combinaison intime. La masse retirée du four est triée avec soin et pulvérisée.

On donne le nom de **pouzzolanes**, en général, à toutes les substances qui, mélangées à la chaux grasse éteinte, lui communiquent directement, sans cuisson préalable, la propriété de durcir au contact de l'eau au bout de plus ou moins de temps. On en trouve aux abords des volcans, notamment du *Vésuve*; les *Romains* en ont fait emploi dans leurs constructions, dont les restes sont encore debout. On les produit artificiellement par la cuisson de mélanges d'argile et de sable.

140. Mortiers. — Les mortiers sont des mélanges employés en pâte pour relier et souder solidement les briques, les pierres de taille, les moellons, en un mot toutes les pièces solides d'une construction. La chaux seule, en couche mince entre deux pierres, adhère à chacune d'elles et les soude en durcissant; si la couche est plus épaisse, l'adhérence aux pierres est la même; mais les différentes parties de la pâte de chaux ne se soudent pas solidement entre elles. On augmente donc la solidité et la résistance des couches de mortiers en multipliant leur surface de contact avec des matières inertes : c'est dans ce but qu'on ajoute à la pâte de chaux des fragments plus ou moins gros de pierres concassées, des sables ou des scories de hauts fourneaux réduites en poudre grossière.

On distingue le *mortier ordinaire*, qui ne durcit qu'à l'air par la dessiccation et l'action des agents atmosphériques, et les *mortiers hydrauliques* qui durcissent sous l'eau par suite des réactions internes entre leurs éléments constitutifs et l'eau.

141. Mortier ordinaire, théorie de son durcissement. — Le mortier ordinaire, partout employé pour les constructions aériennes, est un mélange de chaux grasse, préalablement éteinte et réduite en bouillie épaisse, avec deux à quatre fois son volume de sable. L'extinction de la chaux est une opération importante, toute simple qu'elle paraisse. Le maçon qui n'en a que peu à éteindre la met sur le sol, l'entoure d'un rebord de sable; il l'arrose avec de l'eau et l'abandonne jusqu'à ce qu'elle soit délitée, puis il ajoute assez d'eau pour la transformer en bouillie. Dans les grands chantiers, on a deux fosses superposées, l'une où l'on jette la chaux dans assez d'eau pour la réduire en pâte, l'autre où l'on conserve cette pâte humide pour les besoins.

Le sable doit être autant que possible exempt de matières terreuses ou organiques qui diminuent la solidité du mortier ou y produisent des efflorescences qui le rendent hygroscopique. Le meilleur est le sable siliceux des terrains primitifs, qui forme le lit de beaucoup de fleuves ou de rivières.

Un bon mortier commence à durcir peu de jours après son emploi, et ce phénomène se poursuit d'une manière lente et continue pendant très-longtemps. L'eau est d'abord absorbée par les surfaces sèches des pierres, et la pâte prend peu à peu de la consistance en adhérant aux pierres ou briques qui l'emprisonnent. Puis l'acide carbonique de l'air agit sur les parties qu'il peut atteindre, forme avec la chaux du carbonate calcaire qui s'attache solidement, pour les relier, à toutes les particules solides mélangées à la chaux; le tout est bientôt d'une grande dureté.

142. Mortiers hydrauliques. — Théorie de leur durcissement. — Les mortiers hydrauliques, que l'on emploie pour toutes les constructions en contact avec l'eau, sont le plus souvent formés d'un mélange de deux parties de sable fin pour une de ciment, ou bien simplement d'un mélange de chaux éminemment hydraulique et de sable, ou encore de chaux faiblement hydraulique et de pouzzolane, ou enfin de chaux grasse et de pouzzolane énergique. Le mélange des matières est fait à bras ou mécaniquement dans un tonneau vertical muni d'un arbre à palette. Quand on emploie le ciment, on n'en prépare que peu à la fois, car il durcit vite.

Si à ce mortier on mélange intimement des pierres concassées, on produit le *béton* avec lequel on fait aujourd'hui, facilement et rapidement, toutes les constructions sous l'eau, comme les piles de ponts et les digues.

La chaux hydraulique provient d'un calcaire renfermant une proportion plus ou moins forte d'argile, c'est-à-dire de silicate d'alumine. Après la cuisson, cette argile a subi une désagrégation : la combinaison entre la silice et l'alumine n'est plus intime; ces deux corps se combinent à la chaux, de telle sorte qu'une chaux hydraulique contient réellement du silicate et de l'aluminate de chaux mélangés à de la chaux libre.

Quand ce mélange est en contact avec l'eau, ses différents éléments s'hydratent et donnent un composé insoluble très-cohérent. Ainsi l'argile et l'eau, par leurs réactions mutuelles sur la chaux, sont les causes du durcissement des mortiers hydrauliques. Ceux que l'on fait en élangeant de la chaux grasse avec des pouzzolanes naturelles ou artificielles renferment les mêmes éléments, mais non combinés; c'est l'eau qui en les hydratant amène peu à peu la réaction entre l'argile cuite et la chaux d'où résulte surtout le silicate de chaux qui durcit.

Exercice. — 13. On calcine dans un four à chaux 1,500 kilogrammes d'un calcaire contenant 85 p. % de son poids de carbonate pur; on demande le volume d'acide carbonique que l'on obtiendra à 20° sous la pression de 6 atmosphères.

CHAPITRE VIII

SELS DE CALCIUM.

143. Chlorure de calcium. — CaCl. — Ce sel s'obtient en dissolvant du marbre ou de la craie dans l'acide chlorhydrique et en évaporant la dissolution. Il est le résidu de la préparation de l'acide carbonique dans les laboratoires :

$$CaOCO^2 + HCl = CaCl + HO + CO^2.$$

Il cristallise en prismes hexagonaux, avec 6 équivalents d'eau de cristallisation. C'est un des sels les plus solubles que l'on connaisse ; il se dissout dans un quart de son poids d'eau avec un abaissement considérable de température; mélangé à de la glace pilée ou à de la neige, il produit un abaissement de 45°. On emploie sa dissolution, résidu de la préparation du chlorate de potassium, pour arroser les routes pendant l'été. Son affinité pour l'eau fait qu'il maintient le sol humide.

Chauffé, le chlorure de calcium fond dans son eau de cristallisation, puis, quand l'eau est partie, vers 200°, il devient une masse poreuse qui finit par éprouver une seconde fusion. Si on le coule, il se solidifie en plaques : c'est le chlorure *anhydre* qu'il faut conserver dans des flacons bien bouchés, à l'abri de l'humidité.

Il est très-avide d'eau, dégage beaucoup de chaleur en s'hydratant, ce qui prouve qu'il se combine à l'eau en se dissolvant. On l'emploie pour dessécher les gaz, excepté l'ammoniaque qu'il absorbe. Son bas prix permet de s'en servir pour dessécher les fruitiers et y maintenir l'air dans l'état de sécheresse le plus favorable à la conservation des fruits.

CHLORURE DÉCOLORANT DE CHAUX. — CaOClO,CaCl.

144. Propriétés et usages. — On désigne sous le nom de **chlorure de chaux** le produit que l'on obtient par l'action du chlore sur la chaux hydratée. C'est en réalité un mélange d'hypochlorite et de chlorure de calcium, analogue à l'*eau de Javel* et à la *liqueur de Labarraque* et préféré à ces deux liquides comme d'un maniement plus facile et d'un prix de revient moins élevé :

$$2CaO + 2Cl = CaOClO,CaCl.$$

C'est une matière blanche, amorphe, pulvérulente, qui répand une odeur de chlore. Il se décompose en effet sous l'influence des acides, même de l'acide carbonique de l'air; l'hypochlorite, peu stable, cède sa base à l'acide, et l'acide hypochloreux qui ne peut subsister seul dégage son chlore avec celui du chlorure de calcium, de sorte que le chlorure de chaux dégage tout le chlore qu'il contient.

$$CaOClOCaCl + 2CO^2 = 2(CaOCO^2) + 2Cl.$$

Avec les acides faibles ou à l'air, le dégagement du chlore est lent. Mais sous l'action des acides forts, la décomposition est rapide et la production du chlore considérable. Le calcul montre que ce composé renferme environ 200 fois son volume de chlore. La facilité avec laquelle il donne ce gaz en fait un réservoir à chlore précieux pour la décoloration et la désinfection.

On en fait usage pour assainir l'atmosphère des hôpitaux, des ateliers malsains, des amphithéâtres de dissection, des fosses d'aisances. Mais son principal emploi, c'est pour le blanchiment. C'est avec lui qu'on blanchit la pâte à papier et les tissus; et quand l'action de l'acide qu'on lui mêle et par suite le dégagement du chlore a été bien ménagé, le blanchiment s'opère sans nuire aucunement à la solidité du tissu.

Pour certaines opérations de blanchiment, il faut l'employer en dissolution. On place alors le produit sec dans un tonneau percillé, qui plonge à moitié dans un vase d'eau et qu'on anime d'un mouvement de rotation (*fig.* 48).

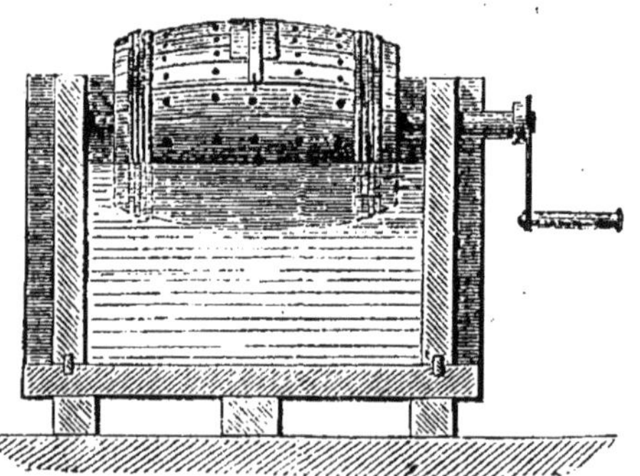

Fig. 48. — Tonneau à dissoudre le chlorure de chaux.

La solution de chlorure de chaux portée à l'ébullition se transforme en chlorure et en chlorate de calcium; nous avons vu qu'on utilise cette propriété pour fabriquer industriellement le chlorate de potassium à l'aide du chlorate de calcium.

$$3(CaOClOCaCl) = CaOClO^5 + 5CaCl.$$

148. Préparation industrielle. — On prépare le chlorure de chaux par l'action lente du chlore sur de la chaux éteinte. La chaux vive, choisie aussi pure que possible, est éteinte de manière qu'elle reste pulvérulente; elle est étalée en couches minces dans de grandes chambres à plusieurs étages superposés que le gaz chlore parcourt de haut en bas. Le chlore est obtenu par l'action de l'acide chlorhydrique sur le bioxyde de manganèse, dans de grandes bonbonnes que la figure 49 représente; le dégagement du gaz se fait graduellement à mesure que l'oxyde arrive au contact de l'acide et se dissout. Le gaz est lavé dans des bonbonnes à demi pleines

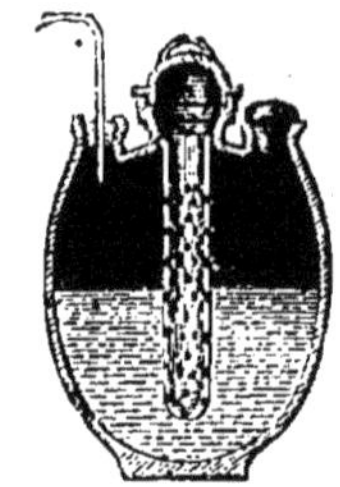

Fig. 49. — Bonbonne à produire le chlore.

d'eau, puis il passe dans un flacon de Wolff qui permet de juger de la rapidité de son dégagement, et se rend finalement dans le haut des chambres à chaux (*fig.* 50). L'opération dure toute une journée; on suspend le

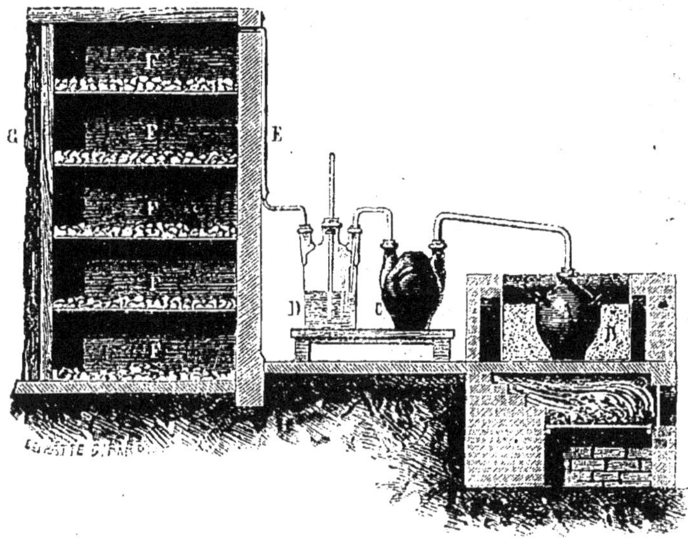

Fig. 50. — Chambre à chlorure de chaux. — A, bonbonne à chlore; — B, bain de sable chauffé; — C, premier laveur; — D, second laveur témoin; — E, tube conduisant le gaz; — F, compartiments chargés de chaux en poudre.

travail la nuit; le produit formé refroidit; le lendemain, on l'embarille el plus rapidement possible pour le soustraire à l'action de l'air et surtout de l'humidité.

Cette fabrication est intimement liée à la grande industrie de la soude artificielle, comme moyen d'utiliser l'acide chlorhydrique formé.

146. Essai des chlorures décolorants. — Les chlorures de chaux, comme les chlorures décolorants de potasse et de soude, n'ont de valeur industrielle que par le chlore qu'ils peuvent dégager. C'est donc la quantité de chlore qu'un de ces chlorures peut donner qu'il importe de déterminer; de là le nom de **chlorométrie** donné à ce genre d'essais. On a proposé plusieurs méthodes de dosage du chlore; nous décrirons celle que Gay-Lussac a indiquée et qui est la plus fréquemment suivie dans l'industrie.

Elle repose sur la propriété du chlore de transformer l'acide arsénieux dissous en acide arsénique et de ne porter son action sur une matière colorante contenue dans la dissolution que quand l'acide a été entièrement transformé.

$$AsO^3 + 2Cl + 2HO = 2HCl + AsO^5.$$

Le calcul de cette réaction permet de trouver qu'*un litre* de chlore peut transformer 4 gr. 44 d'acide arsénieux.

On dissout alors ce poids d'acide dans de l'acide chlorhydrique; on étend la solution de manière à faire un litre : c'est la **liqueur chlorométrique**; chaque centimètre cube exige pour sa transformation un centimètre cube de chlore.

Exemple d'un essai. — On prend un échantillon du chlorure à essayer; on en pèse 10 grammes; on les dissout dans l'eau, peu à peu, en les triturant dans un mortier de porcelaine, chaque fois avec une nouvelle quantité d'eau, jusqu'à ce qu'on ait un litre de dissolution.

On met dans un verre d'essai (*fig.* 51) 10 centimètres cubes de la liqueur chlorométrique que l'on colore avec une goutte de solution sulfurique d'indigo. On a rempli exactement une burette de Gay-Lussac avec la solution de chlorure. On verse le liquide de la burette dans la liqueur bleue, goutte à goutte, jusqu'à ce qu'elle se décolore. On lit le nombre de centimètres cubes versés; soit 12 centim. c. 5

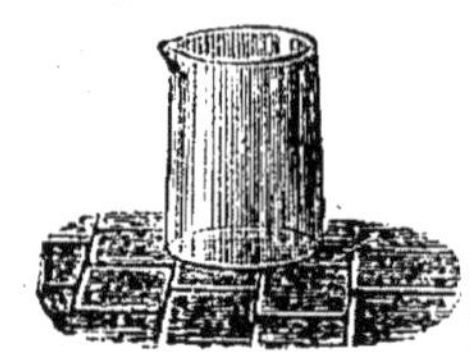

Fig 51. — Vase d'essai et burette pour la chlorométrie.

Les 12 centim. c. 5 ont donc produit 10 centimètres cubes de chlore.

Le litre entier, ou 1,000 centimètres cubes, en aurait produit

$$\frac{10 \times 1\,000}{12{,}5} = 800 \text{ centim. c. ou } 0 \text{ lit. } 800.$$

Les 10 grammes employés du chlorure essayé contiennent donc 8 décilitres de chlore.

Le kilogramme peut en dégager cent fois plus ou 80 litres.

On dit que le *titre* du chlorure essayé est de 80°.

C'est le nombre de litres de chlore qu'un kilogramme est capable de fournir. Les bons chlorures du commerce titrent généralement de 90° à 110°; il n'est pas rare qu'un produit éventé descende au titre de 40° ou 50°.

CARBONATE DE CALCIUM. — $CaOCO^2$.

147. État naturel. — Le carbonate de calcium est un des corps les plus répandus dans la nature; il forme la majeure partie de l'écorce terrestre; il s'y présente sous des aspects variés qui portent des noms pariculiers, mais que l'on réunit sous le nom général de **calcaires.** La variété saccharoïde et compacte constitue les **marbres**, susceptibles d'un beau poli et dont la coloration est due à des traces de charbon ou d'oxydes métalliques; l'**albâtre** est la variété fibreuse et translucide; la **craie** est une variété terreuse qui se présente en grandes masses blanches et friables; le calcaire le plus répandu est celui qu'on désigne sous le nom de **calcaire grossier, pierre à bâtir, pierre à chaux**; c'est la variété la moins pure, et quand elle contient un peu d'argile elle constitue la **marne**, l'une des sources des chaux hydrauliques.

On trouve aussi le carbonate de calcium cristallisé, et il présente un cas remarquable de dimorphisme, le premier qui ait été observé; en rhomboèdres transparents, il porte le nom de *calcite* ou de **spath d'Islande**, et il jouit de la double réfraction; en prismes droits d'un blanc laiteux, c'est l'**arragonite**.

Dans le règne animal, le *calcaire* forme plus des neuf dixièmes de la coquille des mollusques et des coquilles d'œufs; il entre pour environ 1/10 dans la charpente osseuse des vertébrés.

148. Propriétés. — Quel que soit son aspect, le carbonate de calcium est décomposé par la chaleur; il dégage l'acide carbonique et laisse la chaux pour résidu. Cette décomposition est favorisée par la vapeur d'eau, comme l'ont remarqué tous les chaufourniers qui préfèrent les calcaires humides aux autres. Elle n'a pas lieu, même à haute température, dans un vase clos, quand l'acide carbonique ne peut pas se dégager; le calcaire fond, s'agglomère et présente, après le refroidissement, l'apparence du marbre. C'est ainsi que Hall a transformé la craie en marbre, en la calcinant dans un canon de fusil solidement bouché. On s'appuie sur cette expérience pour rapporter l'origine des marbres à une fusion des calcaires sous l'influence de la haute température des roches éruptives du terrain primitif et expliquer leur présence au milieu des couches du terrain de transition.

Le carbonate de calcium est presque tout à fait insoluble dans l'eau pure, puisqu'il faut 40,000 litres d'eau pour en dissoudre 1 gramme. Il est plus soluble dans l'eau chargée d'acide carbonique, comme on s'en convainc en versant un peu d'eau de chaux dans une dissolution d'acide carbonique; le précipité produit d'abord ne tarde pas à disparaître. Si on fait passer un courant de gaz carbonique dans de l'eau de chaux, le liquide devient laiteux par la formation du carbonate; mais si le gaz continue d'arriver le liquide redevient limpide; il dissout le précipité à la faveur de l'acide.

Cette propriété de dissolution a une grande importance dans les phénomènes naturels. Les eaux pluviales contiennent de l'acide carbonique qu'elles ont pris à l'air; elles empruntent aux couches du sol qu'elles traversent du carbonate de calcium qu'elles dissolvent; aussi trouve-t-on ce sel en dissolution dans toutes les eaux naturelles; il est la source du calcaire des os des animaux supérieurs comme des coquilles des mollusques. Certaines eaux plus chargées d'acide carbonique dissolvent plus de carbonate de calcium; quand elles arrivent à l'air, elles perdent leur acide et déposent le calcaire qu'elles ne peuvent plus retenir dissous. C'est ce phénomène qui produit les sources incrustantes, comme celle de *Saint-Allyre* à *Clermont-Ferrand* dans l'eau de laquelle les objets se recouvrent d'un enduit pierreux; il est aussi la cause de la formation des colonnes calcaires qu'on trouve dans les grottes et auxquelles on donne le nom de **stalactites** et de **stalagmites**.

L'ébullition trouble les eaux calcaires; le carbonate de calcium se dépose peu à peu et finit par former une couche compacte. Les incrustations des chaudières à vapeur n'ont pas d'autre origine; on ne peut empêcher le dépôt pierreux; mais on cherche à le rendre aussi peu adhérent que possible, en mélangeant à l'eau des corps qui le divisent et l'agitent sans cesse.

SULFATE DE CALCIUM. — $CaOSO^3$.

149. État naturel et propriétés. — Le sulfate de calcium se rencontre dans la nature anhydre et hydraté. Anhydre, il forme une roche des terrains anciens que les minéralogistes appellent **anhydrite.** Hydraté, il forme des couches d'une grande étendue dans les terrains tertiaires inférieurs, notamment dans le bassin de *Paris*, à *Montmartre* et à *Pantin;* on lui donne le nom de **gypse.** Il se présente en masses compactes, blanches ou souillées par des oxydes: c'est la **pierre à plâtre**; ou encore en grands cristaux tendres, fibreux, faciles à cliver en lames minces et transparentes : c'est le **gypse en fer de lance.**

Le sulfate de calcium hydraté ($CaO,SO^3,2HO$) est peu soluble; un litre d'eau n'en dissout que 2 à 3 grammes; mais cette quantité suffit pour empêcher l'eau d'être potable et de pouvoir servir à la cuisson des légumes. Les eaux qui en sont chargées sont dites **séléniteuses**; elles ont l'inconvénient de produire dans les chaudières à vapeur des incrustations nuisibles et de devenir insalubres quand elles restent exposées à l'air au contact des matières organiques; le sulfate de calcium qu'elles contiennent se décompose, donne du sulfure de calcium (CaS) dont l'eau et l'acide carbonique font dégager de l'hydrogène sulfuré.

La propriété saillante du sulfate de calcium hydraté, c'est de perdre son eau de cristallisation quand on le chauffe à 80° dans un courant d'air et à 115° en vase clos, et de pouvoir reprendre cette eau avec une grande facilité en donnant une masse compacte et dure. L'emploi du *plâtre* est fondé sur cette propriété. Le plâtre, c'est du sulfate de calcium qu'une calcination modérée a rendu anhydre.

Quand on le mélange à l'eau, qu'on le *gâche*, suivant l'expression consacrée, il se combine à deux molécules d'eau et forme une pâte plastique qui augmente de volume, peut, par conséquent, prendre les empreintes des moules où elle a été coulée et devient bientôt dure et résistante. Chauffé au-dessus de 160°, le plâtre ne s'hydrate plus que très-lentement; calciné au rouge, il ne peut plus faire prise avec l'eau.

150. Préparation du plâtre. — Le plâtre employé dans les arts provient de la cuisson du gypse ou pierre à plâtre. Cette opération se pratique généralement dans des fours d'une construction très-simple. Sous un hangar, on établit des voûtes avec des morceaux de pierre à plâtre, et on les charge d'autres morceaux de plus en plus petits. On allume sous chaque voûte un feu de bois sec dont la flamme circule à travers toute la masse; après huit ou dix heures de chauffe modérée, on laisse refroidir. Le plâtre cuit est broyé sous des meules, tamisé et conservé dans un lieu sec. En attirant l'humidité, il perd sa propriété de faire prise avec l'eau, il *s'évente*.

La cuisson est irrégulière dans ce procédé primitif; les morceaux les plus près du feu sont trop calcinés; les plus éloignés sont imparfaitement déshydratés. Le tout réuni donne cependant un bon plâtre, car les matières inertes qu'il contient contribuent pour leur part à la cohésion de l'ensemble. On a imaginé des fours (*fig.* 52) qui permettent une cuisson régulière et qui, de plus, utilisent la chaleur perdue d'autres foyers industriels, notamment des fours à coke. Le plâtre des mouleurs, destiné à des objets délicats, doit avoir été cuit hors du contact du combustible.

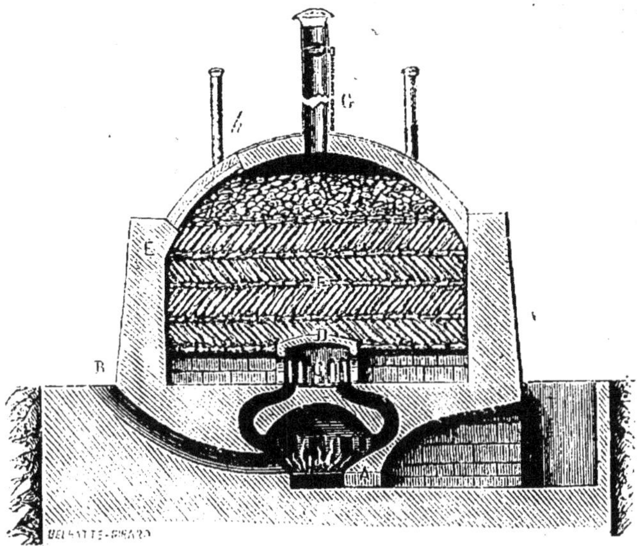

Fig. 52. — Four à plâtre. — A, foyer; — B, conduit par lequel on introduit le combustible; — D, charge sur voûte; — E, paroi extérieure; — G, cheminée; — H, cheminée pour le départ des premières vapeurs.

181. Usages du plâtre.—Le plâtre est employé dans le moulage et la construction. Si on le gâche avec de l'eau chargée de gomme ou de colle, on obtient un produit qui présente plus de dureté et qui est susceptible de recevoir un beau poli; il porte le nom de **stuc**; il est employé dans l'ornementation; on lui fait imiter le marbre, mais il ne résiste pas à l'humidité. On obtient un produit plus dur en gâchant le plâtre avec de l'eau chargée d'un dixième d'alun, le laissant se solidifier pour le soumettre à une seconde cuisson plus forte que la première : c'est le *plâtre aluné*; il résiste aux influences hygrométriques.

Le plâtre sert aussi en agriculture; on le répand, au printemps, sur les prairies artificielles (trèfles, luzernes, etc.), auxquelles il procure un développement rapide. On conseille d'en saupoudrer sur les tas de fumier en fermentation, dans le but d'y retenir, sous forme de sulfate d'ammonium fixe, le carbonate volatil qui s'en dégage.

PHOSPHATES DE CALCIUM.

182. Nous avons vu que l'acide phosphorique peut donner trois séries de sels, puisqu'il a trois molécules d'hydrogène à échanger contre les métaux. On connaît en effet trois phosphates de calcium qui répondent aux formules suivantes :

$(CaO)^3PhO^5$. . . . . *Phosphate tribasique.*
$(CaO)^2HOPhO^5$. . . . — *dit neutre.*
$CaO(HO)^2PhO^5$. . . . — *acide.*

Le premier et le dernier présentent seuls de l'intérêt.

153. Phosphate tribasique. — Ce corps constitue les 80 centièmes de la partie minérale des os; la cendre d'os est la matière première d'où l'on retire l'acide phosphorique et le phosphore (voir Cours de 2e année). Le phosphate tribasique est insoluble dans l'eau; mais il y devient soluble en présence de l'acide carbonique, quand il est en poudre. L'acide sulfurique le transforme en phosphate acide soluble, et peut même mettre de l'acide phosphorique en liberté :

$$(CaO)^3PhO^5 + 2HOSO^3 = 2(CaOSO^3) + CaO,2HO,PhO^5.$$

C'est cette réaction que l'on utilise pour préparer le phosphate acide dont on retire finalement le phosphore.

Le phosphate tribasique de calcium est assez abondamment répandu dans la nature. On l'a trouvé d'abord en nodules ou rognons disséminés au milieu des galets des plages de la Manche. Puis on a constaté sa présence en gisements susceptibles d'exploitation, en différentes contrées, dans la *Somme* et dans les *Ardennes*, dans l'étage crétacé que les géologues désignent sous le nom de grès vert; il est surtout abondant en *Espagne* et dans le sud de la *Russie*.

C'est un produit très-important depuis qu'on l'emploie comme engrais. Les os, le noir animal qui a servi à la décoloration des jus sucrés et les nodules réduits en poudre peuvent être employés à l'état naturel; répandus sur le sol, ils produisent de bons effets, surtout dans les terrains de défrichement. Le phosphate de chaux qu'ils contiennent devient en partie soluble à la faveur de l'acide carbonique; il peut dès lors être absorbé par les plantes et concourir à leur développement.

On obtient de meilleurs résultats en traitant au préalable les phosphates naturels par de l'acide sulfurique, en les transformant d'abord en ce que l'on appelle des **superphosphates.**

On fait un mélange avec de la poudre de nodules et de la poudre d'os ou des noirs; on l'attaque par une quantité convenable d'acide sulfurique; la masse s'échauffe; on la laisse sécher peu à peu, et si l'opération a été bien conduite elle se granule d'elle-même et elle est prête pour l'emploi. La poudre de superphosphates est un mélange de plâtre, de phosphate acide de calcium soluble et souvent d'un peu de phosphate tribasique non attaqué. Elle a d'autant plus de valeur qu'elle indique à l'analyse une plus grande quantité d'acide phosphorique soluble. C'est un engrais très-recherché aujourd'hui des agriculteurs, qui ont l'excellente habitude de le mêler au fumier de ferme et de s'en servir surtout pour les céréales.

On a cru longtemps que la poudre d'os n'avait aucune utilité comme engrais; mais de nombreuses expériences ont démontré toute l'importance de l'acide phosphorique comme élément fertilisant; c'est à lui notamment que le guano du Pérou doit ses excellents effets.

154. Caractères des sels de calcium. — Les sels de calcium en dissolution donnent avec l'oxalate d'ammonium un précipité blanc d'oxalate de calcium, insoluble dans l'eau, soluble dans l'acide azotique.

Ils sont de même précipités par les carbonates alcalins.

Enfin, quand les dissolutions sont concentrées, l'acide sulfurique y produit un précipité de sulfate insoluble qui n'est pas apparent dans les dissolutions étendues.

Exercices. — 14. On veut transformer en chlorate de potassium 100 kilogrammes d'un chlorure de chaux marquant 90° : quel poids de chlorure de potassium sera nécessaire et combien obtiendra-t-on de chlorate?

15. On traite par l'acide sulfurique 100 kilogrammes de poudre d'os renfermant 80 p. % de phosphate tribasique et 20 % de carbonate de calcium: quel poids d'acide sulfurique sera nécessaire, et quelle sera la proportion p. % de l'acide phosphorique soluble existant dans le mélange?

CHAPITRE IX

MAGNÉSIUM ET SES SELS.

155. **Propriétés du magnésium.** — Le magnésium est un métal blanc comme le zinc qui se recouvre rapidement d'une couche d'oxyde. Il est malléable et peu tenace; il se laisse limer facilement. Il est très-léger; sa densité est de 1,75. Il fond vers 500° et peut être volatilisé et distillé dans un courant d'hydrogène.

Il est inaltérable dans l'air sec, s'oxyde à l'air humide et décompose lentement l'eau. Sa propriété la plus remarquable, c'est de donner, en brûlant à l'air et surtout dans l'oxygène, une flamme blanche d'un très-grand éclat. On allume un fil ou un ruban de magnésium à la flamme d'une bougie ou d'un bec de gaz et il continue à brûler; quand on le projette en limaille dans la flamme d'une lampe à alcool, il donne des étincelles très-vives et très-belles. Le produit de sa combustion est la **magnésie**, matière blanche, farineuse et douce au toucher.

La lumière du magnésium fatigue l'œil et provoque les réactions chimiques; elle peut faire détoner le mélange de chlore et d'hydrogène comme la lumière solaire et aussi produire les réactions photographiques. On s'en est servi pour éclairer l'intérieur des grottes ou des espaces peu éclairés, afin d'en prendre une vue photographique.

156. **Préparation.** — Le magnésium a été pour la première fois retiré de son chlorure en 1828 par M. *Bussy*. On le prépare aujourd'hui par l'action du sodium sur le chlorure de magnésium en présence de spath-fluor pulvérisé qui sert de fondant, et on le purifie par la distillation.

M. *Bunsen* l'a obtenu en décomposant le chlorure en fusion par le courant électrique.

OXYDE DE MAGNÉSIUM ou MAGNÉSIE. — MgO.

157. L'oxyde qui se forme dans la combustion du magnésium est la *magnésie calcinée*, poudre blanche, volumineuse et presque infusible. On la prépare généralement par la calcination de la *magnésie blanche* des pharmaciens (*carbonate*) jusqu'à ce que le produit ne fasse plus effervescence avec les acides.

Elle est presque insoluble dans l'eau; sa dissolution bleuit légèrement un papier de tournesol rouge. On l'obtient hydratée, sous la forme MgOHO, en précipité blanc, en versant de la potasse dans un sel soluble de magnésium.

La magnésie sature les acides comme les bases fortes des métaux alcalins et alcalino-terreux; mais elle n'est pas caustique. On l'emploie comme contre-poison de l'acide arsénieux et des autres acides. La médecine l'utilise fréquemment pour combattre les aigreurs d'estomac qu'elle fait disparaître en se combinant aux acides qui les produisent.

158. **Sulfate de magnésium.** — $MgOSO^3,7Aq$. — Ce sel, le plus important des sels magnésiens, appelé aussi *sel amer*, *sel d'Epsom*, *sel de Sedlitz*, existe dans les eaux-mères des marais salants et dans certaines eaux de sources, auxquelles il donne des propriétés purgatives. On admet qu'il se forme dans le sol par l'action des eaux séléniteuses sur les composés du magnésium. Si, en effet, sur une couche d'un sel de magnésium pulvérisé on fait passer à diverses reprises une eau qui a dissous du plâtre (*fig.* 53), il s'effectue un double échange et le liquide ne contient bientôt plus que du sulfate de magnésium.

Fig. 53. — Préparation du sulfate de magnésium.

C'est un sel incolore, d'une saveur amère et salée; il cristallise en fines aiguilles qui contiennent 7 équivalents d'eau.

Il donne des réactions parallèles à celles de l'acide sulfurique, en agissant sur les sels; on peut l'employer à la place de cet acide pour obtenir le chlore, l'acide chlorhydrique et même l'acide azotique; mais son action est moins énergique que celle de l'acide sulfurique.

$$2HOSO^3 + NaCl + MnO^2 = MnOSO^3 + NaOSO^3 + 2HO + Cl.$$
$$2MgOSO^3 + NaCl + MnO^2 = MnOSO^3 + NaOSO^3 + 2MgO + Cl.$$

On l'emploie habituellement comme purgatif, à la dose de 10 à 50 grammes. Les eaux minérales de *Sedlitz* et d'*Epsom* lui doivent leurs propriétés.

On le prépare en attaquant par l'acide sulfurique le carbonate naturel de magnésium, et on utilise l'acide carbonique qui se dégage pour la préparation du bicarbonate de sodium.

159. **Carbonate double de calcium et de magnésium.** — On trouve ce composé dans divers terrains, en roches assez abondamment répandues; on lui donne le nom de **dolomie.** Il paraît être la source de tous les sels magnésiens que renferment les eaux naturelles. Il cristallise en rhomboèdres, comme le carbonate de calcium, et quand on se rappelle que l'acide carbonique est biatomique, on donne à ces deux corps isomorphes des formules analogues en les écrivant ainsi :

$$\left.\begin{matrix}CaO\\CaO\end{matrix}\right\}C^2O^4 \qquad \left.\begin{matrix}CaO\\MgO\end{matrix}\right\}C^2O^4.$$

Carbonate de calcium. Dolomie.

160. Magnésie blanche des pharmaciens. — Le produit désigné sous ce nom est un carbonate de magnésium hydraté qui se présente d'habitude en pains blancs extrêmement légers. On l'obtient en précipitant par du carbonate de sodium une solution bouillante d'un sel magnésien. Le précipité est ensuite moulé et séché. Sa composition est assez variable ; d'ordinaire, le carbonate retient un peu de magnésie ; sa formule la plus habituelle est $3(MgOCO^2)$, $MgOHO$, $3Aq$. Par la calcination, ce corps perd son eau, dégage l'acide carbonique et laisse comme résidu la magnésie.

161. Caractères des sels de magnésium. — Les sels solubles dans l'eau ont une saveur amère très-prononcée.

La potasse et la soude y produisent un précipité blanc gélatineux qui se dissout dans une solution de sel ammoniac.

Le carbonate d'ammonium ne détermine pas de précipité dans les solutions des sels magnésiens que l'on a mélangés de sel ammoniac ; c'est ce caractère qui permet de différencier nettement les sels de magnésium des sels de baryum et de calcium.

Enfin le phosphate de sodium détermine dans les dissolutions magnésiennes rendues ammoniacales un précipité grenu, cristallin, qui s'attache aux parois du verre ; c'est le *phosphate ammoniaco-magnésien*, dont on trouve l'analogue dans certains calculs urinaires.

Exercice. — 16. Quel poids de sulfate de magnésium cristallisé est nécessaire pour dégager d'un mélange convenable de sel marin et de bioxyde de manganèse 100 litres de chlore (mesurés à 0° et à 760 de pression).

CHAPITRE X

ALUMINIUM. — ALUMINE. — ALUNS. — Al = 13,5.

162. Propriétés physiques de l'aluminium. — L'aluminium est un métal d'un blanc bleuâtre, susceptible d'un beau poli. Il est aussi malléable que l'or et l'argent ; on peut l'amener par le battage en feuilles d'une épaisseur très-faible. On l'obtient facilement en fils très-fins, tenaces comme ceux de l'argent, mais il faut pour cela le recuire souvent à une douce chaleur. Il est le plus léger de tous les métaux usuels ; sa densité est 2,5 ; c'est là une de ses propriétés les plus remarquables et qui le rend particulièrement propre à tous les usages où le poids considérable des autres métaux est un inconvénient ; on fait, en effet, avec 1 kilogramme d'aluminium, un objet de même volume qu'avec 7 kilog. 5 d'or et 4 kilogrammes d'argent.

L'aluminium est très-sonore ; un lingot, suspendu à un fil, rend par le choc un son prolongé comparable à celui du cristal.

Son point de fusion est intermédiaire entre celui du zinc et celui de l'argent ; c'est donc un métal facilement fusible ; mais il n'est pas volatil.

163. Propriétés chimiques. — L'air, humide ou sec, est sans action sur l'aluminium ; le métal pur ne s'oxyde pas quand on le chauffe, mais il brûle avec facilité au chalumeau, quand il contient du silicium.

Il n'est pas altéré par l'hydrogène sulfuré qui noircit si rapidement l'argent. L'acide sulfurique et l'acide azotique ne l'attaquent pas à froid et le dissolvent à peine quand ils sont concentrés et bouillants. Mais l'acide chlorhydrique le dissout rapidement, et d'autant mieux qu'il est plus concentré.

Les dissolutions de potasse et de soude attaquent l'aluminium avec dégagement d'hydrogène et production d'aluminates alcalins; l'action de l'ammoniaque en solution est plus faible. Les alcalis fondus n'ont pas d'effet même au rouge naissant.

Les acides organiques, tels que l'acide acétique ou vinaigre, l'acide tartrique ou le tartre des vins, n'altèrent pas sensiblement l'aluminium. Mais si l'on ajoute du sel marin au vinaigre, le métal est attaqué comme il le serait par un acide chlorhydrique dilué. Il n'en résulte dans la pratique aucun danger parce que le sel d'aluminium formé n'est pas vénéneux. En résumé, l'aluminium est remarquable par sa grande résistance à l'altération sous l'influence des principaux agents chimiques.

164. Usages de l'aluminium. — L'aluminium peut remplacer l'argent, le cuivre, l'étain pour les usages domestiques et industriels; jusqu'ici, à cause de son prix élevé (130 francs le kilogramme), on ne l'emploie guère que dans la confection d'objets de luxe (bijouterie, marqueterie, coutellerie). Il est probable qu'il remplacera l'acier dans la fabrication des instruments de physique et de chirurgie, à cause de son inaltérabilité, surtout si on peut l'obtenir à meilleur marché. Allié au cuivre dans la proportion de $\frac{1}{10}$, il donne un bronze d'une belle couleur jaune, moins altérable que le bronze ordinaire et capable d'être facilement fondu et forgé.

165. Préparation de l'aluminium. — C'est *M. Wœhler* qui en 1827 obtint le premier l'aluminium en réduisant son chlorure par le potassium. Mais c'est aux patientes recherches de *M. Deville* que l'on doit le procédé suivi actuellement et qui consiste à réduire le chlorure double d'aluminium et de sodium par le sodium en présence d'un fondant approprié qui rassemble le métal et permette de l'obtenir en lingot.

L'opération industrielle comprend trois phases : 1° la préparation d'alumine aussi pure que possible et exempte de fer; 2° sa transformation en chlorure double (plus facile à manier que le chlorure simple); 3° la réduction de ce chlorure et la coulée du métal obtenu.

L'alumine est tirée d'une terre abondante à *Baux*, en Provence, et appelée souvent *bauxite*. Ce minerai calciné est traité par le carbonate de sodium; il se forme un aluminate de sodium soluble que l'on sépare par l'eau, et où l'on précipite par un acide l'alumine qu'on lave et qu'on dessèche.

Le chlorure double est obtenu en faisant passer un courant de chlore dans une cornue chauffée contenant une pâte homogène d'alumine, de sel marin et de charbon; il distille au rouge et vient se condenser dans un récipient en communication avec la cornue où il se solidifie.

L'opération finale, c'est-à-dire la réduction, se fait dans un four à réverbère, chauffé à flamme directe et disposé de manière à ce qu'on puisse à volonté intercepter la flamme. Sur la sole, portée au rouge, on fait tomber le mélange de chlorure double de sodium et de fondant (ce dernier est la *cryolithe*, fluorure double d'aluminium et de sodium abondant au *Groënland*); après une vive réaction, un brassage avec une râcletle de fer, on procède à la coulée de l'aluminium fondu rassemblé au fond du four.

On refond le métal pour le purifier.

ALUMINE ou OXYDE D'ALUMINIUM. — Al^2O^3.

166. **Propriétés de l'alumine.** — L'aluminium étant à peu près inoxydable à toute température, on ne peut obtenir son oxyde, l'alumine, que d'un de ses sels.

L'alumine pure est blanche; elle constitue une poudre légère, sans odeur ni saveur, qui happe à la langue. Elle n'est fusible qu'au chalumeau oxhydrique; fondue, elle donne un liquide étirable en fils qui, refroidi, constitue une masse assez dure pour rayer le verre.

L'alumine calcinée au delà du rouge sombre est absolument insoluble dans l'eau et sans aucune affinité pour ce liquide; simplement desséchée, elle peut absorber jusqu'à 15 p. °/$_0$ de son poids d'eau qu'elle retient ensuite avec énergie. Cette propriété, qu'elle communique aux terres argileuses, leur permet de mieux résister à la sécheresse de l'air et de conserver longtemps l'eau nécessaire à l'entretien de la végétation.

Hydratée, l'alumine est blanche quand elle est humide et translucide après dessiccation. Elle est insoluble dans l'eau, où elle reste à l'état de substance gélatineuse ayant l'aspect de l'empois d'amidon; on a pu cependant obtenir une variété soluble, mais qui se coagule avec une extrême facilité.

Elle est soluble dans les acides avec lesquels elle forme des sels où elle joue le rôle de base; elle se dissout aussi dans la potasse et la soude en donnant encore des sels, mais où elle joue le rôle d'acide; on donne à ces derniers sels le nom **d'aluminates** : si on verse dans un sel d'aluminium quelques gouttes d'une dissolution de potasse, on voit apparaître le précipité gélatineux d'alumine qui se redissout quand on ajoute un excès d'alcali; le même phénomène n'a pas lieu avec l'ammoniaque parce que l'alumine y est à peu près insoluble.

La propriété la plus saillante de l'alumine hydratée, c'est son affinité pour les matières organiques. On la met en évidence en chauffant de l'alumine en gelée avec une décoction de cochenille et en laissant refroidir le mélange dans une longue éprouvette (*fig.* 54); l'alumine se rassemble peu à peu et se dépose, en entraînant avec elle toute la matière colorante; le liquide surnageant reste incolore. On peut donner une autre forme à l'expérience; on chauffe à l'ébullition de la cochenille ou de la garance avec une solution d'alun; le liquide se colore en rouge; on filtre, et dans le liquide clair on verse du carbonate de sodium. L'alumine se précipite et entraîne au fond du vase tout le principe colorant.

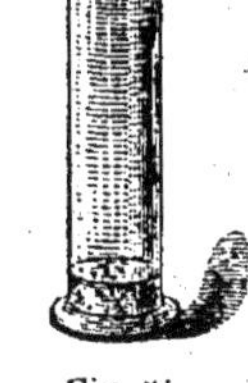

Fig. 54. Eprouvette.

On donne le nom de **laques** aux composés insolubles d'alumine et de matières colorantes. Les laques sont utilisées dans la peinture et dans l'impression des papiers de tenture, et c'est à l'état de laques formées dans les tissus que certaines matières colorantes entrent dans la teinture. Un tissu de coton ne se teint pas dans une solution chaude de garance; mais il prend et retient la couleur s'il a été au préalable imprégné d'alumine; dans ce cas, l'alumine est ce qu'en teinture on appelle *un mordant*.

167. Formule de l'alumine. — Les chimistes représentent l'alumine par le symbole Al^2O^3, bien que ce soit le seul oxyde de l'aluminium. On a été conduit à lui donner cette formule parce qu'elle est isomorphe avec le sesquioxyde de fer ou rouille qui se figure par Fe^2O^3. De plus, sa composition centésimale donne à l'analyse :

Aluminium.	53	100.
Oxygène	47	

et si l'on admet pour l'équivalent de l'aluminium le nombre 13,5, qui répond à la loi de Dulong sur les chaleurs spécifiques, on trouve que dans l'alumine il y a 2 équivalents du métal contre 3 d'oxygène.

168. État naturel. — L'alumine est très-répandue dans la nature, puisqu'elle est la base des argiles. Quand elle est pure, cristallisée et incolore, elle constitue la pierre précieuse connue sous le nom de *corindon* qui a le brillant du cristal et une dureté qui se rapproche de celle du diamant. Le corindon, coloré par des traces d'oxydes métalliques, mais resté transparent, constitue les pierres précieuses suivantes : le *rubis* d'une belle teinte rouge, le *saphir* bleu, la *topaze* jaune, l'*émeraude* d'une belle couleur verte et l'*améthyste* violette.

Le corindon grossier, mélangé d'oxyde de fer et réduit en poudre, constitue l'*émeri* que l'on recherche à cause de sa dureté pour polir les corps durs, les cristaux naturels, le fer, l'acier, les glaces, le verre.

L'alumine hydratée existe également sous le nom de gibbsite dans quelques roches et sous forme d'argile plus ou moins ferrugineuse, non cristallisée, comme dans la bauxite de la Provence.

169. Préparation de l'alumine. — Dans les laboratoires, on prépare l'alumine anhydre en calcinant fortement l'alun ammoniacal. On obtient l'alumine hydratée en précipitant une dissolution d'alun ou d'un autre sel d'alumine par l'ammoniaque ou son carbonate; le précipité blanc qui se dépose lentement est de consistance gélatineuse; il peut être lavé et ensuite desséché. Nous avons dit comment l'industrie opère avec le minerai des Baux pour en tirer l'alumine destinée à la préparation de l'aluminium. Différents chimistes, notamment *Ebelmen*, *Sainte-Claire-Deville*, *Gaudin*, *Debray* ont obtenu l'alumine pure en petits cristaux semblables aux corindons naturels.

170. Sels d'alumine. — L'alumine donne deux espèces de sels, puisqu'elle peut fonctionner comme base avec les acides forts et comme acide au contraire avec les bases puissantes. Les plus importants du premier groupe sont le sulfate d'aluminium, les aluns préparés pour l'industrie et les silicates si abondants dans toutes les roches primitives du globe, et dont les produits de désagrégation forment les argiles. Le seul intéressant du second groupe est l'aluminate de soude.

171. Aluminate de soude. — On a préparé longtemps ce sel en précipitant l'alun par la soude caustique et en ajoutant de l'alcali jusqu'à ce que le précipité fût entièrement dissous. C'était un procédé coûteux à cause de l'emploi de la soude. Aujourd'hui on chauffe au rouge un mélange de 1 partie de carbonate de soude et de 2 parties de minerai des Baux finement pulvérisé; la masse frittée a l'aspect d'une poudre sèche un peu verdâtre; elle abandonne à l'eau l'aluminate très-soluble qu'elle contient. On se sert de cette dissolution comme mordant dans la teinture; les acides, même l'acide carbonique, y précipitent l'alumine sous forme de gelée.

172. Sulfate d'aluminium. — Le produit obtenu par l'action de l'acide sulfurique sur l'alumine pure répond à la formule $Al^2O^3, 3SO^3$; c'est le sulfate d'aluminium. Il cristallise très-difficilement en retenant 18 équivalents d'eau. Ordinairement il se présente en blocs rectangulaires blancs, plus ou moins durs, déliquescents et très-solubles dans l'eau.

Sa solution concentrée fait déposer de l'alun sous forme de précipité blanc quand on la mélange à un sel de potassium; elle constitue ainsi un bon réactif de la potasse.

Le sulfate d'aluminium sert pour l'encollage de la pâte des papiers communs et même du papier fin quand il est pur.

On en fabrique aujourd'hui de grandes quantités en attaquant des kaolins aussi exempts de fer que possible par l'acide sulfurique. Le kaolin pulvérisé et tamisé est d'abord calciné sur la sole d'un four à réverbère; cette opération a pour but de peroxyder le fer pour le rendre insoluble et en même temps de favoriser l'action de l'acide. Le mélange d'acide et de kaolin a lieu dans de grandes chaudières de plomb chauffées; après l'attaque, le liquide est versé dans de grands bassins, où il abandonne l'argile non attaquée et la silice, puis décanté dans d'autres vases, où il dépose de l'alun (voir ci-dessous), et enfin évaporé; la masse se fige par le refroidissement; elle est livrée au commerce sous forme de blocs rectangulaires ou de fragments concassés.

Ce produit n'est pas toujours exempt d'une petite quantité de fer qui en limite l'emploi. On obtient un sulfate sans trace de fer en traitant par l'acide sulfurique l'alumine de l'aluminate de soude et évaporant la liqueur. Cette opération se fait surtout dans les usines à aluminium de *Salyndres* et de *Newcastle*.

En Angleterre, on prépare un sulfate d'aluminium qui retient de la silice en traitant des argiles blanches par de l'acide sulfurique des chambres de plomb (c'est-à-dire à 50° B) chauffé à 100°. On obtient une masse que l'on emploie avantageusement pour le collage des papiers, car la silice qui s'y trouve disséminée, loin d'être un inconvénient, est au contraire la cause d'un durcissement rapide et régulier.

ALUNS.

173. Le sulfate d'aluminium ne cristallise pas; mais si on mélange à sa dissolution une solution d'un sulfate alcalin on obtient par évaporation un beau produit cristallisé; c'est ce sulfate double qui porte le nom d'**alun**. Le plus anciennement connu est l'*alun de potasse*, autrement dit le sulfate double d'aluminium et de potassium qui répond à la formule $Al^2O^3,3SO^3,KOSO^3 24Aq$.

174. Propriétés de l'alun. — L'alun est un sel blanc d'une saveur amère; il est très-soluble dans l'eau qui, à 10°, en dissout un dixième de son poids, et à 100°, trois fois et demi son poids. La solution d'alun peut être sursaturée comme celle du sulfate de sodium; et si on descend dans une dissolution sursaturée un petit cristal d'alun suspendu à un fil on voit le plus souvent le liquide se remplir de petits cristaux séparés; et quelquefois, quand la solution est basique, le cristal plongé s'accroît rapidement tout en conservant sa forme primitive.

L'alun ordinaire cristallise en octaèdres; quand il est complétement exempt de composés solubles du fer et que de plus il contient un petit excès d'alumine, il cristallise en cubes (*fig.* 55). L'*alun de Rome* est dans ce dernier cas. Pour faire cristalliser en cubes l'alun ordinaire, il suffit d'ajouter à sa dissolution, chauffée vers 40°, un peu d'ammoniaque qui précipite le fer et forme un peu de sous-sulfate d'alumine qui paraît nécessaire pour obtenir la forme cubique.

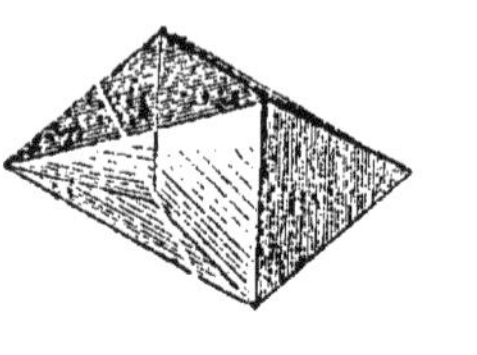
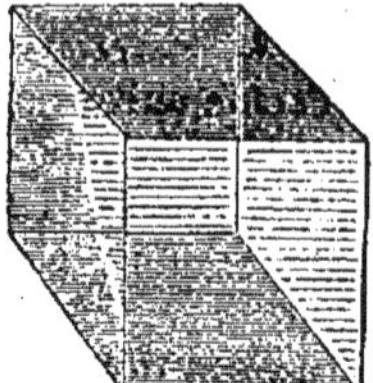

Fig. 55. — Cube et octaèdre d'alun.

L'alun fond quand on le chauffe vers 90°; il se dissout dans ses 24 équivalents d'eau de cristallisation, et si on le laisse refroidir en cet état il prend un aspect vitreux qui lui a fait donner le nom d'*alun de roche*. Chauffé davantage, il perd peu à peu son eau de crisallisation, il se boursoufle, augmente de volume, et forme au-dessus du creuset une espèce de champignon qui s'élève notablement. C'est l'alun anhydre ou calciné, employé comme caustique pour ronger les chairs. Au rouge vif, l'alun se décompose, de l'acide sulfureux et de l'oxygène se dégagent, il reste un mélange d'alumine et de sulfate de potasse.

Quand on chauffe modérément l'alun calciné avec $\frac{1}{3}$ de son poids de noir de fumée, on obtient une poudre noire, qui s'enflamme facilement à l'air humide et brûle avec de vives étincelles : c'est un mélange d'alumine, de charbon et de sulfure de potassium très-divisé, et on sait que ce dernier corps est pyrophorique.

Les dissolutions d'alun ont une réaction acide; elles agissent sur le carbonate de chaux qui en précipite un sous-sel insoluble. Les alcalis et les carbonates alcalins y précipitent l'alumine en gelée.

175. Principaux aluns. — Si on ajoute au sulfate d'aluminium, au lieu du sulfate de potassium, le sulfate de sodium ou le sulfate d'ammonium, on produit deux autres aluns, l'*alun de soude* et l'*alun d'ammoniaque*, qui partagent les propriétés de l'alun de potasse.

Ces trois aluns ont des formules identiques :

Alun de potasse.	$KOSO^3,Al^2O^33SO^324Aq$,
Alun de soude.	$NaOSO^3,Al^2O^33SO^324Aq$,
Alun d'ammoniaque. . . .	$AzH^4OSO^3,Al^2O^33SO^324Aq$.

Tous les trois sont blancs, cristallisés en cubes ou en octaèdres, très-solubles dans l'eau.

Si dans l'un de ces aluns on remplace l'alumine Al^2O^3 par une autre base de même formule chimique, comme le sesquioxyde de fer, Fe^2O^3, le sesquioxyde de chrome, Cr^2O^3, on obtient de nouveaux sels à base de potasse ou d'ammoniaque qui conservent encore 24 Aq de cristallisation et dont les cristaux ont encore la forme cubique : on les désigne aussi sous le nom d'aluns. Ainsi on a :

L'alun de fer à base de potasse.	$KOSO^3,Fe^2O^33SO^324Aq$;
— à base d'ammoniaque. . .	$AzH^4OSO^3,Fe^2O^33SO^324Aq$;
L'alun de chrome à base de potasse. . .	$KOSO^3,Cr^2O^33SO^324Aq$,
— à base d'ammoniaque.	$AzH^4OSO^3,Cr^2O^33SO^324Aq$.

La série des aluns est donc très-nombreuse. Ce mot d'**alun**, qui ne désigne pour le vulgaire que le sel blanc à base de potasse et d'alumine dont nous avons étudié les propriétés, désigne pour le chimiste une combinaison de deux sulfates, l'un à base d'oxyde de la forme MO, l'autre à base d'oxyde de la forme M^2O^3, le tout soudé en forme cristalline par 24 équivalents d'eau de cristallisation.

176. Isomorphisme des aluns. — Tous ces corps présentent un très-remarquable exemple d'*isomorphisme*. Non-seulement ils prennent tous la même forme cristallisée, le cube ou l'octaèdre du premier système; mais un cristal de l'un, placé dans une dissolution saturée d'un des autres (*fig.* 56), s'y accroît sans modifier en rien sa forme primitive. Ainsi, quand on place un cristal d'alun de chrome, qui est en cube d'une belle couleur violette, dans une solution saturée d'alun de Rome, le cube violet se recouvre d'un cube incolore qui en continue exactement la forme.

Fig. 56. — Cristaux d'alun.

177. Usages des aluns. — On emploie les aluns comme mordants dans la teinture et dans les impressions sur tissus, et pour la fabrication des laques employées dans les papiers peints. On s'en sert comme d'*antiseptique* pour conserver la colle-forte et les peaux avec leurs poils. L'encollage du papier en utilise de grandes quantités. L'alun sert pour clarifier les suifs; on l'a recommandé à très-petite dose pour la clarification des eaux troubles; on pense que le carbonate de chaux des eaux détermine la formation d'un sous-sel d'alumine qui, en se rassemblant, entraîne avec lui les matières en suspension dans le liquide. La médecine emploie la solution d'alun comme astringent, et l'alun calciné comme caustique.

178. Fabrication industrielle des aluns. — Les deux aluns les plus employés sont l'alun de potasse et l'alun d'ammoniaque : ce sont les deux seuls qu'on fabrique industriellement.

1° **Alun de potasse.** — On retire l'alun de potasse de l'alunite, du traitement des argiles, de la calcination des schistes alumineux-pyriteux.

(*a*). L'*alunite* est un minéral abondant à la *Tolfa*, près de Rome, dans quelques localités de la *Hongrie* et dans le *Levant*. Elle peut être considérée comme une combinaison d'alun ordinaire anhydre et d'alumine hydratée. Chauffée, elle perd son eau et se transforme effectivement en alun calciné soluble dans l'eau et en alumine devenue insoluble. C'est sur cette propriété que repose la fabrication de l'alun de Rome. On calcine modérément l'alunite en fragments dans des fours analogues aux fours à plâtre; on entasse la matière refroidie dans des citernes en béton où on l'humecte pour la déliter; on la lessive ensuite; on évapore le liquide, et on obtient une masse de cristaux cubiques légèrement colorés en rose par des traces de sesquioxyde de fer insoluble, et par conséquent sans aucune influence nuisible dans les applications.

Cet *alun de Rome* est très-pur, ou du moins complétement exempt de composés solubles du fer; c'est à cette qualité qu'il doit la faveur dont il jouit dans la teinture. On comprend en effet que les laques formées par l'alumine de l'alun avec les matières colorantes ont une nuance pure quand l'alumine est pure elle-même et des nuances diverses quand l'alumine est souillée d'autres oxydes.

(*b*). Les *argiles* sont des combinaisons d'alumine et de silice mélangées plus ou moins d'oxyde de fer. Quand elles sont pures et qu'on les attaque par l'acide sulfurique, on obtient une dissolution de sulfate d'alumine à laquelle il suffit d'ajouter un sulfate alcalin pour obtenir l'alun. Mais les argiles pures sont rares; celles qu'on emploie d'ordinaire à la fabrication de l'alun contiennent toujours des oxydes de fer. On les calcine pour suroxyder le fer et les rendre plus attaquables par l'acide. Le mélange d'argile et d'acide des chambres de plomb est tenu plusieurs jours à une température d'environ 70°, puis soumis à l'action lente de l'eau qui dissout l'alumine combinée, pendant que la silice et le fer insoluble se déposent. La liqueur décantée contient du sulfate d'alumine en grande partie, un peu d'alun tout formé, parce que l'argile contenait un peu de potasse que l'acide sulfurique a transformée en sulfate, et un peu de sels solubles de fer. On concentre ce liquide; l'alun se dépose; on le sépare et on ajoute au reste la quantité nécessaire de chlorure de potassium ou de sulfate de cette base et on fait cristalliser; on obtient l'alun ordinaire sous forme d'octaèdres.

L'emploi du chlorure de potassium permet d'obtenir de l'alun exempt de fer parce que celui-ci passe à l'état de chlorure de fer soluble qui reste en dissolution.

Ce procédé a été introduit en France par *Chaptal*. Mais longtemps les teinturiers ont refusé d'employer l'alun ainsi obtenu, lui préférant l'alun de Rome.

(*c*). Les *schistes* sont des pierres de nature feuilletée, de la même composition que les argiles et renfermant en plus des substances bitumineuses charbonnées ainsi que de la pyrite ou sulfure de fer. On les trouve à presque tous les étages géologiques, dans plusieurs localités de la France et de l'Angleterre. Pour les employer à la fabrication de l'alun, on les grille, avec ou sans combustible, suivant qu'ils contiennent plus ou moins de matières charbonneuses; par cette oxydation, la pyrite se transforme en sulfate de fer et en acide sulfurique qui attaque l'alumine. La masse est soumise à un lessivage méthodique qui en enlève les produits solubles. Le liquide obtenu contient un peu d'alun tout formé, du sulfate de fer et du sulfate d'alumine. On le concentre jusqu'à 36° Baumé; on l'abandonne au repos; il laisse déposer un sous-sulfate de fer insoluble; on le décante ensuite dans des cristallisoirs où il dépose l'alun.

Le liquide restant est concentré de nouveau pour faire déposer le sulfate de fer ou vitriol vert, et enfin l'eau-mère ne contient plus que du sulfate d'alumine que l'on traite par des sels de potasse comme celui qui provient des argiles.

L'alun est purifié par des lavages et une nouvelle cristallisation.

2° **Alun d'ammoniaque.** — L'alun d'ammoniaque est devenu depuis quelques années le véritable alun commercial. Il a le même aspect, les mêmes propriétés générales que l'alun de potasse; on ne peut l'en distinguer qu'en le broyant avec un peu d'eau et de chaux; il dégage alors des vapeurs ammoniacales.

Il peut être obtenu comme l'alun de potasse, si l'on substitue au sulfate de potasse du sulfate d'ammoniaque. Le procédé qui en produit la plus grande quantité consiste à traiter le résidu de l'oxydation des schistes par de l'acide sulfurique et un mélange de chaux et d'eaux ammoniacales provenant du gaz; il se forme du bisulfate d'ammoniaque qui attaque l'alumine. La liqueur qu'on extrait de ce traitement est concentrée dans des cristallisoirs où on l'agite constamment. L'alun se dépose en petits cristaux qu'on lave, qu'on sèche et qu'on purifie par de nouvelles cristallisations.

179. Caractères des sels d'alumine. — Les sels insolubles, chauffés au chalumeau avec de l'azotate de cobalt, prennent une belle coloration bleue.

Les sels solubles ont une saveur amère et astringente. La potasse et la soude y produisent un précipité blanc gélatineux d'alumine qui se redissout dans un excès de réactif; avec l'ammoniaque, le précipité persiste.

L'acide sulfhydrique est sans action sur les dissolutions aluminiques; mais les sulfures alcalins les précipitent en blanc.

Exercice. — 17. On traite 100 kilogrammes d'argile desséchée pour en obtenir de l'alun; on admet que l'argile contient $\frac{1}{4}$ de son poids d'alumine et $\frac{1}{20}$ de potasse; on demande : 1° le poids de l'alun qui se déposera d'abord; 2° le poids de sulfate de potasse nécessaire pour la seconde opération; 3° le poids d'alun total.

CHAPITRE XI

FER. — FONTE. — ACIER.

180. État naturel du fer. — Le fer, le plus important des métaux par ses applications, est aussi celui qui est le plus répandu dans l'écorce terrestre; il n'est presque aucun terrain qui en soit complétement exempt; presque toutes les terres en contiennent, sinon comme élément essentiel, du moins comme élément accessoire; il s'y trouve à différents états de combinaison suivant la nature de la roche dans laquelle il est engagé. Il se rencontre dans certaines eaux auxquelles il communique des propriétés médicales qui s'expliquent par la présence constante du fer dans le sang de l'homme et des animaux.

On ne le rencontre pas à l'état natif dans les roches; mais, sous cette forme, il constitue la presque totalité de la substance des pierres tombées du ciel, des *météorites*, dont quelques-unes pèsent plusieurs centaines de kilogrammes.

Malgré cette profusion, et bien que ses propriétés de dureté, de ténacité, de résistance au choc le placent au premier rang pour servir aux armes, aux outils et aux machines, le fer n'est pas le premier métal qu'ait employé l'industrie humaine. C'est que les procédés pour l'obtenir ne sont pas aussi simples ni aussi faciles que ceux qui donnent l'étain et le cuivre, les deux éléments du bronze, bien plus anciennement connu.

Les minéraux qui contiennent du fer en quantité assez grande et dans un état tel qu'on puisse avec avantage l'extraire et le purifier sont appelés **minerais de fer.** Ceux qui se prêtent à l'exploitation sont très-abondants, mais peu nombreux en espèces ; ils renferment toujours le métal à l'état d'oxyde : c'est *l'oxyde magnétique*, le *sesquioxyde anhydre* et *hydraté* et le *carbonate de protoxyde*. Les sulfures, si communs sous le nom de *pyrites*, ne sont pas utilisés pour l'extraction du fer ; le produit serait de mauvaise qualité et le travail difficile ; on en retire le soufre à l'état d'acide sulfureux, l'une des matières premières de l'acide sulfurique.

L'oxyde magnétique de fer, Fe^3O^4, constitue l'un des meilleurs minerais ; les variétés compactes forment la pierre d'aimant ; il est très-répandu dans la *Suède*, la *Norwége* et le *Canada*.

Le sesquioxyde de fer anhydre, Fe^2O^3, existe, à l'état cristallisé, en beaux morceaux brillants et irisés dans les mines de l'île d'*Elbe* ; c'est le *fer oligiste*.

En masses amorphes, il constitue le minerai rouge, très-répandu sous le nom d'*hématite* rouge.

Le sesquioxyde de fer hydraté, Fe^2O^3HO, est ocreux, jaune ou brun, en masses compactes ou en petits globules arrondis, c'est la *limonite* ; les amas terreux portent le nom d'*ocres*.

Le **carbonate de fer** ou **fer spathique**, $FeOCO^2$, est très-répandu dans les terrains jurassiques, associé à du manganèse et parfois à un peu de pyrite de cuivre ; le gisement le plus renommé est celui du *Erzberg* en *Styrie*.

181. Traitement des minerais. — Les minerais de fer sont ordinairement mêlés à des matières étrangères que l'on appelle **gangue** et dont il faut les débarrasser en majeure partie. On ne leur fait subir pour cela que des préparations mécaniques fort simples. Les mines terreuses sont lavées dans un courant d'eau qui les débarrasse d'une portion de la gangue. Les minerais en roches sont concassés, bocardés et triés. Souvent on soumet ces derniers au grillage dans le but d'expulser l'eau et l'acide carbonique, d'oxyder la pyrite qui peut y être associée et de rendre le minerai plus poreux et plus facile à réduire.

En extraire le plus de fer possible et par les moyens les plus économiques, tel est le but de la sidérurgie. L'importance de cette opération n'est plus à démontrer ; tout le monde sait que le fer, sous ses différentes formes, est un des produits les plus utiles à l'industrie. Les procédés que la métallurgie du fer met en œuvre sont assez complexes pour que l'on cherche à s'en faire une idée générale et précise avant de pénétrer dans les détails.

Si les minerais étaient purs, il suffirait de les chauffer avec du charbon à une température élevée pour les réduire et en dégager le métal; ce métal réduit possédant la propriété de se souder directement et sans intermédiaire à chaud, les portions isolées peuvent être réunies et soudées entre elles. Mais les minerais, même les plus riches, contiennent toujours de la gangue qu'il faut rendre fusible pour pouvoir en extraire et en séparer les molécules de fer.

La gangue est souvent siliceuse, c'est-à-dire formée de quartz ou d'argile; or ces deux corps sont infusibles tant qu'ils restent seuls; ils ne le deviennent que par leur combinaison avec des bases, comme l'oxyde de fer et la chaux en particulier.

La gangue des minerais riches chauffés avec le charbon devient assez facilement fusible, par la formation d'un silicate double d'alumine et de fer, pour qu'on puisse extraire *directement* du fer malléable de ces minerais, en perdant une partie notable du métal.

Les minerais moins riches ne peuvent pas être soumis à ce traitement. Il y faut déterminer la fusion de la gangue sans que le fer fasse partie du silicate double fusible d'où le métal sera extrait. C'est dans ce but qu'on ajoute du carbonate de chaux ou **castine** aux minerais siliceux, de l'argile ou **erbue** aux minerais calcaires, pour que le silicate fusible soit à base d'alumine et de chaux. Pour former ce silicate, il faut une haute température; et, dans les conditions de chaleur où le fer extrait du minerai se trouve placé, il se combine avec le charbon, se carbure; il devient de la **fonte**. Cette fonte est un produit d'art susceptible d'application; c'est comme un nouveau minerai de fer d'où on pourra extraire facilement le métal.

Ainsi il y a deux modes d'exploitation des minerais de fer. Le premier, qui donne *directement* le métal avec perte d'une partie, est désigné sous le nom de **méthode catalane**. Le second, dans lequel on obtient d'abord de la *fonte* ou fer carburé, sans perte notable du métal, mais à une température bien plus élevée, constitue la méthode des **hauts-fourneaux**.

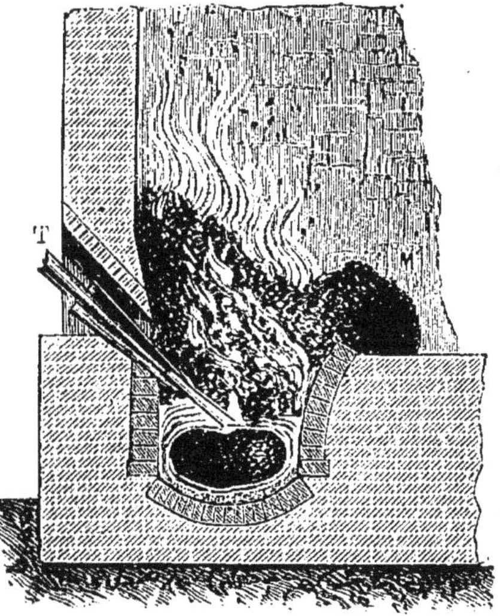

Fig. 57. — Four catalan pour la réduction du minerai de fer.

182. Méthode catalane. — La méthode catalane n'est plus guère employée que dans le midi de la France et dans la Catalogne, où les minerais sont très-riches et très-fusibles; elle emploie le charbon de bois comme combustible.

La forge se réduit à un foyer pour opérer la fusion du minerai et à une tuyère pour injecter le vent destiné à activer la combustion du charbon. Le creuset (*fig.* 57) est une cavité en pierres réfractaires de 70 à 80 centimètres de profondeur, avec une paroi élevée et l'autre basse et courbée. On y accumule du charbon, que l'on allume, et où vient souffler le vent de la tuyère; au-dessus on charge, contre la grande paroi, du charbon; contre la petite (appelée contrevent), le minerai concassé. A mesure que la combustion marche et que la masse s'affaisse, on ajoute de nouvelles charges de minerai et de combustible. L'opération est terminée quand le minerai est descendu dans le creuset à l'état de fer en masse spongieuse et de scories fondues. On fait écouler la partie liquide des scories; on enlève le métal spongieux rassemblé en bloc, appelé la *loupe;* on porte cette loupe sur une enclume où un lourd marteau l'aplatit et en fait sortir la scorie qui y est emprisonnée. Les parcelles du fer se soudent en une masse compacte et homogène, que l'on divise en *lopins* pour les forger et les étirer en barres.

Voici le travail chimique qui s'est opéré. Sous l'influence du vent de la tuyère, le charbon brûle et dégage de l'acide carbonique. Cet acide, en contact avec un excès de charbon incandescent, repasse à l'état d'oxyde de carbone, et ce dernier, rencontrant les morceaux du minerai qui ne lui opposent aucun obstacle, réduit le minerai avant que celui-ci arrive au fond du creuset :

$$CO^2 + C = 2CO,$$
$$Fe^2O^3 + 3CO = 3CO^2 + 2Fe.$$

Le minerai réduit, qui arrive dans le creuset, est exposé à une température assez élevée pour faire entrer la silice en combinaison avec l'alumine de la gangue et une portion de l'oxyde de fer; le silicate double, qui se forme ainsi, est fusible et constitue la scorie fondue dans laquelle les parcelles de fer s'agglutinent et se réunissent pour former la loupe.

Les scories coulées contiennent 30 p. % de fer que l'on perd ains dans ce procédé. C'est là le grave inconvénient de la méthode catalane et la raison qui la fait rejeter de nos jours. On suppose qu'elle a été longtemps la seule employée à l'extraction du fer, et que les scories ferrugineuses, que l'on trouve en bien des endroits, sont les résidus des opérations effectuées anciennement par les premiers sidérurgistes qui s'installaient partout où ils trouvaient un minerai convenable. L'industrie moderne traite ces scories avec avantage et parvient à en extraire presque tout le métal.

103. Hauts-fourneaux. — Le plus grand progrès de la fabrication du fer a été réalisé par la découverte de la fonte et l'invention du haut-fourneau. C'est en effet de la fonte, c'est-à-dire du fer carburé, et non du fer métallique, que l'on obtient d'abord des minerais; mais le traitement est si parfait que le fer peut être séparé des terres presque aussi complètement qu'il le serait dans une analyse.

Un haut-fourneau a la forme de deux troncs de cône réunis par la base (*fig.* 58). Sa hauteur totale varie de 12 à 20 mètres, suivant la nature du combustible. L'ouverture supérieure H s'appelle le *gueulard:* c'est par là qu'on jette dans l'appareil le minerai et le combustible; la partie élargie s'appelle le *ventre;* le cône supérieur est la *cuve;* le cône inférieur, les *étalages.* La partie inférieure qui reçoit les tuyères et où s'effectue la fusion du métal s'appelle *ouvrage* au-dessus des tuyères, *creuset* en dessous. La paroi antérieure (*d*) du creuset, qui se trouve un peu en avant de la paroi (*q*) de l'ouvrage, est une pierre prismatique appelée *dame*; elle est continuée au dehors par un plan incliné.

Fig. 58. — Haut-fourneau.

184. Réactions chimiques qui s'opèrent dans les hauts-fourneaux. — Quand l'appareil est en marche, on jette, de temps à autre, par le gueulard un mélange du minerai, du combustible et du fondant de la gangue. Habituellement on associe plusieurs minerais, dont on connaît exactement la nature, avec la quantité convenable de castine ou d'erbue et de combustible pour obtenir un mélange fusible et une fonte de bonne qualité. Incessamment de l'air, que l'on a intérêt à chauffer d'abord, est lancé par les tuyères et monte dans le fourneau. Il y a donc lieu de suivre séparément la marche ascendante des gaz et la marche descendante du minerai.

1° *Marche ascendante des gaz.* — L'air, en arrivant dans l'ouvrage, trouve du charbon qu'il brûle en produisant une haute température et en se changeant en acide carbonique. L'acide carbonique, à mesure qu'il s'élève, devient de l'oxyde de carbone au contact du charbon incandescent. Cet oxyde de carbone rencontre dans les étalages de l'oxyde de fer assez chaud pour être réduit; il repasse donc en partie à l'état d'acide carbonique que les différentes couches du combustible retransforment. Il s'y joint le gaz carbonique dégagé de la castine et en partie transformé par le charbon, et l'hydrogène provenant de la vapeur d'eau du mélange introduit dans le four, et à laquelle le charbon a pris l'oxygène. De sorte qu'il sort par le gueulard des gaz riches en hydrogène et en oxyde de carbone. On les laissait perdre autrefois. On les recueille aujourd'hui et on les utilise comme combustibles, notamment pour chauffer l'air lancé par les tuyères.

2° *Marche descendante du minerai et du combustible.* — Au haut du fourneau, le minerai se déshydrate et se dessèche; il s'échauffe peu à peu à mesure qu'il descend, et rencontrant l'oxyde de carbone il est en partie réduit. Le mélange de fer, d'oxyde non encore réduit, de gangue alumineuse, de chaux et de charbon arrive aux étalages où règne une température élevée; c'est alors qu'a lieu la formation du silicate double d'alumine et de chaux qui constituera la scorie ou le laitier, et que le fer se combine avec un peu de carbone et de silicium et passe à l'état de *fonte*. La fonte, plus fusible que le fer, devient liquide dans l'ouvrage en même temps que le silicate qui forme le laitier; les deux liquides tombent dans le creuset, la fonte au-dessous du laitier à cause de sa plus grande densité.

Le laitier s'écoule quand il déborde la dame. On retire la fonte du creuset plein en perçant une ouverture fermée pendant l'opération par un tampon d'argile; elle coule dans des rigoles creusées dans du sable où elle prend, en se solidifiant, la forme de demi-cylindres qu'on nomme **gueuses**.

On peut donc diviser la hauteur d'un haut-fourneau en quatre régions dont chacune est caractérisée par un travail spécial. La première est la zone de *déshydratation* : elle descend jusqu'au $\frac{1}{3}$ de la cuve; puis vient la zone de *réduction* qui occupe la base de la cuve; dans les étalages, la zone de *carburation*, et enfin dans l'ouvrage la zone de *fusion*.

Les combustibles généralement employés sont le charbon de bois et le coke. L'emploi de ce dernier exige une plus grande hauteur au fourneau. Le coke contient en effet des sulfures ou pyrites qu'il faut faire passer dans les scories pour éviter qu'un peu de soufre ne passe dans la fonte, ce qui nuirait à sa qualité; pour atteindre ce résultat, on ajoute plus de castine au minerai; le laitier devient moins fusible; il exige alors plus de combustible.

FONTE.

183. Propriétés. — La fonte est une combinaison de fer avec le carbone qui contient de petites quantités de silicium, de manganèse, de phosphore et de soufre, et qui est plus fusible que le fer.

Il en existe plusieurs variétés, contenant toutes de 2 à 5 p. % de carbone et qui se ramènent à deux espèces distinctes, la fonte *grise* et la fonte *blanche*, différant non-seulement par la couleur, mais encore par la dureté, la ténacité et la fusibilité.

La *fonte grise*, dont la couleur varie du noir au gris clair, est d'une solidité et d'une ténacité considérables; on peut la tourner et la forer. Elle exige pour fondre une plus haute température que la fonte blanche; mais, au lieu de devenir pâteuse d'abord comme cette dernière, elle passe instantanément de l'état solide à l'état liquide; aussi est-elle employée de préférence au moulage pour tuyaux de conduite, poêles, grilles, etc. Attaquée par l'acide chlorhydrique, elle dégage du gaz hydrogène très-fétide et laisse un résidu de graphite en paillettes; elle contient donc le carbone sous deux états, partie combinée au fer et partie libre ou graphite. On suppose que c'est à ce graphite qu'elle doit de se rouiller facilement par l'eau.

La *fonte blanche* a un éclat métallique et une couleur argentine; elle est très-cassante et cède au choc du marteau; elle est souvent lamellaire. Elle ne laisse pas de résidu quand on l'attaque par l'acide chlorhydrique, preuve qu'elle ne contient que du carbone combiné. Elle est souvent manganésifère.

Il est possible d'obtenir, avec la plupart des minerais, l'une ou l'autre de ces deux variétés, en conduisant convenablement le feu du haut-fourneau et les mélanges qu'on y introduit. La fonte grise fondue et brusquement refroidie devient blanche, et la fonte blanche liquide refroidie lentement devient grise. Une seconde fusion peut donc modifier beaucoup la nature des fontes.

186. Usages des fontes. — Les fontes sont employées au moulage ou bien à la production du fer et de l'acier. Pour le moulage, on choisit les fontes noires; on leur fait subir une seconde fusion dans un four vertical appelé *cubilot* (*fig.* 59), où elles sont mélangées avec du coke et soumises au courant d'air d'une tuyère. Le liquide est reçu dans des pots garnis à l'intérieur de terre réfractaire et porté dans les moules où il se solidifie très-promptement.

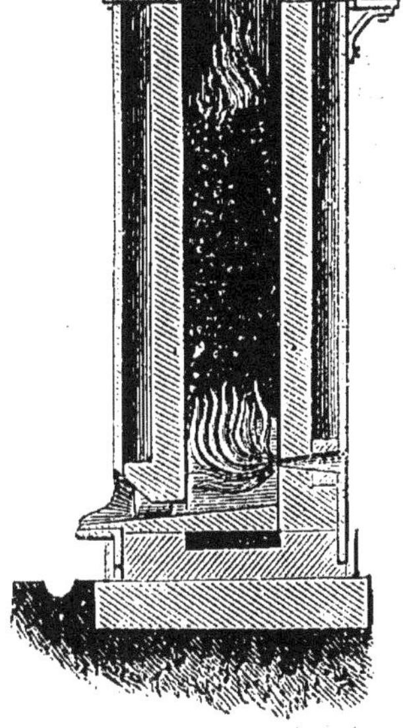

Fig. 59. — Cubilot pour la fusion de la fonte à mouler.

Quand, au lieu de chauffer la fonte avec du coke dans des fours verticaux où elle se carbure, on la place dans des conditions propres à lui faire perdre les matières étrangères qu'elle renferme, le silicium, le manganèse, le phosphore et le soufre et surtout tout ou partie de son carbone, on obtient le fer ou l'acier. Cette opération prend le nom d'*affinage*; elle utilise l'action combinée de la chaleur et de l'air; et elle emploie comme combustible le charbon de bois, le coke ou la houille.

187. Affinage de la fonte au charbon de bois. — On se sert pour cette opération de foyers qui ont une certaine ressemblance avec les forges ordinaires (*fig.* 60); le creuset, formé de plaques de fer recouvertes d'argile, est surmonté d'une hotte et d'une cheminée; il reçoit le vent d'une tuyère. On le remplit de charbon, et, sur le combustible rendu incandescent, on place les morceaux de fonte concassés. La fonte entre en fusion, et en tombant goutte à goutte au fond du creuset elle s'oxyde à la surface et se débarrasse d'une partie du carbone et du silicium dont les combinaisons forment la scorie. La fonte devient de moins en moins fusible; l'ouvrier la ramène sous le vent de la tuyère où elle continue de s'oxyder; l'affinage s'avance, et le métal débarrassé de la scorie est rassemblé en une *loupe* qu'on porte sous le marteau-pilon pour la cingler et donner au fer la forme de barres. Le fer obtenu est de bonne qualité; mais on n'en obtient pas plus des trois quarts du poids de la fonte. Ce procédé est en usage en France dans la *Franche-Comté;* on lui donne parfois le nom de *procédé comtois.*

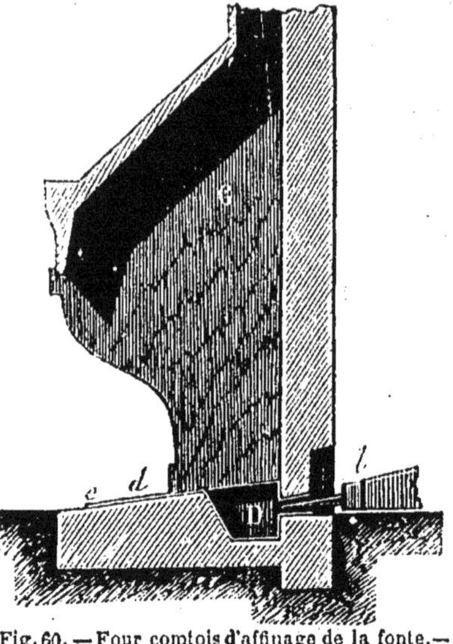

Fig. 60. — Four comtois d'affinage de la fonte. — D, creuset; — G, hotte de la cheminée; — *l*, tuyère; *c*, *d*, plan incliné pour écouler la scorie.

108. Affinage à la houille. — La substitution du coke ou de la houille au charbon de bois dans l'affinage de la fonte a été d'abord pratiquée en Angleterre; aussi donne-t-on à cette méthode de traitement des fontes le nom de *méthode anglaise.* La première opération s'exécute dans les fourneaux dits *de finerie.* Ce sont des creusets rectangulaires formés de plaques de fonte constamment refroidies par un courant

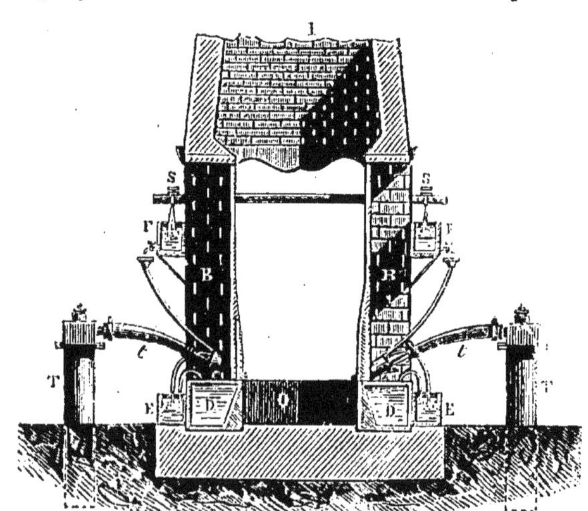

Fig. 61. — Four de finerie pour affinage de la fonte. — O, creuset; — I, cheminée; — D, bassins d'eau entourant le creuset; — T, *t*, tuyères, refroidies par un courant d'eau venant d'un réservoir et s'écoulant en E.

d'eau pour en empêcher la fusion ; de fortes tuyères y donnent le vent (*fig.* 61). On remplit le creuset de coke, et sur le combustible on charge les morceaux de fonte; on donne le vent pour activer la combustion. La fonte se boursoufle en dégageant de l'oxyde de carbone; elle se liquéfie et tombe au fond du creuset. On la coule et on la refroidit rapidement pour la rendre cassante; c'est alors le **fine-métal**, c'est-à-dire de la fonte déjà épurée, ayant perdu notamment le phosphore qu'elle contenait.

La seconde et principale opération est le **puddlage** qui s'exécute dans un four à réverbère que l'on chauffe rapidement par un grand foyer distinct de la sole (*fig.* 62). La fonte finée est chargée sur la sole

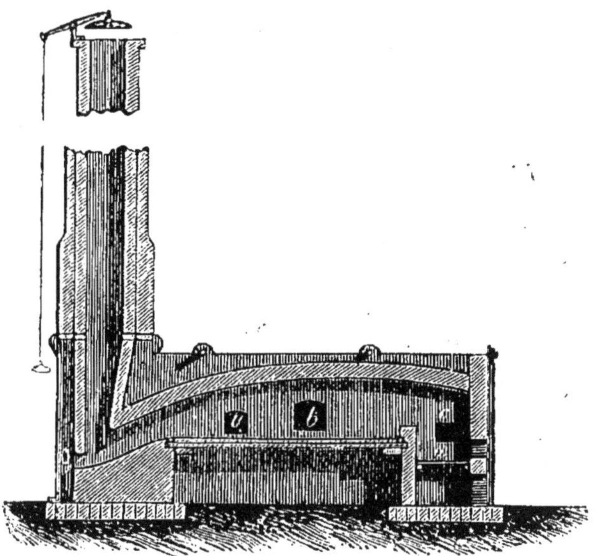

Fig. 62. — Four à puddler. — *a*, foyer; — *b* et *u*, portes de travail.

chauffée, avec des oxydes de fer, des battitures. On donne un coup de feu très-fort pour porter la masse au rouge blanc; quand la fonte est pâteuse, on la brasse pour en exposer toutes les parties à l'oxygène qui se dégage des scories et des battitures; il s'échappe du métal des jets de flamme bleue d'oxyde de carbone. La masse devient moins fusible; le fer *prend nature;* l'ouvrier en rassemble les divers fragments nageant dans la scorie pour les souder en une loupe qu'on retire du four et qu'on porte sous le marteau à cingler, dans le but d'en expulser les scories interposées.

Pour terminer l'affinage du fer, on le coupe lorsqu'il est encore rouge; on en forme des paquets que l'on porte au blanc soudant dans un four dit *à réchauffer;* à leur sortie de ce four, les paquets sont soumis au corroyage, ensuite au laminage qui les transforme en barres.

On retire par cette méthode 82 kilogrammes de fer de 100 kilogrammes de fonte.

ACIER.

180. L'acier est un composé de fer et de carbone durcissant par la trempe et susceptible d'acquérir, par un recuit convenable, de l'élasticité et de la souplesse sans perdre toute sa dureté. L'acier est moins carburé que la fonte : il ne contient que de 0,6 à 2 p. % de carbone, tandis que la fonte en renferme de 2 à 3 ; il contient aussi, mais en bien moins grande proportion, le silicium et les autres corps étrangers de la fonte.

Pour faire de l'acier, il faut ajouter du carbone au fer ou en retrancher à la fonte. La carburation du fer donne ce qu'on appelle l'acier de **cémentation** ; la décarburation incomplète de la fonte produit l'**acier naturel.**

190. **Acier naturel.** — L'acier naturel obtenu par le traitement direct d'un minerai de fer par la méthode catalane porte le nom de *fer aciéreux;* celui qu'on obtient par l'affinage incomplet de la fonte, au charbon de bois ou même à la houille dans les fours à puddler, s'appelle *acier de forge;* l'affinage direct de la fonte immédiatement après sa sortie du haut-fourneau donne l'acier *Bessemer.*

Fer aciéreux. — Dans les forges catalanes, on obtient directement du fer malléable; cependant, dans certaines régions de la forge, le fer peut se carburer, ce qui permet d'obtenir de l'acier. On parvient à en obtenir si l'on favorise la carburation et si l'on prévient en même temps la décarburation du fer. Pour satisfaire à ces deux conditions, on emploie une forte proportion de charbon de bois et on fait écouler fréquemment les scories qui par un long contact enlèveraient au fer le carbone qu'il a pu prendre. La masse obtenue est loin d'être homogène; mais ce fer aciéreux convient à la confection des armes blanches, des ressorts, des faux et des socs de charrues.

Acier de forge. — Quand on affine la fonte pour acier, au bois ou à la houille, au petit foyer ou au four à réverbère, il faut porter toute son attention sur l'action décarburante du bain de scories pour la modérer au besoin par l'addition de sable quartzeux, de manière à obtenir de l'acier et non du fer. La masse retirée du four, martelée et étirée, ne présente pas toujours une grande homogénité.

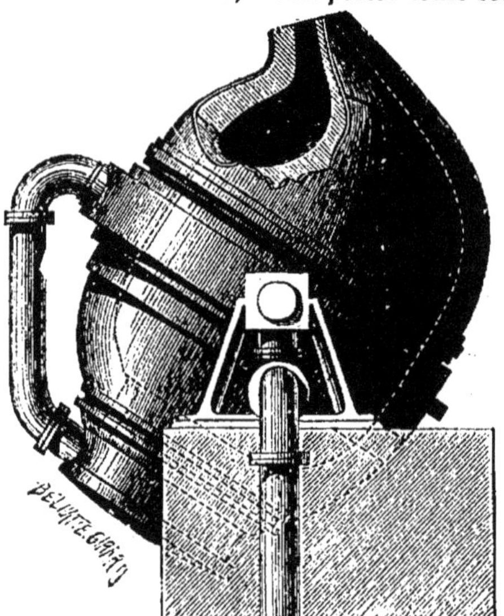
Fig. 63. — Convertisseur Bessemer.

Acier Bessemer. — Dans ce procédé récent, on reçoit la fonte liquide directement dans l'appareil spécial appelé **convertisseur.** C'est une sorte de cornue à col très-court (*fig.* 63), mobile sur un axe, et portant au fond les ouvertures des tuyères qui y amènent le vent d'une bonne soufflerie. C'est l'air injecté qui brûle le carbone et les corps étrangers de la fonte, en produisant un bouillonnement tumultueux dans la masse liquide. On juge de l'opération par la flamme qui sort du convertisseur; et, au moment convenable, on renverse l'appareil pour couler le métal. L'acier obtenu est de composition constante et homogène. Le procédé est économique, puisqu'il évite la perte du combustible nécessaire dans les autres méthodes pour ramener à l'état liquide la fonte qu'on a laissé refroidir.

191. **Acier de cémentation.** — La cémentation, c'est-à-dire la carburation du fer, s'effectue dans des caisses en briques réfractaires disposées dans un four où l'on peut les chauffer à une haute température. Le fond de chaque caisse contient une couche bien tassée de cément (charbon de bois pulvérisé mélangé de cendres ou de suie); sur cette couche, on range un lit de barres de fer de 4 à 6 centimètres de large et de 1 à 2 d'épaisseur, puis une couche de cément tassé, et ainsi des couches alternatives jusqu'au haut de la caisse. On chauffe graduellement et on maintient la température au rouge plus ou moins de temps, suivant l'épaisseur des barres; après quoi, on laisse refroidir lentement. L'acier obtenu présente souvent à sa surface de petites soufflures ou ampoules qui lui font donner le nom d'*acier-poule*. Il n'est pas homogène; la surface est toujours plus carburée que les couches profondes.

Pour diminuer ces inégalités, on a recours au **corroyage** qui consiste à assortir en paquets des barres d'acier brut, à les chauffer dans un four à vent où elles se soudent, à les tremper pour les casser ensuite et répéter l'opération sur les fragments.

192. **Acier fondu.** — Mais on n'obtient d'acier suffisamment homogène que par la fusion. Cette opération s'effectue dans des fours à réverbère ou dans des creusets fortement chauffés dans un four à vent à puissant tirage. L'acier fondu est coulé en lingots ou en barres. Il est remarquable par sa dureté et par sa finesse. L'un des plus estimés est celui qu'on fabrique aux Indes et qu'on nomme l'**acier Wootz.**

193. **Propriétés de l'acier.** — L'acier est brillant, susceptible d'un beau poli; sa texture est grenue, mais à grains fins et serrés. Sa densité est un peu inférieure à celle du fer. Son point de fusion est aussi plus bas que celui du fer, mais supérieur à celui de la fonte; ainsi il semble que le carbone en s'unissant au fer lui donne de la fusibilité.

Sa propriété caractéristique est de devenir très-dur et très-cassant par la **trempe.** Pour tremper l'acier, on le chauffe fortement et on le refroidit brusquement en le plongeant dans un liquide; la dureté qu'acquiert le métal est en raison de la célérité du refroidissement. Quand on chauffe l'acier trempé, et qu'on le refroidit lentement, on lui enlève tout ou partie de la dureté qui lui avait été communiquée. Cette opération du **recuit** est employée pour produire des aciers de diverses qualités; comme l'acier chauffé passe successivement par diverses couleurs : jaune pourpre, violet, bleu clair, bleu foncé, on utilise cette propriété pour recuire jusqu'à telle ou telle couleur suivant la nature des objets qu'on veut faire; ainsi les ressorts de montre se recuisent au violet et au bleu, les scies fines et les forets au bleu foncé.

Les propriétés chimiques de l'acier sont les mêmes que celles du fer; seulement les acides laissent sur le premier une tache noire plus intense que sur le fer. Cette tache, qui est de charbon insoluble dans l'acide, n'est homogène que dans le cas où le carbone est uniformément réparti dans la masse; dans le cas contraire, elle forme un dessin irrégulier. Le **damas**, qui nous venait autrefois de l'Orient, est de l'acier où le carbone est irrégulièrement réparti; plongé dans un acide, il prend l'aspect caractéristique qui le distingue.

CHAPITRE XII

FER ET SES COMPOSÉS.

194. **Propriétés physiques du fer.** — Le fer est gris bleuâtre, doué de l'éclat métallique. C'est le plus tenace des métaux usuels; un fil de 2 millimètres de diamètre ne se rompt que par une traction de 249 kilogrammes. Il est ductile et malléable; on le réduit en fils très-fins par la filière, en lames minces au laminoir : c'est alors la **tôle.** L'écrouissage le rend cassant; mais le recuit lui rend sa flexibilité. Sa densité varie entre 7,2 et 7,8.

Le fer pur, que l'on appelle **fer doux,** fond vers 1 500°, c'est-à-dire au rouge blanc (le fer mélangé de carbone est plus fusible). Le fer doux est magnétique, c'est-à-dire attirable à l'aimant; mais il ne conserve l'aimantation que s'il est à l'état d'acier.

Le fer possède la propriété précieuse de se ramollir légèrement avant de fondre et de se souder à lui-même; aussi il peut être façonné à la forge par le martelage. Quand il est de bonne qualité, sa texture est grenue, mais il devient fibreux sous l'action du marteau; c'est alors qu'il possède sa plus grande ténacité. Le fer fibreux peut reprendre peu à peu l'état cristallin et redevenir cassant sous l'influence de vibrations répétées; cette métamorphose moléculaire se remarque dans les essieux de voitures, les câbles des ponts suspendus ; pour lui rendre sa ténacité première, il faut le forger.

195. **Propriétés chimiques du fer.** — Le fer est inaltérable à l'air sec à la température ordinaire; au rouge, il absorbe l'oxygène et se convertit en oxyde magnétique Fe^3O^4; cette combustion se fait avec vivacité dans l'oxygène pur. Quand on bat sur l'enclume le fer chauffé un peu au-dessous du rouge, il s'en détache en étincelles des écailles oxydées auxquelles on donne le nom de **battitures.** Le fer très-divisé est pyrophorique.

A l'air humide, le fer se couvre de **rouille** qui est du sesquioxyde hydraté. L'oxydation est lente à s'établir; mais elle se propage rapidement une fois commencée. La première tache de rouille forme avec le fer un couple voltaïque qui décompose l'eau dont l'oxygène se porte sur le fer, tandis que l'hydrogène naissant se combine à l'azote de l'air pour donner de l'ammoniaque; on trouve en effet toujours de l'ammoniaque accompagnant la rouille. On préserve le fer de l'oxydation en le recouvrant d'un corps gras ou d'un vernis, ou mieux encore en protégeant sa surface par un autre métal. Le fer recouvert d'une mince couche d'étain constitue le **fer blanc**; protégé par une mince couche de zinc, il porte le nom de **fer galvanisé.**

Le fer s'unit à un grand nombre de corps simples, notamment aux métalloïdes de la première famille et au soufre.

Il décompose l'eau au rouge en devenant oxyde, Fe^3O^4, et en dégageant de l'hydrogène. Il décompose aussi un grand nombre d'acides en produisant un sel correspondant et mettant en liberté de l'hydrogène. C'est ainsi qu'il agit sur l'acide chlorhydrique, sur l'acide sulfurique étendu et sur quelques acides organiques, comme l'acide acétique. Son action sur l'acide azotique, étendu et concentré, a été étudiée dans le cours de deuxième année.

196. **Préparation du fer pur.** — Le meilleur fer du commerce renferme toujours un peu de matières étrangères, notamment du carbone et du silicium. Pour obtenir du fer chimiquement pur, on peut traiter au feu de forge, dans un creuset réfractaire, du fil de clavecin par de l'oxyde de fer et du verre pilé; ce dernier fait office de fondant, l'oxyde agit comme oxydant sur le carbone et le silicium, et l'on obtient un culot métallique d'un blanc d'argent. Mais il est plus commode de soumettre l'oxyde ou le chlorure à la réduction par l'hydrogène.

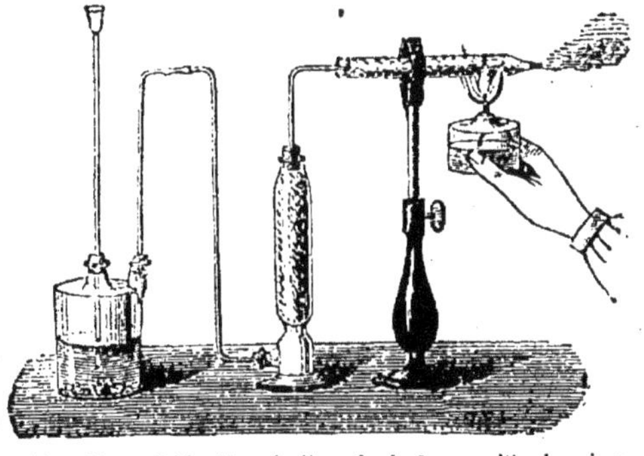

Fig. 64. — Réduction de l'oxyde de fer par l'hydrogène.

On met le sexquioxyde de fer dans un tube où l'on fait passer un courant de gaz hydrogène sec (*fig.* 64); on chauffe légèrement le tube à la lampe à alcool; il s'en dégage de la vapeur d'eau et il y reste une poudre très-divisée de fer pur. Si l'on n'a pas chauffé au delà de 250°, cette poudre prend feu au contact de l'air; elle tombe en étincelles quand on la projette du tube : c'est le **fer pyrophorique.** Il est plus inflammable encore quand on réduit un mélange d'oxyde de fer et d'alumine.

OXYDES DE FER.

197. Le fer forme avec l'oxygène :

Le *protoxyde*. . . . . . . FeO;
Le *sesquioxyde*. . . . . . Fe^2O^3;

puis une série d'oxydes intermédiaires, résultant de la combinaison des deux précédents et dont l'*oxyde magnétique*, Fe^3O^4, est le type.

On obtient aussi l'*acide ferrique*, FeO^3; il n'a qu'une importance théorique.

198. **Protoxyde de fer.** — Le protoxyde de fer à l'état hydraté s'obtient toutes les fois qu'on verse un alcali dans la solution du sulfate de fer ou vitriol vert; le précipité est blanc au moment où il apparaît, mais il s'oxyde très-promptement, passe au vert et finalement au brun. Il est très-peu soluble dans l'eau (1 gramme par 150 litres); il lui donne cependant une saveur ferrugineuse prononcée et la propriété de se troubler à l'air. C'est une base puissante, très-répandue dans la nature.

199. Sesquioxyde de fer, Fe^2O^3. — On obtient le sesquioxyde de fer à l'état d'hydrate quand on verse un alcali dans une solution de perchlorure de fer. C'est un précipité d'un rouge brun dont la composition moyenne est Fe^2O^33Aq. La rouille dont se couvre le fer à l'air humide est le même composé. Ce produit, calciné, perd son eau d'hydratation et devient rouge; aussi les argiles ferrugineuses et les ocres qui lui doivent leur couleur jaune deviennent-elles rouges par l'action du feu.

On l'obtient anhydre en calcinant l'azotate ou le sulfate de fer. Cette dernière opération se fait industriellement pour la fabrication de l'acide sulfurique de Nordhausen; le résidu qui reste dans la cornue est une poudre d'un brun rouge appelée **colcothar**, assez dure pour être employée au polissage des métaux et des glaces quand on l'a amenée par lévigation à un degré de ténuité convenable. (L'industrie des glaces prépare son colcothar par la calcination de l'oxalate de fer obtenu par l'action de l'acide oxalique sur une solution de sulfate; l'oxyde rouge obtenu est d'une extrême finesse.)

Si l'on mélange du sel marin au sulfate de fer, le produit qu'on obtient après calcination est un sesquioxyde cristallisé en paillettes très-dures; on l'emploie sous le nom de *poudre à rasoirs* pour affiler ces instruments. Dans cette réaction le sel marin n'agit que mécaniquement; une partie se volatilise; l'autre forme du sulfate de soude dont on débarrasse les paillettes d'oxyde par un lavage à l'eau.

Rappelons que le sesquioxyde de fer naturel est très-répandu, cristallisé et amorphe; c'est un des minerais les plus abondants.

Le sesquioxyde de fer hydraté est ramené à l'état de protoxyde par les matières organiques; mais son nouvel état ne persiste pas, le protoxyde jouissant de la propriété d'absorber l'oxygène de l'air avec une grande rapidité. Il en résulte qu'au contact des matières combustibles le sesquioxyde de fer joue le rôle d'un oxydant énergique qui, en se reformant sans cesse, porte l'oxygène de l'air sur les matières organiques. C'est cette propriété qui explique la détérioration rapide des bois autour des clous de fer qui les fixent; elle rend compte aussi de la destruction des tissus tachés d'encre ou de sels de fer, sur lesquels le lessivage a développé de la rouille. On pense que le sesquioxyde des terres arables fixe de l'oxygène sur les matières organiques des engrais et contribue ainsi à les transformer en matériaux assimilables par les plantes.

200. Oxyde magnétique Fe^3O^4. — L'oxyde magnétique nature est le meilleur des minerais de fer; les fers de la Suède lui doivent leur supériorité. La pierre d'aimant en est presque entièrement formée. Il se forme artificiellement quand on décompose l'eau par le fer incandescent; Mais il n'a, comme produit de laboratoire, d'autre intérêt que d'être un oxyde salin qui donne, quand on l'attaque par un acide, des sels de protoxyde et des sels de sesquioxyde, comme s'il était réellement formé du groupement FeO, Fe^2O^3 forme, de sel où le sesquioxyde jouerait le rôle d'acide.

SULFURES DE FER.

201. Les sulfures de fer sont plus nombreux encore que les oxydel. on en connaît huit parmi lesquels nous ne retiendrons que les deux plus importants :

Le protosulfure de fer (ou sulfure ferreux). . FeS.
Le bisulfure, appelé *pyrite*. . . . . FeS^2.

202. **Protosulfure de fer.** — FeS. — On obtient le protosulfure de fer en chauffant dans un creuset des poids égaux de limaille de fer et de fleur de soufre. Le produit formé est une masse noire, dure, métallique, utilisée, dans les laboratoires, à la préparation à froid de l'hydrogène sulfuré; il suffit en effet de l'attaquer par un acide (sulfurique ou chlorhydrique) pour dégager le gaz :

$$FeS + HCl = FeCl + HS.$$

Le fer chauffé, plongé dans de la vapeur de soufre ou dans du soufre fondu, se couvre d'une croûte métallique cassante de sulfure.

Rappelons que la combinaison du soufre et du fer en limaille peut s'opérer à la température ordinaire, quand le mélange est humecté, et qu'elle dégage assez de chaleur pour vaporiser une partie de l'eau et même provoquer l'inflammation de corps combustibles mêlés à la masse. C'est l'expérience à l'aide de laquelle Lémery expliquait au siècle dernier les éruptions volcaniques, qui n'ont rien de commun avec cette réaction. On la répète en petit en introduisant un mélange humide de limaille de fer et de fleur de soufre dans un ballon surmonté d'un tube ouvert; au bout de peu de temps, on voit sortir par le tube une gerbe de vapeur d'eau produite par la température qu'acquiert le mélange.

203. **Bisulfure de fer ou pyrite.** — FeS^2. — Le bisulfure de fer, appelé ordinairement **pyrite**, est un produit naturel abondamment répandu. On le trouve cristallisé sous deux formes différentes, en cubes et en prisme. La **pyrite cubique** est d'un bel éclat métallique et d'un beau jaune d'or (son nom vulgaire d'*or des ânes* fait allusion à ce bel aspect d'une matière sans grande valeur). Elle est très-dure et fait feu sous le briquet. La **pyrite prismatique** est plus blanche, mais douée comme l'autre d'un bel éclat métallique. Elle est très-oxydable; à l'air humide, elle attire l'oxygène, tombe peu à peu en poussière et se convertit finalement en sulfate de fer. Son oxydation dégage de la chaleur, et c'est à sa présence dans les schistes houillers que l'on attribue les incendies de certaines houillères.

Les pyrites ne sont pas, à proprement parler, des minerais de fer. On les grille à l'air pour obtenir le gaz sulfureux nécessaire à la fabrication de l'acide sulfurique.

Quand on les distille en vase clos, elles perdent du soufre et laissent comme résidu la pyrite magnétique, Fe^3S^4 :

$$3(FeS^2) = S^2 + Fe^3S^4.$$

On peut considérer cette dernière comme un double sulfure FeS, Fe^2S^3 analogue à l'oxyde FeO, Fe^2O^3 et magnétique comme lui; c'est une analogie de plus, et bien frapppante, entre le soufre et l'oxygène.

SULFATE DE FER. — $FeOSO^3 7Aq$.

204. **Préparation.** — Le sulfate de fer, désigné ordinairement dans le commerce sous le nom de **vitriol vert, couperose verte,**

est le sel de fer le plus important. On le prépare en attaquant le fer par l'acide sulfurique étendu et par l'oxydation des pyrites au contact de l'air humide.

Dans de l'acide sulfurique étendu d'eau, on introduit du fer en morceaux, en rognures ou en limaille; il se dégage de l'hydrogène :

$$Fe + HOSO^3nAq = FeOSO^3nAq + H.$$

L'industrie emploie de l'acide sulfurique de qualité inférieure, impropre à tout autre usage (comme celui qui a servi à l'épuration des huiles), et elle utilise de vieilles ferrailles et les déchets des ateliers de tournure et de forage. On fait écouler dans une cheminée l'hydrogène infect qui se dégage. La liqueur, concentrée, est abandonnée dans des cuves où elle dépose de gros cristaux sur des bâtons immergés.

Les pyrites dures préalablement grillées et les argiles pyriteuses efflorescentes sont oxydées en tas, comme nous l'avons dit à la préparation des aluns. La masse devient pulvérulente, et le sulfure se transforme en sulfate. On lessive la matière, et la solution, concentrée par la chaleur, est ensuite conduite dans de grands cristallisoirs.

Le sulfate de fer ainsi préparé n'est pas pur; il contient différents sulfates, notamment celui de cuivre qui est le plus facile à éliminer; il suffit, en effet, de mettre du fer dans la dissolution du sel impur pour précipiter le cuivre à l'état métallique.

205. Propriétés et usages. — Le sulfate de fer cristallise en prismes verts contenant 7 équivalents d'eau de cristallisation. Il se dissout à froid dans une fois et demie son poids d'eau et dans le tiers de son poids d'eau bouillante. Il perd 6Aq, quand on le chauffe à 100°; le 7e équivalent ne disparaît qu'à 300°; le sel anhydre est d'un blanc grisâtre; mais il reprend sa couleur verte quand on lui rend l'eau qu'il a perdue. Au rouge sombre, il dégage l'acide sulfurique fumant et laisse comme résidu le colcothar.

Ses cristaux prennent à l'air un aspect ocreux dû à la formation d'un sulfate de sesquioxyde insoluble; ils sont difficiles à conserver. La même oxydation se produit sur la dissolution du sel dans l'eau; elle se trouble rapidement et dépose une ocre jaunâtre. Quand ce phénomène se produit pendant l'évaporation de la solution, on la fait bouillir avec un peu de limaille de fer qui ramène à l'état de protoxyde le sesquioxyde qui s'étai formé.

Le sulfate de fer absorbe le bioxyde d'azote et se colore en brun. On utilise cette propriété pour caractériser les azotates. On fait chauffer dans un tube un mélange d'azotate et d'acide sulfurique auquel on ajoute un cristal de sulfate de fer; celui-ci se colore en brun parce qu'il absorbe le composé azoté qui s'est dégagé.

Le sulfate de fer est employé à la fabrication de l'acide sulfurique fumant et du colcothar. Il est d'un grand usage en teinture : sa facilité à s'oxyder le fait utiliser comme réducteur de l'indigo ; avec la noix de galle, il teint en noir; mélangé au tannin, il contribue à former l'encre ordinaire. Il sert à la fabrication du bleu de Prusse. Enfin on l'emploie avec succès comme désinfectant des fosses d'aisances parce qu'il fixe le sulfure d'ammonium à l'état de sulfure de fer.

PRUSSIATES et BLEU DE PRUSSE.

206. Quand on calcine au rouge un mélange de limaille de fer et de carbonate de potasse avec des matières azotées, comme la corne, la chair desséchée, les rognures de cuir, etc., on obtient une masse qui lessivée donne une liqueur d'où se déposent par refroidissement des cristaux jaunes; c'est le **prussiate jaune de potasse**, ainsi appelé parce qu'il sert à la fabrication du bleu de Prusse. On peut extraire de ce sel, en le traitant par le chlore, un solide en cristaux rouges par transparence, qu'on a appelé **prussiate rouge**.

Le premier de ces deux composés a pour formule $Fe(C^2Az)^3K^2$ ou $FeCy^3K^2$; ses propriétés chimiques le rapprochent des cyanures métalliques; aussi son vrai nom chimique est-il **ferrocyanure de potassium**; le second est le **ferricyanure** du même métal. L'un et l'autre sont d'excellents réactifs des sels de fer; leurs réactions présentent assez d'intérêt, au point de vue théorique, pour légitimer leur étude.

207. **Ferrocyanure de potassium.** — $FeCy^3K^2$. — Ce sel se présente en cristaux d'un jaune citron, solubles dans l'eau, inaltérables à l'air. Sa dissolution donne dans les sels de sesquioxyde de fer un précipité *bleu;* mais elle précipite aussi beaucoup d'autres solutions métalliques : dans les sels de plomb, le précipité *est blanc;* il est *brun marron* dans les sels de cuivre ; elle n'est pas elle-même précipitée par l'ammoniaque comme les autres sels de fer. C'est qu'en effet le fer y fait partie intégrante de la portion du corps qui se transporte dans toutes ses réactions, à la manière d'un corps simple; c'est le potassium, qui peut y être remplacé par différents métaux et même par l'hydrogène. On trouve en effet dans les sels de cuivre et de plomb, traités par le ferrocyanure, les réactions suivantes :

$$FeCy^3K^2 + 2(CuOSO^3) = \underset{\text{Ferrocyanure de cuivre.}}{FeCy^3Cu^2} + 2(KOSO^3)$$

$$FeCy^3K^2 + 2(PbOAzO^5) = \underset{\text{Ferrocyanure de plomb.}}{FeCy^3Pb^2} + 2(KO,AzO^5),$$

et si l'on soumet le dernier précipité $FeCy^3Pb^2$ à l'action de l'hydrogène sulfuré, il se forme un sulfure noir de plomb et il reste un liquide acide qui décompose les carbonates avec effervescence, comme le fait l'acide chlorhydrique, et peut régénérer le ferrocyanure de potassium si on le met en contact avec la potasse. C'est l'acide **ferrocyanhydrique** qui est de tous points comparable aux autres hydracides :

$$FeCy^3Pb^2 + 2HS = 2PbS + \underset{\text{Acide ferrocyanhydrique.}}{FeCy^3H^2}.$$

On voit par ces exemples que le ferrocyanure de potassium est l'un des sels d'un acide dont le groupe complexe $FeCy^3$ se transporte complétement comme un corps simple; on comprend alors que le fer y soit masqué aux réactions ordinaires et que la chaleur seule puisse le chasser, en détruisant la molécule du corps. On comprend aussi pourquoi il faut préférer pour ce composé le nom de ferrocyanure à son ancien nom de prussiate jaune.

208. Ferricyanure de potassium. — Quand on fait passer un courant de chlore dans une dissolution de ferrocyanure de potassium et qu'on évapore la liqueur, on obtient un nouveau sel qui cristallise en prismes d'un rouge orangé ; c'est le *prussiate rouge* ou *ferricyanure de potassium.*

$$2(FeCy^3K^2) + Cl = KCl + Fe^2Cy^6K^3.$$

C'est le même corps que le précédent moins une demi-molécule de potassium ; il fait aussi double échange avec les solutions métalliques dont il peut prendre 3 molécules en perdant les 3 de potassium qu'il contient. Le groupe Fe^2Cy^6 se transporte encore de toutes pièces comme un corps simple ; on lui donne le nom de **ferricyanogène** et on appelle **ferricyanures** les sels qu'il peut donner. Le sel de potassium, le seul employé, est un réactif très-sensible des sels de protoxyde de fer avec lesquels il donne un précipité bleu dit *bleu de Turnbull.*

209. Bleu de Prusse. — Le bleu de Prusse, ainsi appelé parce qu'il a été découvert au dernier siècle par un chimiste de Berlin, se produit toutes les fois qu'on traite un sel de sesquioxyde de fer (le perchlorure par exemple, Fe^2Cl^3, par du ferrocyanure de potassium :

$$2(Fe^2Cl^3) + 3(FeCy^3K^2) = 6KCl + \underbrace{(FeCy^3)^3(Fe^2)^2}_{\text{Bleu de Prusse}}.$$

C'est un précipité d'un bleu foncé, qui desséché se présente en masses compactes à reflets rougeâtres ou cuivreux, capables d'acquérir par le frottement un bel éclat métallique bronzé.

Dans l'industrie, pour l'obtenir, on mélange la dissolution de ferrocyanure à une dissolution de sulfate de protoxyde de fer ; le précipité produit est d'un bleu blanchâtre ; il se fonce à mesure que le fer se suroxyde ; pour assurer cette oxydation, on mélange à la masse du chlorure de chaux. On filtre le précipité pour le dessécher ensuite.

Le bleu de Prusse est insoluble dans l'eau et dans les acides ; cependant il devient soluble dans l'acide oxalique quand il a séjourné un jour ou deux dans l'acide sulfurique. On lui fait subir cette préparation pour obtenir l'*encre bleue.*

La teinture et l'impression des tissus font du bleu de Prusse un très-grand usage.

210. Caractères des sels de fer. — Il y a lieu de séparer pour les réactions les sels de protoxyde des sels de sesquioxyde.

1° *Sels de protoxyde.* Ils sont verts à l'état hydraté et se suroxydent en devenant ocreux au contact de l'air.

Les alcalis y donnent un précipité vert qui se rouille à l'air.

Le prussiate rouge ou ferricyanure de potassium y donne un précipité bleu foncé abondant, tandis que le ferrocyanure n'y produit qu'un précipité à peine bleuâtre.

L'infusion de noix de galle n'y produit rien.

2° *Sels de sesquioxyde ;* ils sont ordinairement d'une couleur jaune ou rouge rappelant celle de la rouille.

Leurs dissolutions sont précipitées en *rouille* par les alcalis ; en *bleu de Prusse* par le ferrocyanure ; en bleu d'un noir foncé par l'infusion de noix de galle.

Ils partagent avec les premiers la propriété de donner un précipité noir avec les sulfures alcalins.

Exercice. — 18. On attaque par l'acide sulfurique étendu 10 kilogrammes d'une fonte à 4 p. % de carbone ; on demande le volume de l'hydrogène qui se dégagera si on le suppose mesuré à 20° sous la pression 570, et le poids de sulfate cristallisé qu'on pourra retirer.

CHAPITRE XIII

COMPOSÉS DU MANGANÈSE ET DU CHROME.

211. **Manganèse.** — $Mn = 27{,}5$. — Le manganèse se rencontre à l'état d'oxyde dans un grand nombre de minéraux, notamment l'*acerdèse* et la *pyrolusite* que l'on trouve en filons dans les terrains de transition. Le métal est d'un gris blanc, dur et cassant ; il est sans usage. Mais ses oxydes et quelques-uns de ses sels sont très employés dans les laboratoires et dans l'industrie.

112. **Oxydes de manganèse.** — La série des oxydes de manganèse est parallèle à celle des oxydes de fer ; on trouve en effet :

Le *protoxyde* . . . . MnO,
l'*oxyde rouge*. . . . . Mn^3O^4 (ou $MnO^{\frac{4}{3}}$),
le *sesquioxyde*. . . . . Mn^2O^3 (ou $MnO^{\frac{3}{2}}$),
le *bioxyde* ou *peroxyde*. . . . . MnO^2,

et on peut ajouter à cette liste :

l'*acide manganique*. . . MnO^3 }
et — *permanganique* . Mn^2O^7 } qui donnent avec les alcalis les *manganates* et les *permanganates*

Le *protoxyde* est la base des sels du manganèse formés avec les acides forts. Le *sesquioxyde* constitue l'acerdèse, minerai très-commun. L'*oxyde rouge* est le plus stable de la série ; c'est lui qui se forme par la calcination du peroxyde ; on le considère comme un sel ($MnOMn^2O^3$) analogue à l'oxyde magnétique de fer dont ses propriétés chimiques le rapprochent. Le plus important de tous est le *peroxyde*.

213. **Bioxyde ou peroxyde de manganèse.** — Ce composé est un produit naturel qui se présente en masses cristallisées d'un gris d'acier : c'est la *pyrolusite* des minéralogistes. On l'a employé longtemps comme source d'oxygène ; l'industrie l'utilise encore presque exclusivement pour produire le chlore.

Chauffé au rouge, dans une cornue de terre, il laisse comme résidu l'oxyde rouge Mn^3O^4 et dégage le tiers de l'oxygène qu'il contient.

$$3(MnO^2) + Mn^3O^4 + O^2.$$

Si on le chauffe avec l'acide sulfurique, il perd la moitié de son oxygène et forme du *sulfate de manganèse :*

$$MnO^2 + HOSO^3 = MnOSO^3{,}HO + O.$$

Traité par l'acide chlorhydrique, il donne du *chlorure de manganèse* qui reste dans la cornue et il y a dégagement de la moitié du chlore de l'acide employé :

$$MnO^2 + 2HCl = MnCl + HO + Cl.$$

Quand on le chauffe avec de la potasse ou de la soude au contact de l'air, il se convertit en une masse verte de manganate alcalin :

$$MnO^2 + KO + O = \underset{\text{Manganate de potassium.}}{KO,MnO^3}.$$

On utilise cette réaction dans l'analyse pour caractériser rapidement un sel de manganèse; on mélange le sel avec de la potasse et on le chauffe sur une lame de platine; il y a production d'une matière d'un vert foncé.

214. Essai d'un peroxyde. — Les pyrolusites ou peroxydes de manganèse du commerce ont d'autant plus de valeur que le même poids peut faire dégager plus de chlore. On les essaie à ce point de vue dans l'industrie, ordinairement par la méthode qu'a indiquée Gay-Lussac. On met dans un petit ballon 3 grammes 98 du manganèse à essayer; on ajoute 50 à 60 centimètres cubes d'acide chlorhydrique; on ferme avec un bouchon muni d'un long tube que l'on engage dans un ballon à long col contenant une solution faible de potasse et incliné comme l'indique la figure 65, de manière qu'une bulle d'air limitée occupe la partie supérieure de la panse du ballon. On chauffe pour dégager le chlore. Ce gaz se dissout dans la solution alcaline et ne se dégage pas au dehors. Quand tout le chlore est dégagé, que le petit ballon est devenu incolore, on arrête l'opération. On étend la dissolution alcaline de manière à en faire un litre et on en cherche le titre chlorométrique. Ce titre donne la valeur de l'oxyde de manganèse essayé.

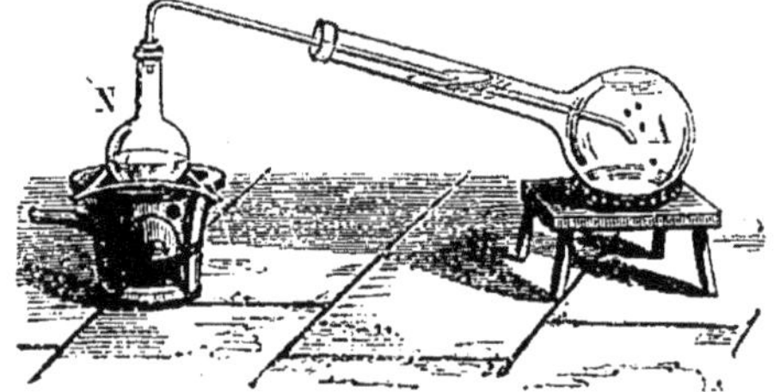

Fig. 65. — Essai d'un manganèse. — N, ballon dégageant le chlore; — A, grand ballon contenant la solution alcaline qui retient le chlore.

215. Manganate de sodium. — Le bioxyde de manganèse agissant sur un alcali pour former un manganate alcalin prend à l'air un équivalent d'oxygène :

$$MnO^2 + NaO + O = NaOMnO^3.$$

Le manganate formé est vert; sa dissolution dans l'eau est décomposée par les acides, avec formation de **permanganate** d'une couleur d'un beau rouge violacé.

Si on calcine le manganate à 450°, sous l'influence d'un courant de vapeur d'eau, il se décompose en reproduisant les éléments qui l'ont formé et il met de l'oxygène en liberté :

$$NaO,MnO^3 + HO = NaOHO + MnO^2 + O.$$

Cette réaction a été indiquée par M. *Tessié du Motay* comme pouvant permettre d'enlever à l'air son oxygène et d'obtenir ainsi ce gaz à bon marché. On a même appliqué en grand le procédé de ce chimiste. Qu'on chauffe en effet dans une série de grandes cornues, où l'on envoie de l'air par un ventilateur, un mélange de soude NaOHO et de bioxyde de manganèse MnO^2, le manganate de sodium se forme. Si alors on remplace le courant d'air par un courant de vapeur d'eau et que l'on maintienne la température à 450°, le manganate formé se décompose et il se dégage de l'oxygène que l'on peut recueillir dans un gazomètre. Le résidu qui reste dans la cornue (*soude et bioxyde de manganèse*) est apte comme auparavant à reprendre de l'oxygène à l'air pour régénérer le manganate qu'un courant de vapeur d'eau décomposera à son tour. Le manganate de sodium peut ainsi servir très-longtemps à enlever l'oxygène à l'air. C'est jusqu'ici le procédé le moins coûteux pour obtenir ce gaz en grand.

216. Permanganate de potassium. — Ce sel se présente en cristaux prismatiques presque noirs, doués d'un reflet vert. Il se dissout dans quinze fois son poids d'eau en donnant un liquide d'un très-beau pourpre.

Cette dissolution s'altère promptement et perd sa belle couleur au contact des matières organiques ; elle est immédiatement réduite avec un dépôt brun par l'hydrogène sulfuré ; aussi peut-elle servir pour constater si une eau contient une proportion notable de matières organiques.

Elle est également décolorée, quand on la verse dans une solution d'un sel de protoxyde de fer ; le permanganate se décompose, cède de l'oxygène qui peroxyde le fer ; la liqueur cesse de se décolorer quand tout le sel de protoxyde a été transformé en sel de sesquioxyde. C'est un réactif précieux pour trouver rapidement la quantité de fer au minimum d'oxydation qui se trouve dans un liquide ; il est employé à l'analyse volumétrique de ce métal.

217. Chrome. — Cr. — Le chrome existe dans un minerai assez abondant appelé *fer chromé*. Il n'a pas d'application comme métal et il ne donne aucun alliage utile, mais ses combinaisons fournissent un certain nombre de matières colorantes dont l'industrie tire un grand parti.

218. Sesquioxyde de chrome. — Cr^2O^3. — Le plus important et le mieux connu des oxydes du chrome est le sesquioxyde Cr^2O^3 analogue au sesquioxyde de fer. Il se présente anhydre et hydraté.

On l'obtient anhydre, avec une belle couleur verte, en chauffant fortement un mélange intime de 4 parties de bichromate de potasse et 1 partie d'amidon ; on reprend la masse par l'eau pour dissoudre le carbonate de potassium formé dans la réaction et l'on calcine une seconde fois. Le produit obtenu est employé dans la peinture sur porcelaine.

On obtient l'hydrate de sesquioxyde de chrome en précipitant un sel par la potasse ou l'ammoniaque ; le corps obtenu est très-curieux au point de vue théorique, mais il est sans application.

Il en est autrement du sesquioxyde à deux équivalents d'eau dont la belle couleur est utilisée sous le nom de **vert émeraude.** On suit pour le préparer le procédé indiqué par M. Guignet : on chauffe au rouge sombre un mélange de bichromate de potasse avec trois fois son poids d'acide borique; on traite la masse par l'eau bouillante qui laisse le vert insoluble.

Le vert émeraude est employé en grandes quantités dans l'industrie des toiles peintes et des papiers de tenture; il remplace avec avantage les verts de cuivre arsenicaux dont le maniement, surtout pour les fleurs artificielles, offrait de grands dangers.

219. **Sels de chrome. — Bichromates.** — L'oxyde de chrome est susceptible de se combiner avec les acides et de donner deux séries de sels dont les uns forment une solution verte, les autres une solution violette. L'alun de chrome, couleur grenat, est le plus important.

Le chrome peut prendre trois molécules d'oxygène et donner l'**acide chromique,** CrO^3, pouvant se combiner aux bases avec lesquelles il donne les **chromates,** $MOCrO^3$, et les bichromates, $MO2CrO^3$.

Le **bichromate de potasse** est le plus employé. C'est un sel en cristaux rouges donnant une solution orange. Sa propriété principale, c'est de perdre de l'oxygène sous l'influence des réducteurs et de se transformer en sesquioxyde de chrome:

$$KO2CrO^3 + 3H = KOHO + 2HO + Cr^2O^3$$

c'est la raison de son emploi dans la *pile au bichromate* où il détruit, en se décomposant, l'hydrogène que l'attaque du zinc par l'acide sulfurique fait dégager.

CHAPITRE XIV

ZINC. — Zn = 33.

220. **Minerais de zinc.** — Le zinc était connu des anciens qui savaient fabriquer le laiton; mais c'est seulement de ce siècle que date son usage vulgaire. On l'extrait de deux minerais : la *calamine* et la *blende.* La calamine est un carbonate de zinc associé à de l'oxyde de fer et à de la gangue; elle fournit la majeure partie du zinc du commerce; ses principaux gisements sont en *Silésie* et en *Belgique*, aux environs d'*Aix-la-Chapelle* où se trouvent les mines de la *Vieille-Montagne.* La blende est un sulfure de zinc, mêlé ordinairement de sulfure de fer ou accompagnant les gîtes de galène ou sulfure de plomb.

Malgré leur différence de composition chimique, ces deux minerais sont soumis au même traitement pour en extraire le métal. On les lave pour les séparer de l'argile ocreuse qui forme la gangue, puis on les grille, c'est-à-dire qu'on les soumet à l'oxydation. La blende perd son soufre et s'oxyde; la calamine perd son acide carbonique; toutes deux laissent pour résidu de l'oxyde de zinc. Cet oxyde est traité par du charbon qui le réduit à chaud. A la température où l'on opère, le zinc se volatilise, distille et vient se condenser dans des récipients où il est recueilli.

Les fourneaux où s'opère cette réduction peuvent recevoir un nombre plus ou moins grand de cylindres en terre réfractaire que l'on remplit d'un mélange du minerai grillé avec de la houille menue. On ajoute à l'orifice de chaque cylindre un tube en terre renflé, en forme d'allonge, terminé par un cornet en tôle (*fig.* 66). Le zinc en vapeurs passe du creuset chauffé dans le tube où il se condense; l'allonge retient les poussières métalliques entraînées. Ces dernières sont traitées à nouveau comme minerai; c'est en effet de l'oxyde de zinc. Le métal liquide est extrait de la panse pour être coulé en plaques ou en saumons.

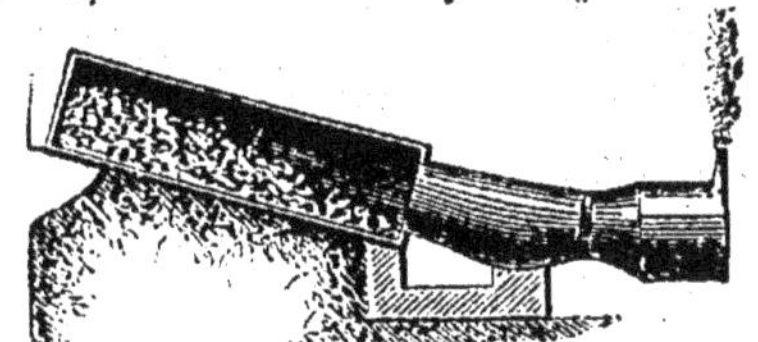

Fig. 66. — Fourneau à réduire le minerai de zinc, avec son tube à panse et son allonge.

221. Purification du zinc. — Le métal obtenu est impur et contient des traces d'autres métaux. Pour le purifier, on le redistille dans un creuset muni d'un tube, comme l'indique la figure 67. Le creuset plein de zinc est luté avec soin, puis chauffé; les vapeurs métalliques se condensent dans le tube et le liquide qu'elles donnent tombe goutte à goutte dans un vase plein d'eau.

Pour obtenir le zinc chimiquement pur dont on a parfois besoin dans les laboratoires, on commence par calciner l'oxyde en mélange avec du sucre. Puis on chauffe le résidu charbonneux obtenu dans un tube de terre incliné placé dans un fourneau à réverbère; le métal distille et s'écoule par l'extrémité du tube d'où on le recueille dans l'eau.

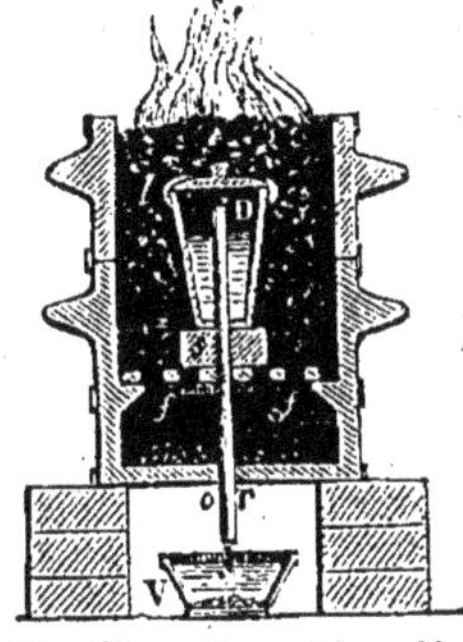

Fig. 67. — Creuset à purifier le zinc. — D, creuset luté, traversé par le tube T, qui débouche au-dessus d'un vase V plein d'eau, où le métal se rassemble.

222. Propriétés physiques du zinc. — Le zinc est d'un blanc bleuâtre, assez mou, mais peu flexible. Il adhère aux limes d'acier avec lesquelles on le travaille : on dit qu'il les *graisse*. Sa densité varie de 6,8 à 7,2. Quand il est pur, il est très-malléable; mais s'il contient comme celui du commerce des traces d'autres métaux, il est cassant à froid. Cependant à 100° il redevient malléable, peut être laminé et étiré en fils; mais chauffé davantage il redevient très-cassant, à tel point qu'à 200° il peut être facilement pulvérisé dans un mortier. C'est le plus dilatable de tous les métaux; une feuille de zinc clouée sur tout son pourtour se tuile et se déchire par les variations de température. Le zinc entre en fusion vers 500°; on le grenaille facilement en le versant lentement dans de l'eau froide. Au rouge, il se volatilise.

223. Propriétés chimiques. — L'air sec est sans action sur le zinc solide. L'air humide le recouvre d'une mince couche d'oxyde qui se carbonate et qui protége le métal d'une altération plus profonde, comme le ferait un vernis imperméable. Le zinc fondu, chauffé au-dessus de son point de fusion, s'oxyde rapidement; le métal brûle en produisant une belle lumière d'un blanc bleuâtre; l'oxyde formé est une poudre blanche d'où s'élèvent des flocons très-légers et très-blancs.

Le zinc pur n'est que très-faiblement attaqué par les acides minéraux. Si l'on plonge en effet dans de l'eau acidulée par l'acide sulfurique une lame de zinc très-pur, elle n'est pas attaquée; tout au plus se couvre-t-elle de quelques petites bulles gazeuses d'hydrogène. Si l'on plonge alors une lame de cuivre dans le même liquide et qu'on la réunisse à la lame de zinc, aussitôt l'action chimique commence et on peut constater de l'électricité dans un fil qui réunit extérieurement les deux lames (*fig.* 68). Dans ce cas, l'hydrogène dont le zinc a pris peu à peu la place se dégage contre la lame de cuivre; les deux lames et le liquide forment un couple voltaïque, un élément de pile électrique :

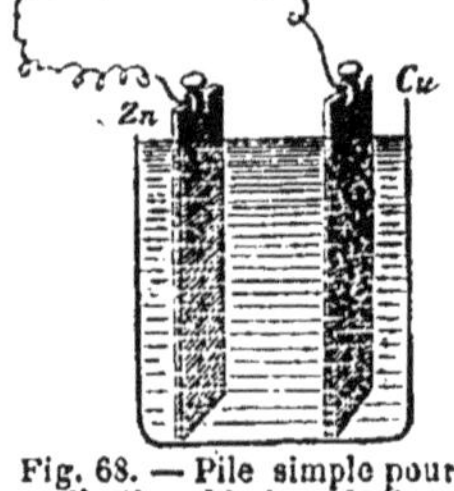

Fig. 68. — Pile simple pour l'action chimique de l'eau acidulée sur le zinc pur.

$$Zn + HOSO^3 + nAq = ZnOSO^3,nAq + H.$$

Le zinc du commerce est immédiatement attaqué par l'eau acidulée et les autres acides. On pense que les métaux étrangers qu'il contient forment avec lui des couples électriques qui éveillent pour ainsi dire l'action chimique. Nous avons vu que le zinc sert à préparer l'hydrogène qu'il fait dégager abondamment de l'eau acidulée ou de l'acide chlorhydrique.

Les acides organiques attaquent le zinc et donnent avec lui des composés vénéneux; le vin qui a séjourné quelques secondes dans un vase de zinc a acquis une amertume caractéristique.

Le zinc peut décomposer l'eau à l'ébullition, en présence de la potasse et de la soude; il la décompose seul, comme le fer, à une température élevée.

224. **Usages du zinc.** — En feuilles épaisses, le zinc est employé pour les toitures, les gouttières, les tuyaux, les vases à contenir l'eau, arrosoirs, baignoires, etc. C'est le métal attaquable des piles électriques. Il sert aussi à confectionner par estampage des ornements repoussés. Il est exclu des ustensiles de cuisine.

Quelques-uns de[illegible] alliages présentent un haut intérêt : tel est le **laiton** ou cuivre jaune dont nous parlerons en traitant du cuivre; tel est aussi le **fer galvanisé**.

225. **Fer galvanisé.** — On désigne sous ce nom le fer recouvert d'une mince couche de zinc destinée à protéger le métal altérable de l'oxydation. Si l'on expose à l'air humide un clou, un fil ou une lame de fer galvanisé, c'est la couche de zinc qui s'oxyde légèrement et se recouvre d'une couche d'hydro-carbonate protégeant le tout comme un vernis imperméable.

Pour recouvrir le fer de zinc, on le décape d'abord en le laissant séjourner quelque temps dans une eau contenant $\frac{1}{100}$ d'acide sulfurique; on le sèche rapidement et on le plonge dans un bain de zinc fondu sur lequel flotte une couche de sel ammoniac qui préserve le métal de l'oxydation et achève de décaper le fer au moment de son immersion. Au sortir du bain, les pièces de fer sont plongées dans une solution étendue de sel ammoniac où le zinc non adhérent se détache; elles sont ensuite séchées.

On a reproché à ce mode d'opérer un inconvénient dû à l'inégale dilatabilité des deux métaux sous l'action de la chaleur, qui finit par faire détacher le zinc du fer. Et on a essayé de substituer au zincage par immersion le zincage par la pile, qui donne un dépôt bien plus adhérent et bien plus solide.

OXYDE DE ZINC. — ZnO.

226. **Propriétés.** — L'oxyde de zinc est une poudre blanche, jaune parfois parce qu'il contient de l'oxyde de fer. Il est vrai qu'il se colore en jaune par une forte chaleur; mais cette coloration est temporaire; le refroidissement lui rend sa blancheur. C'est la *laine philosophique* des alchimistes, qui avaient ainsi nommé les flocons neigeux qui s'élèvent du zinc fortement chauffé.

Il est indécomposable par la chaleur, à peine soluble dans l'eau, mais soluble dans les acides et dans la potasse. On le considère comme une base énergique, puisqu'il sature bien les acides. Il peut d'ailleurs fonctionner aussi comme acide, puisqu'il se dissout dans la potasse; c'est donc un oxyde indifférent.

227. **Usages.** — L'oxyde de zinc est employé dans la peinture sous le nom de **blanc de zinc.** Il remplace avec avantage le *blanc de plomb* ou *céruse*. Celui-ci est très-vénéneux; ses poussières exercent une action funeste sur la santé des ouvriers, et de plus il noircit à l'air sous l'influence des émanations sulfureuses. Le blanc de zinc est inoffensif; son maniement n'offre aucun danger et il ne noircit pas par l'hydrogène sulfuré. Il doit donc être préféré à la céruse, et il l'aurait remplacée depuis longtemps si les peintres comprenaient bien leur intérêt.

228. **Préparation.** — L'oxyde de zinc s'obtient dans les laboratoires hydraté ou anhydre. Pour l'avoir hydraté, on verse peu à peu de la potasse dans une solution de sulfate ou de chlorure de zinc; il se dépose une poudre blanche qui est l'oxyde. Il faut éviter un excès de réactif dans cette précipitation; un peu trop de potasse redissoudrait le précipité formé en formant un zincate de potasse soluble.

Pour obtenir l'oxyde anhydre, on fond du zinc dans un creuset ou sur un têt que l'on peut chauffer assez. Quand les vapeurs métalliques s'enflamment, l'oxydation est rapide : c'est une des plus belles combustions que l'on réalise dans les laboratoires.

229. **Fabrication industrielle.** — L'industrie prépare le blanc de zinc en chauffant le métal dans des cornues disposées pour que la vapeur de zinc qui en sort rencontre de l'air et brûle en produisant l'oxyde (*fig.* 69). Le tuyau où se rendent les vapeurs qui sortent de la cornue a une prise d'air dont on règle le tirage; il communique à une série de chambres successives sur les parois desquelles l'oxyde de zinc se dépose en poussière. L'oxyde est recueilli dans des trémies d'où on le fait tomber dans des tonneaux.

230. **Chlorure de zinc.** — Zn Cl. — Le zinc décompose vivement l'acide chlorhydrique; il se dégage beaucoup d'hydrogène et il reste du chlorure de zinc. Par l'évaporation de cette dissolution, on obtient le sel cristallisé et hydraté. L'évaporation à sec donne un produit sirupeux, le chlorure anhydre gris, transparent, fusible à 250° sans vapeurs sensibles, propriété qui le fait employer pour bain à température constante et élevée.

Les soudeurs préparent à mesure de leurs besoins une dissolution de chlorure de zinc qu'ils emploient concurremment avec le sel ammoniac pour décaper les pièces à souder; ce corps détruit en effet les oxydes en les transformant en chlorures volatilisables.

Fig. 69. — Four et chambres à préparer l'oxyde de zinc. — A, chambre à condenser et recueillir l'oxyde; — B, tube de prise d'air; — C, creuset où le zinc est volatilisé; — T, tuyau entraînant les vapeurs de zinc et l'air; — F, foyer.

231. Ciment à l'oxychlorure de zinc. — Le chlorure de zinc associé à l'oxyde constitue un ciment d'une grande dureté, inaltérable à l'air et à l'humidité, résistant même aux acides. On le fait en délayant de l'oxyde de zinc dans du chlorure liquide marquant 50 ou 60° à l'aréomètre de Baumé. La masse durcit très-promptement et prend la dureté du marbre. On n'en prépare que peu à la fois, pour pouvoir l'employer avant son durcissement. Il est même parfois utile d'y mélanger 3 p. % de borax pour en rendre la dessiccation moins prompte.

Mélangés dans d'autres proportions, ces deux corps forment une sorte de peinture hydrofuge qui peut être appliquée sur bois, sur métaux et sur toile, comme la peinture à l'huile. Pour cela, à 2 litres de chlorure de zinc marquant 58° Baumé, on ajoute 5 litres d'eau où l'on a dissous 100 grammes de carbonate de soude, et on délaye peu à peu dans le liquide assez d'oxyde de zinc pour que la masse acquière la consistance de la peinture ordinaire. Cette peinture résiste bien à l'air, mais il faut éviter de l'employer par un temps de gelée, car elle s'écaillerait.

232. Sulfate de zinc. — $ZnOSO^3 7Aq$. — Le sulfate de zinc désigné aussi sous le nom de **couperose blanche** ou de **vitriol blanc** est en cristaux incolores sous forme de prismes droits. Il est isomorphe avec le sulfate de magnésie, prenant comme lui 7 équivalents d'eau de cristallisation. Sa saveur est amère, il est vénéneux. L'eau en dissout la moitié de son poids à la température ordinaire, son propre poids à l'ébullition. Maintenu à 100°, le sel cristallisé fond dans son eau de cristallisation et perd 6 équivalents d'eau; il ne devient anhydre qu'à 230°. Chauffé plus fortement, il dégage de l'acide sulfureux et de l'oxygène et il laisse un résidu d'oxyde.

Il est employé dans les ateliers d'indiennerie. Il peut servir à conserver les pièces anatomiques. La médecine l'utilise dans les ophthalmies.

233. **Préparation.** — Ce sel s'obtient en dissolvant le zinc dans l'acide sulfurique étendu. C'est le résidu de la préparation de l'hydrogène dans les laboratoires et de l'attaque du zinc dans les piles électriques. Dans les grands établissements de galvanoplastie, on recueille les dissolutions de zinc, on les concentre et on les verse dans des cristallisoirs où le sulfate se dépose. On peut encore l'obtenir par le grillage de la blende ou sulfure de zinc, le lessivage du minerai oxydé et l'évaporation du liquide.

Par ces divers procédés, on n'obtient qu'un produit impur, mélangé souvent de sulfate de fer. Pour éliminer ce composé, on fait passer un courant de chlore dans la dissolution de sulfate de zinc impur; le chlore oxyde le fer et le fait passer à l'état de sesquioxyde. On chauffe le liquide pour chasser l'excès de chlore et on y introduit un peu d'oxyde de zinc qui prend la place de l'oxyde de fer et fait déposer ce dernier. On décante, et on concentre pour faire cristalliser le sulfate pur. D'ordinaire, pour l'industrie, on fond le sel dans son eau de cristallisation et on le coule en pains.

234. **Caractères des sels de zinc.** — Les sels de zinc sont presque tous incolores; ils ont une saveur très-amère et nauséabonde. On distingue aisément leurs dissolutions de celles des autres sels métalliques parce que l'hydrogène sulfuré y produit un précipité blanc de sulfure de zinc, soluble dans l'acide chlorhydrique.

On les différencie des sels d'alumine à l'aide de l'ammoniaque. Cet alcali donne dans les sels de zinc un précipité blanc soluble dans un excès du réactif.

Exercice. — 19. On veut produire 40 mètres cubes d'hydrogène mesurés à 30°; on demande quel poids de zinc sera nécessaire; quel poids de sulfate cristallisé on retirera du résidu, et quel sera le prix de revient du mètre cube du gaz si l'on paie le zinc 4 francs le kilogramme.

CHAPITRE XV

ÉTAIN. — Sn = 59.

235. **Métallurgie de l'étain.** — L'étain est un des métaux le plus anciennement connus. Il entre dans la composition du bronze qui a fourni à l'homme ses premiers outils métalliques. Le seul minerai de ce métal est l'oxyde appelé **cassitérite.** On le trouve souvent cristallisé dans les terrains anciens; on l'exploite en filons ou en sables. Les principaux gisements sont dans le comté de Cornouailles en Angleterre, en Saxe et en Bohême, aux Indes, dans la presqu'île de Malacca et l'île de Banca.

L'extraction de l'étain comprend un traitement physique assez difficultueux, qui a pour but de séparer l'oxyde de la plus grande partie de sa gangue, et une réduction chimique très-simple qui consiste à enlever l'oxygène de l'oxyde par le charbon.

Le minerai en sables provenant des alluvions est trié, bocardé et lavé; dans cette opération, l'oxyde d'étain, assez lourd, gagne le fond des appareils; les matières étrangères sont entraînées par l'eau. Le minerai en filons doit de plus être soumis à un grillage qui a pour but d'en séparer le soufre et l'arsenic.

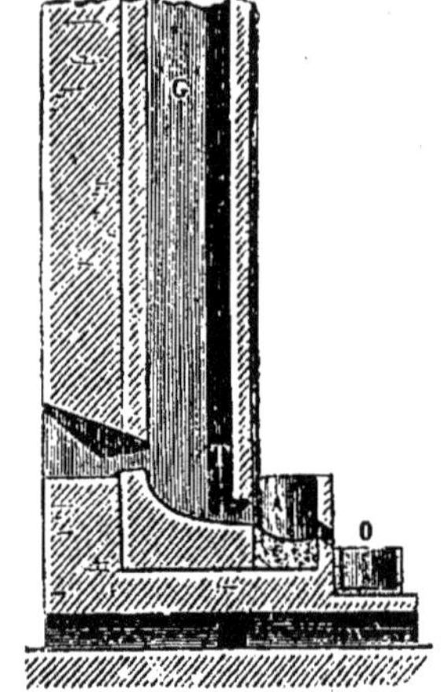

Fig. 70. — Four à manche pour obtenir l'étain. — A, premier bassin; — O, second bassin.

La réduction du minerai épuré s'opère ordinairement dans un four à manche (*fig.* 70) où on l'accumule avec des couches alternatives de charbon. Une tuyère fournit l'air nécessaire à la combustion. L'étain fondu s'écoule dans deux bassins étagés dont le premier retient les scories qui surnagent le métal. On fait couler celui-ci dans le second bassin et on le brasse avec des bûches de bois vert; les gaz qui se dégagent entraînent à la surface les scories disséminées dans la masse liquide et réduisent en même temps le peu d'oxyde qui s'y trouve. On coule le métal dans des lingotières où il se fige promptement.

Cet étain de première fusion contient des métaux étrangers. On utilise pour le purifier la *liquation*, c'est-à-dire la propriété qu'a un alliage chauffé de perdre d'abord sa portion la plus fusible. On place les saumons ou pains d'étain sur la sole inclinée d'un four à réverbère chauffée au bois; le métal fondu s'écoule vers la partie déclive du four vers un bassin d'où on le coule en lingots.

236. **Propriétés physiques de l'étain.** — L'étain pur est d'un blanc d'argent; s'il tire sur le bleu ou sur le gris avec un aspect plus mat, c'est qu'il contient des traces d'autres métaux. C'est un métal mou, très-malléable, mais peu tenace. Il peut être réduit en feuilles de trois dix-millièmes de millimètre d'épaisseur, qui, sous le nom de **tain**, sont employées à l'étamage des glaces. Lorsqu'on le frotte, l'étain répand une odeur désagréable qu'on retrouve dans plusieurs de ses combinaisons. Il est d'une texture cristalline, se plie facilement et fait entendre quand on le plie un bruit particulier qu'on appelle le **cri de l'étain.** Sa densité est de 7,2.

L'étain fond à 228° et ne se volatilise pas quand on le chauffe davantage. On peut en fondre une feuille posée sur une feuille de papier au-dessus de charbons allumés, avant que le papier ne soit carbonisé. Le métal fondu donne en se refroidissant une masse de cristaux enchevêtrés les uns dans les autres. On peut l'obtenir en poudre en le versant fondu dans une boîte en bois enduite de craie que l'on agite vivement pendant le refroidissement. Le commerce le livre en feuilles, en baguettes, en pains et en larmes; il est obtenu sous cette dernière forme en laissant tomber de haut des lingots chauffés à plus de 100° qui se divisent en fragments.

237. **Propriétés chimiques de l'étain.** — L'étain ne s'altère pas à l'air à la température ordinaire; mais l'air chaud l'oxyde; on re-

marque en effet que l'étain fondu se recouvre d'une pellicule grisâtre d'oxydes. L'étain ne décompose la vapeur d'eau qu'à la chaleur rouge.

A froid, l'acide sulfurique est sans action sur l'étain; mais vers 150° il l'oxyde plus ou moins vite suivant son degré de concentration; l'acide concentré est décomposé en acide sulfureux avec dépôt de soufre; l'acide étendu dégage en outre de l'hydrogène sulfuré.

L'acide chlorhydrique étendu attaque lentement l'étain; l'acide concentré et chaud l'attaque avec énergie et dégagement d'hydrogène.

L'action de l'acide azotique ordinaire est extrêmement violente : il se dégage des torrents de vapeurs nitreuses et il reste une poudre blanche insoluble d'acide métastannique.

Les lessives alcalines dissolvent le métal à chaud; il se dégage de l'hydrogène et il se forme des stannates alcalins.

238. Usages de l'étain. — L'étain est d'un grand usage pour la fabrication d'ustensiles de ménage. En feuilles minces, il sert à préserver un grand nombre de substances alimentaires de l'action de l'air et de l'humidité; son inaltérabilité à l'air le fait employer pour recouvrir et protéger le fer et le cuivre.

Ses alliages ont beaucoup d'importance; avec le plomb, il donne la *soudure;* avec le cuivre, il constitue le *bronze;* avec le mercure, il forme le *tain* des glaces.

239. Étamage. — L'étamage a pour but de recouvrir un métal oxydable et toxique comme le cuivre d'une légère couche d'étain, inoxydable et inoffensive. Pour étamer le cuivre, on le frotte à chaud avec du sel ammoniac ou mieux du chlorure d'ammonium et de zinc, pour le *décaper :* l'oxyde qui se trouve à la surface du métal et qui empêcherait l'adhérence de l'étain se change en chlorure que le frottement enlève facilement. On promène de l'étain fondu, avec un tampon d'étoupe, sur la surface chauffée du cuivre; il se forme alors un alliage qui ne présente qu'une mince épaisseur, mais qui peut résister un certain temps. On peut augmenter l'épaisseur de la couche d'étain en lui alliant $\frac{1}{10}$ de plomb; mais l'emploi de ce dernier métal doit être rejeté quand il s'agit d'ustensiles où l'on prépare les substances alimentaires. L'étamage d'un ustensile de cuivre doit être refait aussitôt que le cuivre se trouve à nu en quelque point.

Le **fer-blanc,** si employé pour la casserolerie ordinaire et pour un grand nombre d'objets, est du fer étamé. Les feuilles de fer laminées sont décapées dans un acide étendu, puis desséchées et immergées dans de la graisse fondue qui les préserve de l'oxydation. On les plonge dans un bain d'étain, recouvert lui-même de graisse, et quand on les sort, on les brosse et on les nettoie avec du son pour enlever l'excès d'étain. Le fer étamé se conserve très-bien quand la couche d'étain ne présente pas de solution de continuité; mais si le fer est à nu en un point, l'oxydation y est rapide, et la rouille se propage comme sur le fer ordinaire, et même bien plus facilement parce que les deux métaux forment un couple électrique où le fer est le métal attaquable sur lequel se porte l'oxygène de l'air et celui de l'eau décomposée. C'est pour ce motif que le fer-blanc coupé se détériore rapidement; l'oxydation commence sur les bords qui ne sont pas protégés et elle gagne toute la feuille.

Moiré du fer-blanc. — La surface du fer-blanc peut présenter un aspect cristallin auquel on donne le nom de **moiré métallique.** L'étain fondu et refroidi se prend en effet en cristaux à grandes lames enchevêtrées les unes dans les autres, qu'on peut rendre apparentes en enlevant la pellicule extérieure qui les masque. Pour faire le moiré, on chauffe, jusqu'à lui faire prendre une teinte jaune, une feuille étamée, placée horizontalement au-dessus d'un fourneau. On lave la feuille avec de l'acide sulfurique étendu d'eau; on l'égoutte bien et on y applique, au moyen d'une éponge, une liqueur acide contenant de l'eau régale qu'on n'y laisse agir que peu de temps, et sous l'action de laquelle les cristallisations apparaissent. On peut modifier, par certains artifices, l'aspect du moiré, et l'obtenir granulé ou étoilé. On préserve sa surface de l'oxydation par un vernis au copal.

On met encore en évidence la grande tendance de l'étain à former de beaux cristaux brillants par l'expérience suivante : on verse au fond d'une éprouvette longue et étroite une dissolution concentrée de protochlorure d'étain dans l'acide chlorhydrique, et, par-dessus, de l'eau avec assez de précaution pour que les liquides ne se mélangent pas; on descend alors dans l'éprouvette une baguette d'étain; après quelques jours, on voit des cristaux s'élancer de la baguette, et simuler grossièrement la forme sinueuse des éclairs : on donne à cette préparation le nom d'*arbre de Jupiter*.

COMPOSÉS DE L'ÉTAIN.

240. Les composés utiles de l'étain sont peu nombreux; le *bioxyde*, le *bisulfure* et les deux *chlorures* sont à peu près les seuls employés.

241. Oxydes de l'étain. — L'étain donne, avec l'oxygène, deux composés dont chacun est susceptible de se présenter sous plusieurs formes.

Protoxyde. — SnO. — Quand on précipite une dissolution de protochlorure d'étain par l'ammoniaque, on obtient une poudre blanche, insoluble dans l'eau, soluble dans les acides, c'est le protoxyde hydraté; il se suroxyde promptement en absorbant l'oxygène de l'air. Ce composé n'a qu'un intérêt théorique; il donne le protoxyde anhydre quand on le calcine, et ce dernier corps se présente sous trois aspects différents de couleur, sans changer de composition.

Bioxyde. — SnO^2. — Le bioxyde anhydre qui constitue le **cassitérite** se forme par l'oxydation à l'air de l'étain en fusion. C'est une poudre grise qui porte le nom de **potée d'étain** et qu'on prépare en assez grande quantité pour les émaux, c'est-à-dire pour les vernis blancs et opaques dont on recouvre les poteries.

L'oxydation de l'étain à l'air serait très-longue; on la favorise par la présence du plomb qui s'oxyde rapidement et que l'étain désoxyde pour s'oxyder lui-même.

Le bioxyde d'étain hydraté se présente sous deux formes :

Celui qu'on obtient en décomposant le bichlorure d'étain par un carbonate alcalin et que l'on appelle **acide stannique.** SnO^2,HO;

Celui qui prend naissance par l'action de l'acide azotique sur le métal, qui répond à la formule $Sn^5O^{10},10HO$ et qu'on appelle acide **métastannique.**

L'un comme l'autre est une poudre blanche, insoluble dans l'eau, soluble dans les alcalis, mais le premier seul est soluble dans les acides. On les différencie surtout par les sels qu'ils donnent avec la potasse et la soude; ainsi, tandis que le premier SnO^2HO donne des stannates de la forme $KOSnO^2$, le second donne des métastannates qui répondent à la formule KO,Sn^5O^{10}. On peut d'ailleurs les transformer l'un dans l'autre, puisqu'il suffit de chauffer l'acide stannique pour le transformer en acide métastannique.

Le premier est sans emploi; cependant la teinture utilise le stannate de soude. Mais l'acide métastannique sert à la préparation d'une couleur céramique, le **pink-colour**, qui donne à la faïence une teinte rouge œillet; on l'emploie aussi pour donner de l'opalescence à certains verres

242. **Sulfures d'étain.** — L'étain donne deux sulfures que l'on obtient tous deux par voie humide en précipitant un sel d'étain par l'hydrogène sulfuré.

Le *protosulfure*, SnS, obtenu dans une solution de protochlorure, est un précipité brun marron.

Le *bisulfure*, SnS^2, produit dans le bichlorure, est un précipité d'un jaune sale, soluble comme le précédent dans le sulfure d'ammonium. Ils ne servent l'un et l'autre que pour caractériser les solutions stannifères.

Or mussif. — Le bisulfure, obtenu par voie sèche, est une matière écailleuse, grasse au toucher, d'une belle couleur jaune. C'est l'**or mussif** employé pour bronzer les objets en plâtre et surtout pour frotter les coussins des machines électriques. On l'obtient en chauffant graduellement au bain de sable jusqu'au rouge un amalgame de 12 d'étain et 6 de mercure avec 7 de fleur de soufre et 6 de sel ammoniac. Il se forme différents produits volatils qui se subliment dans le col du matras, tandis que le bisulfure se retrouve dans le fond.

243. **Protochlorure d'étain.** — SnCl. — Le protochlorure d'étain peut s'obtenir à l'état anhydre par l'action du gaz chlorhydrique sur l'étain. A l'état hydraté, SnCl2HO, il porte le nom de **sel d'étain des teinturiers.** On l'obtient en dissolvant le métal dans de l'acide chlorhydrique; l'action commence à froid; mais pour la continuer il faut chauffer le liquide vers 70°; il se dégage de l'hydrogène d'une odeur alliacée et fétide. On abandonne la solution concentrée dans des vases de grès où elle cristallise.

Le sel d'étain du commerce a l'aspect d'une masse cristalline à petites aiguilles blanches, devenant rapidement jaunâtres. Il est très-soluble dans l'eau et s'y dissout en produisant un abaissement de température; si la quantité d'eau ajoutée est plus de trois fois le poids du chlorure, ou si l'on étend d'eau une solution limpide, le liquide se trouble, et il se dépose un précipité blanc d'oxychlorure d'étain en même temps qu'il reste en solution un chlorure double; c'est l'eau qui a été décomposée et ses deux éléments sont rentrés l'un et l'autre en combinaison :

$$3(SnCl) + HO = \underset{\text{Oxychlorure.}}{SnCl,SnO} + \underset{\text{Chlorure double.}}{SnCl,HCl.}$$

L'acide chlorhydrique empêche le trouble et la précipitation.

La propriété la plus saillante du protochlorure d'étain, c'est sa facilité à s'oxyder qui en fait un puissant réducteur. Solide, il jaunit en produisant de l'oxyde d'étain et du bichlorure :

$$2(SnCl) + 2O = SnCl^2 + SnO^2.$$

Les agents oxydants et chlorurants produisent le même effet. La solution du protochlorure réduit les sels de mercure et les sels de fer. Cette dernière réaction est facile à mettre en évidence ; elle explique l'emploi du sel d'étain dans les ateliers d'indiennerie. Qu'on humecte avec une solution chlorhydrique de sel d'étain une tache de rouille sur un linge blanc, un lavage enlève la tache sans altérer le tissu : le sel d'étain a ramené le sesquioxyde de fer à l'état de protoxyde qui s'est dissous dans l'acide chlorhydrique, et l'eau a enlevé ce produit.

Si sur une étoffe teinte uniformément en brun ou en noir avec des composés de fer on imprime par places du sel d'étain, et qu'on lave, tout ce que le chlorure aura touché deviendra soluble et sera enlevé par l'eau ; on produira donc des dessins blancs sur fond coloré, en rongeant la couleur par le sel d'étain : celui-ci est appelé **rongeant** quand il produit cet effet.

La teinture l'emploie aussi comme **mordant** incolore, surtout pour les rouges, qu'il fixe en relevant leur éclat.

244. Bichlorure d'étain. — $SnCl^2$. — Le bichlorure d'étain se forme à l'état anhydre quand on fait passer un courant de chlore sec sur de la grenaille d'étain légèrement chauffée dans une cornue de verre. La combinaison a lieu avec production de lumière, et le composé volatil formé va se condenser dans un récipient refroidi.

C'est un liquide incolore, d'une odeur désagréable ; il répand à l'air d'épaisses fumées blanches qui l'ont fait appeler **liqueur fumante de Libavius** ; elles sont dues à la formation d'un hydrate. Le bichlorure d'étain a en effet une très-grande affinité pour l'eau ; quand on le jette dans ce liquide, il fait entendre un frémissement analogue à celui qu'y produit un fer rouge.

Il se décompose dans un excès d'eau en déposant de l'oxyde d'étain ; ici encore, comme avec le protochlorure, l'eau est décomposé :

$$SnCl^2 + 3HO = SnO,HO + 2HCl.$$

Le bichlorure d'étain a une grande tendance à se combiner aux chlorures des métaux des deux premières sections pour donner des chlorures doubles ; on l'appelle un *chlorure acide*.

Hydraté, il est employé dans la teinture sous le nom d'**oxymuriate d'étain** et obtenu par l'action du chlore sur le protochlorure ou ses eaux-mères.

245. Caractères des sels d'étain. — Toutes les combinaisons de l'étain, chauffées sur le charbon avec un peu de carbonate de soude et de borax, donnent un globule métallique, *sans que le charbon se recouvre d'aucun enduit.*

Les dissolutions donnent avec les alcalis un précipité blanc soluble dans un excès du réactif.

L'hydrogène sulfuré sert à distinguer les sels de protoxyde, où il donne un précipité **brun foncé**, des sels de bioxyde dans lesquels il produit un précipité **jaune marron**.

Exercice. — 20. On transforme en feuilles de $0^{mm},004$ d'épaisseur 1 kilogramme d'étain : quelle surface pourrait-on recouvrir avec elles ?
Quel poids de stannate de soude produirait-on avec cette quantité d'étain ?

CHAPITRE XXI

NICKEL. — COBALT. — ANTIMOINE. — BISMUTH. — PRINCIPAUX COMPOSÉS

NICKEL.

246. **Préparation et propriétés du nickel.** — Le nickel existe dans un arséniure appelé *kupfer-nickel*, que l'on trouve dans les Pyrénées, les Alpes et l'Algérie, dans le résidu de la préparation du smalt à l'état de sulfo-arséniure de nickel appelé *speiss*, dans des minerais de la Nouvelle-Calédonie à l'état de silicate de magnésie et de nickel. Pour extraire le métal de l'arséniure ou du speiss, on chauffe le minerai avec du soufre et du carbonate de potasse, il se forme du sulfure double d'arsenic et de potassium insoluble dans l'eau et du sulfure de nickel insoluble. Celui-ci, grillé et traité par l'acide sulfurique donne du sulfate de nickel qui, traité par la potasse, produit l'oxyde hydraté de nickel. En réduisant cet oxyde par le charbon dans un creuset brasqué on obtient le nickel du commerce.

Pour obtenir le métal pur on fait son oxalate et on le décompose par la chaleur

$$(NiO)^2C^4O^6 = 2Ni + 4(CO^2).$$

Le nickel est un métal blanc qui peut se forger à chaud. Il est ductile et malléable comme le fer, magnétique comme lui, mais plus tenace que lui.

Il ne s'altère pas à l'air à froid et il faut une température élevée pour l'oxyder.

Il est employé pour protéger contre l'altération à l'air les métaux comme le fer. On le dépose sur les objets de fer par voie électrolytique en décomposant par le courant électrique une dissolution de sulfate double de nickel et d'ammoniaque. Il est aussi employé pour la confection d'alliages de couleur blanche, peu altérables à l'air et dont les deux plus importants sont le *maillechort* et la petite monnaie de Belgique.

247. **Composés du nickel.** — On connaît trois oxydes de nickel : le *protoxyde* vert, obtenu en calcinant l'hydrate ou le carbonate et que la nature présente cristallisé en vert émeraude; le *sesquioxyde* noir produit en calcinant l'azotate, et un *oxyde magnétique* de la formule Ni^3O^4.

Les sels intéressants sont le *sulfate* en cristaux verts, le *sulfate double de nickel et d'ammoniaque* qui sert au nickelage, l'*oxalate* de couleur vert pâle.

Les dissolutions sont vertes. L'ammoniaque les colore en bleu ou en violet sans les précipiter si elles sont acides. Le sulfure d'ammonium y donne un précipité de sulfure noir.

COBALT

248. Préparation et propriétés. — Le cobalt se rencontre à l'état d'arséniure appelé *smaltine* ou de sulfo-arséniure appelé *cobalt-gris* ou *cobaltine.*

Le métal est extrait de son minerai par une méthode analogue à celle qui est employée pour le nickel. On chauffe l'arséniure de cobalt avec du carbonate de potasse et du soufre; on obtient le sulfure de cobalt qui, traité par l'acide sulfurique donne un sulfate d'où la potasse précipite un oxyde qui est l'oxyde hydraté du commerce. Pour avoir le métal pur on transforme l'oxyde en oxalate et on calcine ce dernier qui laisse le métal comme résidu.

Le cobalt métallique a des propriétés analogues à celles du nickel; mais il est moins employé que ce dernier.

249. Composés du cobalt. — Il y a trois oxydes de cobalt. Le *protoxyde* que l'on obtient en calcinant l'hydrate ou le carbonate est vert quand il a été produit à l'abri de l'air, noir dans le cas contraire. Il se dissout dans le borax et donne un verre d'un beau bleu. En combinaison avec la magnésie, l'alumine et l'oxyde de zinc il donne des composés roses, bleus ou verts. Il sert à colorer la porcelaine et les verres.

Le *chlorure de cobalt* obtenu en dissolvant dans l'acide chlorhydrique le carbonate ou l'oxyde est en dissolution rouge ou en cristaux rouge-grenat. La dissolution devient bleue sous l'influence de la chaleur. Ce changement de couleur l'a fait employer comme encre sympathique et aussi pour les fleurs artificielles, dites fleurs barométriques. Si l'on écrit avec une dissolution étendue de chlorure de cobalt, les caractères sont invisibles sur le papier; mais si on chauffe la feuille ils apparaissent en bleu, pour disparaître en refroidissant et en absorbant l'humidité de l'air. Si l'on imprègne une étoffe d'une dissolution concentrée de chlorure de cobalt et qu'on la laisse exposée à l'air sec, la couleur vire au violet et même au bleu pour redevenir rose quand l'air redevient humide.

Le *smalt ou azur* est un verre bleu, en poudre fine que l'on emploie dans la peinture sur porcelaine. C'est un silicate de potasse et de cobalt obtenu de la manière suivante. On grille le minerai de cobalt et de nickel pour le débarrasser de l'arsenic, puis on calcine le résidu avec du sable blanc et de la potasse. La masse fondue est en deux couches, l'inférieure qui est du *speiss* et qu'on emploie comme minerai de nickel et celle du dessus que l'on broie, que l'on pulvérise et qu'on lévigue, pour obtenir les poudres fines d'un bleu clair, constituant le smalt ou bleu d'azur.

Le *bleu Thénard* est obtenu en calcinant un mélange intime de phosphate de cobalt et d'alumine en gelée.

Les sels de cobalt donnent au chalumeau une perle bleue avec le borax.

ANTIMOINE ($Sb = 120$)

250. Extraction et propriétés. — L'antimoine décrit au XVe siècle par Basile Valentin existe dans différents minerais naturels dont le plus important est le sulfure (SbS^3) appelé *stibine*. Par fusion on sépare ce sulfure du quartz et des autres roches qui y sont mélangées. On grille le sulfure pour obtenir un mélange de sulfure et d'oxyde qu'on calcine avec du carbonate de soude et du charbon. L'antimoine métallique obtenu n'est pas pur, il faut le fondre avec un mélange d'azotate et de carbonate de soude secs.

L'antimoine est d'un blanc d'argent; sa structure est cristalline, il est cassant et facile à pulvériser.

Il est inoxydable à l'air à la température ordinaire; mais au rouge, il brûle facilement à l'air en répandant des fumées blanches d'oxyde d'antimoine. Pour faire l'expérience, on laisse tomber d'une certaine hauteur sur une planche de l'antimoine bien rouge; le métal est projeté en globules très petits qui s'enflamment avec vivacité en donnant des gerbes d'étincelles.

L'antimoine est dissous par l'acide azotique et par l'eau régale; il ne l'est que très lentement par les autres acides. Il brûle dans le chlore.

Le métal entre dans la composition des caractères d'imprimerie.

231. Composés de l'antimoine. — Les oxydes, les sulfures et les chlorures sont les composés les plus intéressants.

L'antimoine forme avec l'oxygène, l'oxyde d'antimoine et l'acide antimonique.

L'*oxyde d'antimoine* (SbO^3) est obtenu par l'oxydation du métal à l'air chaud : on chauffe de l'antimoine dans un creuset percé de deux ouvertures latérales et recouvert d'un creuset à fond percé; un courant d'air passe sur le métal chauffé qui se transforme en oxyde et celui-ci se dépose à la partie supérieure du creuset en aiguilles brillantes.

On l'obtient hydraté en versant à froid du chlorure d'antimoine dans une solution de carbonate de soude.

C'est un produit qui a plus d'une analogie avec l'acide arsénieux. Il peut jouer le rôle de base et le rôle d'acide, il se dissout dans le bitartrate de potasse pour donner l'émétique.

L'*acide antimonique* (SbO^5) s'obtient quand on chauffe l'antimoine en poudre avec l'acide azotique concentré. Il se combine aux bases pour donner les antimoniates.

Celui qu'on obtient en décomposant par l'eau le perchlorure d'antimoine est un acide bibasique que M. Fremy a appelé *méta-antimonique* et qui donne avec les alcalis les méta-antimoniates. Le biméta-antimoniate de potasse (SbO^5KoHo) est le réactif des sels de soude qu'il précipite en blanc.

Les *sulfures* d'antimoine ont une composition analogue à celles des oxydes. Le *proto-sulfure* (SbS^3) naturel est le minerai d'antimoine et l'un des corps qui sert à préparer l'hydrogène sulfuré. On l'obtient sous forme d'un précipité rouge orangé en faisant passer un courant d'hydrogène sulfuré dans une solution de chlorure d'antimoine; c'est un sulfure acide soluble dans les sulfures alcalins.

Chauffé à l'air il s'oxyde peu à peu et la masse formée de l'oxyde formé et du sulfure non attaqué fond facilement et donne une masse vitreuse d'*oxysulfure* appelée *verre d'antimoine*.

Le *kermès* est un oxysulfure obtenu en faisant bouillir une partie de sulfure pulvérisé avec vingt-deux parties de carbonate de soude desséché et deux cent cinquante parties d'eau.

Le *pentasulfure* (SbS^5) est une poudre rouge orangé, obtenue en faisant passer un courant d'acide sulfhydrique dans du perchlorure.

Chlorures. Il y a deux chlorures correspondant aux deux oxydes. Le *protochlorure* ($SbCl^3$) que l'on prépare en distillant dans une cornue de verre, une partie d'antimoine pulvérisé avec deux parties de bichlorure de mercure est une masse incolore d'apparence butyreuse appelée *beurre d'antimoine.* On l'emploie pour cautériser les piqûres d'animaux venimeux et pour bronzer les armes. Il est soluble dans un peu d'eau, mais si l'on ajoute une plus grande quantité de ce liquide il se précipite une poudre blanche, sorte d'oxychlorure appelé *poudre d'Algaroth,* employée autrefois en médecine comme l'émétique.

Le *perchlorure* ($SbCl^5$) est un liquide fumant obtenu en faisant passer du chlore sur le protochlorure.

Les sels d'antimoine en solution se décomposent par l'eau et blanchissent, sauf les émétiques (tartrates).

L'acide sulfhydrique y donne un précipité rouge orangé.

BISMUTH Bi 212.

252. Extraction et propriétés. — Le bismuth se trouve dans la nature, en Saxe et en Bohême, à l'état natif. Il est assez fusible pour qu'on puisse le séparer facilement de sa gangue en le fondant dans des tubes inclinés chauffés. Pour le purifier, on le fond avec du nitre. On peut encore avoir du bismuth pur en calcinant l'azotate avec un mélange de carbonate de soude et de charbon.

C'est un métal d'un blanc jaunâtre qui fond à 264° et qui augmente de volume en se solidifiant. On le fait cristalliser par fusion comme le soufre et l'on obtient de beaux cristaux rhomboédriques disposés en trémies et dont la surface s'irise des plus vives couleurs par une très mince couche transparente d'oxyde que la lumière colore comme les bulles de savon. Allié à d'autres métaux il donne des alliages très fusibles, témoin l'alliage de Darcet (page 11).

C'est le type des métaux diamagnétiques.

253. Composés de bismuth. — Le bismuth ne s'altère pas à l'air à la température ordinaire; mais dans l'eau aérée il se transforme en hydrate et même en carbonate blanc. Il donne deux *oxydes* de même formule que les oxydes d'antimoine.

Le métal pulvérisé s'enflamme dans le chlore en donnant un chlorure volatil. On prépare un chlorure hydraté en dissolvant le bismuth dans l'eau régale. Ce composé agité avec de l'eau donne un oxychlorure en poudre blanche employé comme fard sous le nom de *blanc de perle.*

Le sel le plus intéressant est l'*azotate* qui se présente sous plusieurs formes. L'azotate proprement dit ($BiO^3,3AzO^5 + 3Aq$) est obtenu par l'action de l'acide azotique concentré sur le bismuth; il donne de gros cristaux incolores, transparents et déliquescents. Soluble sans décomposition dans une petite quantité d'eau, il se décompose dans une plus grande quantité de ce liquide; le précipité qui se produit est une poudre blanche en écailles nacrées que l'on emploie en médecine pour combattre la diarrhée sous le nom de *sous-nitrate* ou encore d'*azotate basique* de bismuth ($BiO^3,_1AzO^5 + Aq$).

Les composés du bismuth se rapprochent des composés de l'antimoine en ce qui regarde l'action de l'eau. Mais l'acide sulfhydrique y produit un précipité noir insoluble dans les sulfures alcalins.

CHAPITRE XVI

PLOMB. — Pb = 103.

254. **État naturel.** — Le plomb est connu depuis les temps historiques; les Romains le tiraient des Gaules et de l'Espagne et n'ignoraient pas qu'en général il renferme un peu d'argent. Les anciens alchimistes lui avaient donné le nom de **saturne**, en raison de son avidité pour les autres métaux; on retrouve encore ce nom usité dans la dénomination de certains de ses sels.

Le plomb se rencontre dans la nature à l'état de sulfure, de sulfate et de carbonate. Le sulfure est le minerai le plus répandu et le plus important; c'est la **galène** qui présente un aspect métallique, d'un gris brillant, à faces cristallines. La galène se rencontre surtout dans les terrains anciens associée à d'autres sulfures et souvent recouverte de sulfate ou de carbonate. Elle renferme presque toujours un peu d'argent qui ajoute à sa valeur. Les gisements les plus considérables sont en *Angleterre* et en *Allemagne*; la *France* n'en possède que peu, en *Bretagne*. Quand elle est pure, elle contient 85 p. % de plomb. Habituellement, au sortir de la mine, elle est accompagnée de beaucoup de gangue, dont on la débarrasse en partie en la concassant et en la soumettant à des lavages qui entraînent les matières terreuses. Cependant, lorsque les galènes sont argentifères, on ne peut pas pousser bien loin cette séparation mécanique, parce qu'il y aurait perte d'argent.

255. **Métallurgie du plomb.** — 1. Les minerais oxydés sont chauffés avec du charbon dans un petit four à manche muni de tuyères; on recueille le plomb fondu dans un creuset.

2. Les galènes riches sont grillées sans addition d'aucun corps étranger; les deux éléments s'oxydent, de sorte qu'après un certain temps de l'action de l'air et de la chaleur il se trouve dans la masse de l'oxyde de plomb, du sulfate qui s'est formé par le dégagement d'acide sulfureux et sa transformation en acide sulfurique, et enfin du sulfure que l'air n'a pas attaqué. Si alors on continue de chauffer, ces trois corps réagissent l'un sur l'autre; le plomb est mis en liberté et coule liquide dans la partie déclive du four. Cette méthode a reçu le nom de méthode *par réaction*, pour indiquer que le métal est obtenu par l'action du sulfure sur l'oxyde et sur le sulfate d'abord formés :

$$PbS + 2PbO = SO^2 + 3Pb,$$
$$PbS + PbOSO^3 = 2SO^2 + 2Pb.$$

L'opération a lieu dans un four à réverbère chauffé, sur la sole duquel on charge la galène pulvérisée et où des portes latérales donnent accès à l'air. Le grillage effectué, on supprime l'accès de l'air et on donne un bon coup de feu pour déterminer les réactions; le plomb métallique coule vers un bassin, où il se maintient liquide et où il est puisé pour être coulé en lingots.

3. *Méthode par réduction.* — Quand les galènes sont un peu siliceuses, on ne peut pas leur faire subir le traitement précédent. On a recours alors à l'action du fer qui, ayant plus d'affinité pour le soufre que le plomb, peut l'enlever aux galènes et mettre le métal en liberté. L'opération s'exécute dans des fours assez longs (*fig.* 71), qu'il faut surmonter d'une cuve ou de chambres de condensation destinées à arrêter les vapeurs et poussières plombifères entraînées par les gaz. On accumulait autrefois dans ces fours un mélange de galène avec 15 p. % de ferraille ou de fonte et autant de scories de forge; l'opération était coûteuse à cause du prix de la fonte et du fer. Aujourd'hui on n'emploie plus avec la galène que des minerais de fer que la chaleur réduit d'abord et dont le métal prend le soufre de la galène.

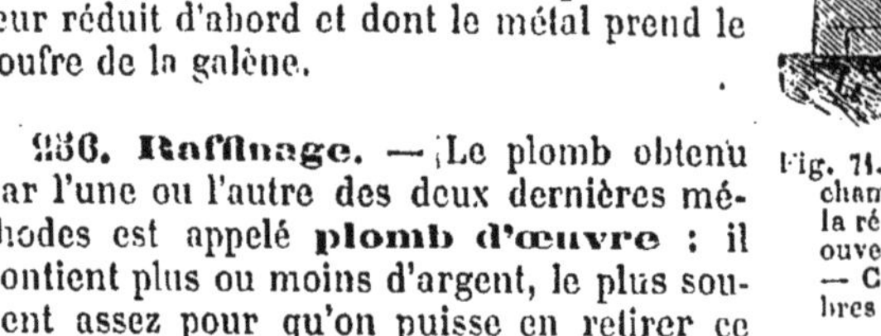

Fig. 71. — Fourneau à cuve et à chambre de condensation pour la réduction des galènes. — A, ouverture du four; — B, cuve; — C, maçonnerie; — D, chambres de condensation.

236. Raffinage. — Le plomb obtenu par l'une ou l'autre des deux dernières méthodes est appelé **plomb d'œuvre** : il contient plus ou moins d'argent, le plus souvent assez pour qu'on puisse en retirer ce métal avec avantage. Lorsque la quantité d'argent est extrêmement faible, ou que les plombs sont impurs, on les raffine avant de les livrer au commerce ou à la désargentation.

Le raffinage consiste à refondre le plomb, à le chauffer assez pour oxyder les impuretés; on décrasse et on écume le bain liquide de temps à autre, et enfin on coule en lingots. On retire des crasses traitées comme minerais un plomb arsenical qu'on emploie de préférence à la fabrication du plomb de chasse.

237. Désargentation. — Le premier procédé suivi pour enlever l'argent au plomb d'œuvre est la *coupellation*, que nous décrirons au chapitre de l'argent; il est à peu près abandonné ; il avait en effet l'inconvénient grave de transformer tout le plomb en *litharge* (oxyde) dont on ne tirait pas toujours facilement bon parti. On opère aujourd'hui par deux méthodes remarquables : le **pattinsonage** et le **zincage**, qui ont l'une et l'autre pour but de séparer les plombs d'œuvre en deux portions dont l'une contient tout l'argent et sert à l'extraction de ce métal et dont l'autre constitue le **plomb pauvre** ou **plomb doux** du commerce.

Pattinsonage. — Ce procédé, dû à l'ingénieur *Pattinson*, est basé sur ce que le plomb argentifère fondu se partage par le refroidissement en plomb presque pur, qui se prend en cristaux, et en alliage plus riche en argent que le plomb primitif, qui reste liquide. Si donc on fait fondre du plomb argentifère, et qu'on le laisse refroidir, on peut retirer de la chaudière (*fig.* 72), avec une écumoire, des cristaux de plomb pauvre, tandis qu'il reste une seconde partie enrichie du métal précieux. En faisant subir la même opération à la partie enrichie d'une part, et à la partie appauvrie de l'autre, on obtient d'un côté du plomb un peu plus riche, de l'autre du plomb plus pauvre; au bout d'un nombre suffisant d'opérations, on arrive, d'un côté, au plomb destiné à être traité pour l'argent; de l'autre, au plomb le plus pauvre, qui constitue le plomb marchand. L'industrie effectue aujourd'hui cette opération sur presque tous les plombs.

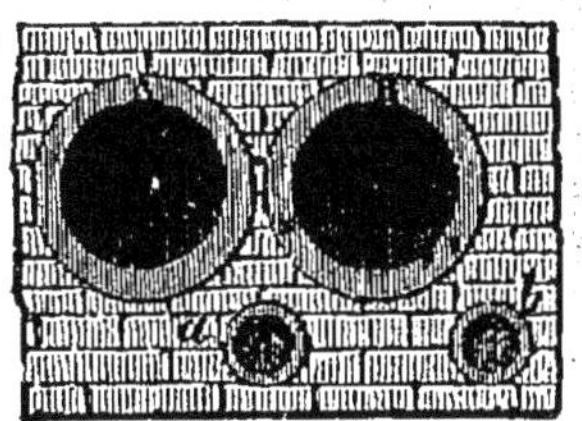

Fig. 72. — Chaudières accouplées pour le pattinsonage. —A, B, chaudières de fusion; — *a*, *b*, chaudières de dépôt.

Zincage. — Si l'on mélange au plomb fondu une quantité de zinc égale à environ 30 fois le poids de l'argent contenu dans le plomb, le zinc s'empare de l'argent et d'un peu de plomb, et forme un alliage qui monte à la surface du bain, sous forme d'écumes. Ces écumes recueillies et distillées se séparent en deux parties; le plomb et l'argent d'une part, d'autre part, le zinc qui passe à la distillation et que l'on peut réemployer. Le plomb appauvri retient un peu de zinc dont on le débarrasse facilement par un raffinage. Tel est le procédé moderne de la désargentation des plombs par le zinc, qui paraît être de tous le plus économique.

258. **Propriétés physiques du plomb.** — Le plomb est d'un gris bleuâtre, très-brillant quand il vient d'être coupé ou coulé, mais se ternissant rapidement à l'air. Sa densité est de 11, 4.

C'est le plus mou des métaux usuels; on le raye avec l'ongle; on le plie sous le doigt; on le coupe au couteau; il laisse une trace grise sur le papier. Il peut être laminé, mais on ne peut l'étirer en fils très-fins; il est le moins tenace des métaux.

Il fond à 330° et se volatilise en rouge; chauffé une heure dans un four à porcelaine, il peut perdre jusqu'à 9 p. % de son poids; aussi faut-il tenir compte de cette propriété dans les opérations métallurgiques.

259. **Propriétés chimiques du plomb.** — Le plomb se ternit rapidement à l'air; mais l'altération s'arrête à la surface, car l'oxyde formé est un vernis imperméable qui recouvre et protége les couches profondes.

Si on fond le métal à l'air, l'oxydation est plus rapide, et si l'on enlève l'oxyde à mesure qu'il se forme, on peut transformer en très-peu de temps une assez grande masse de plomb en oxyde.

L'eau distillée et l'eau de pluie, au contact de l'air, altèrent le plomb et le recouvrent d'une couche blanche d'hydrocarbonate. L'eau ordinaire de source, qui contient quelques sels en dissolution, n'a au contraire aucune action sur le plomb. On peut mettre ce double fait en évidence en abandonnant pendant une heure du plomb, fraîchement coulé et présentant une grande surface, dans deux verres, contenant l'un de l'eau distillée, l'autre de l'eau de source; après qu'on a retiré le plomb, on verse de l'hydrogène sulfuré dans les deux verres; seul, le liquide du premier noircit, dénotant la présence dans l'eau d'un composé plombique. L'action des eaux sur le plomb présente une importance de premier ordre au point de vue de l'hygiène; aussi a-t-elle été l'objet de nombreux travaux. Il faut éviter de recueillir les eaux pluviales dans des récipients de plomb; car elles y acquièrent des propriétés toxiques. Les tuyaux de plomb peuvent être employés sans danger à la conduite de la plupart des eaux courantes, toujours chargées de petites quantités de sels dissous : leur surface interne se recouvre d'un léger dépôt qui forme enduit et préserve l'eau du contact du métal. Les eaux courantes, chargées de matières organiques ou de nitrates, agissent comme les eaux de pluie, à moins toutefois qu'elles ne contiennent des sulfates et des carbonates qui empêchent alors la dissolution du plomb.

L'acide azotique attaque le plomb avec facilité, même à froid; il y a dégagement de vapeurs rutilantes et formation d'azotate de plomb. L'acide chlorhydrique ne dissout le plomb qu'à chaud. L'acide sulfurique étendu n'attaque pas sensiblement le plomb; mais l'acide concentré le dissout partiellement à froid, et totalement à chaud; c'est pourquoi on peut se servir de chambres de plomb pour fabriquer cet acide et de vases de plomb pour commencer à le concentrer; mais on ne peut y opérer la concentration complète. Les acides organiques attaquent le plomb à froid et donnent avec lui des sels vénéneux.

260. Usages du plomb. — La facilité du plomb à se plier sans cassure ni gerçure le fait employer en feuilles pour tapisser les cuves pneumatiques des laboratoires et l'intérieur des réservoirs. Les fils très-souples et peu altérables servent aux jardiniers pour fixer les plantes à leurs tuteurs. La grande mollesse du métal est utilisée pour relier des pièces d'autres métaux, et obtenir, par pression, des fermetures hermétiques. L'industrie de l'acide sulfurique emploie des quantités considérables de plomb pour les chambres et les premières chaudières évaporatoires. Enfin le plomb sert en tuyaux pour la conduite des eaux et du gaz; la souplesse du métal permet de faire suivre aux tuyaux les courbures les plus accidentées.

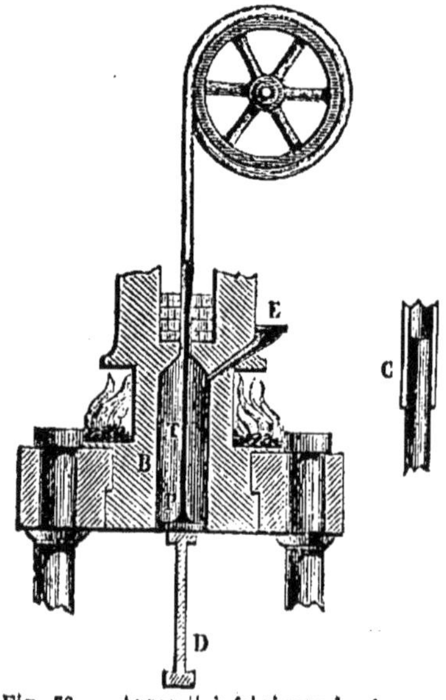

Fig. 73. — Appareil à fabriquer les tuyaux de plomb. — B, bassin contenant le plomb en fusion; — P, piston muni de sa tige T et qu'un organe D fait monter; — C, tube dans lequel est envoyé le plomb fondu, et où la tige du piston ne laisse qu'un espace annulaire.

Tuyaux de plomb. — Pour fabriquer les tuyaux, on fait venir le plomb fondu dans un réservoir où un piston muni d'une longue tige peut se mouvoir (*fig.* 73); cette tige s'engage dans une ouverture cylindrique qu'elle ne remplit pas complétement; le mouvement de piston pousse le plomb fondu dans l'espace annulaire compris entre la tige et le cylindre; le plomb se fige hors du récipient en un cylindre creux que l'on enroule sur un tambour. On peut, avec cet appareil, faire des tuyaux d'une très-grande longueur.

Plomb de chasse. — Pour obtenir les grains sphériques du plomb, il faut laisser tomber de haut, dans un bassin d'eau, des gouttes de plomb liquide. L'expérience a appris qu'on n'obtiendrait que des grains en larmes avec le plomb seul, et que la forme sphérique est obtenue quand on ajoute au plomb fondu de 5 à 8 millièmes d'arsenic. On fond le plomb dans de grandes bassines au-dessous d'une couche de cendres : on y ajoute du sulfure d'arsenic en quantité convenable; on enlève les crasses, et on coule le métal fondu dans des *passoires* chauffées, c'est-à-dire dans des demi-sphères en tôle percées de trous parfaitement ronds. Il faut que la hauteur de chute soit d'au moins 50 mètres ; aussi ne peut-on faire cette opération que dans les vieilles tours ou dans les puits de mines. On crible les grains pour les assortir, et on les lisse en les faisant tourner dans un tonneau avec un peu de plombagine.

261. Alliages du plomb. — Le plomb peut s'allier avec tous les métaux; ses alliages les plus importants sont ceux qu'il donne avec l'antimoine et l'étain, et aussi avec le fer.

L'antimoine donne de la dureté au plomb et l'on se sert de cet alliage pour la fabrication des caractères d'imprimerie. Il fond facilement, devient parfaitement liquide et peut reproduire les moules avec précision. De plus, il est assez dur pour ne pas se déformer sous l'action des presses.

L'étain s'allie au plomb en toutes proportions, et donne des alliages dont le point de fusion est toujours plus faible que celui des deux métaux constitutifs. Le plus employé est la *soudure des plombiers*.

Le plus oxydable est formé de 4 parties de plomb pour 1 partie d'étain; il brûle comme de l'amadou et sert à préparer la *potée d'étain*, qu'on emploie pour émailler les faïences.

Tôle plombée. — On peut recouvrir de plomb la tôle de fer dans le but de la faire servir aux toitures ; elle est moins lourde que le plomb et dure plus que le zinc.

Le procédé pour l'obtenir consiste à plonger le fer décapé dans un bain de plomb qu'on préserve de l'oxydation par un mélange de chlorure de zinc et de sel ammoniac (on ne peut employer les graisses parce qu'elles se décomposent à la température de fusion du plomb).

COMPOSÉS DU PLOMB.

262. Protoxyde de plomb (massicot, litharge). — PbO. — Le protoxyde de plomb est le produit de la calcination du plomb à l'air : si la température ne s'est pas élevée jusqu'à le fondre, c'est une poudre jaune que l'on appelle **massicot** ; s'il a été fondu, il porte le nom de **litharge**; il se présente alors sous des aspects variés, en petites lamelles cristallines blanches, jaunes ou rouges.

Le massicot se prépare dans l'industrie par la calcination du plomb sur des soles horizontales ; on enlève la pellicule d'oxyde à mesure qu'elle se forme ; on le broie et on le débarrasse par lévigation du plomb métallique qui l'accompagne.

La litharge est produite dans le traitement du plomb pour en retirer l'or et l'argent; l'oxyde en fusion est reçu dans de grands creusets où il se refroidit lentement pour donner la litharge rouge.

L'oxyde de plomb hydraté s'obtient en précipitant un sel de plomb par l'ammoniaque.

L'oxyde de plomb est un peu soluble dans l'eau, à laquelle il communique une légère réaction alcaline. En fusion, il attaque les creusets de terre avec une telle rapidité qu'il suffit de quelques minutes pour les percer; il se combine alors avec la silice en donnant un silicate très-fusible. Il se combine facilement avec les acides forts en donnant des sels très-stables, comme une base puissante. Il est réduit par le charbon et peut servir, comme tel, à estimer la valeur d'un combustible.

Il sert à préparer les sels de plomb, notamment l'acétate et la céruse, à rendre les huiles siccatives. Combiné avec un alcali, il donne un sel où il joue le rôle d'acide qui a été parfois employé pour teindre les cheveux en noir.

263. **Bioxyde de plomb.** — PbO^2. — Le bioxyde de plomb, qu'on nomme souvent *oxyde puce* à cause de sa couleur, est une poudre d'un rouge brun foncé. C'est un oxydant énergique. Ainsi, lorsqu'on le broie dans un mortier un peu chaud avec $\frac{1}{6}$ de son poids de fleur de soufre, le mélange prend feu.

Si on le projette humide dans un flacon d'acide sulfureux, il transforme cet acide en acide sulfurique qui forme avec l'oxyde restant une poudre blanche de sulfate de plomb.

Il se combine avec les bases pour donner des sels, les plombates, où il fonctionne comme acide; aussi lui a-t-on donné le nom d'*acide plombique*.

On l'obtient en attaquant le minium par l'acide azotique étendu et chaud; il reste comme résidu après qu'un lavage a enlevé l'azotate de plomb formé. Il n'a d'usage que dans les laboratoires.

264. **Minium.** — Pb^3O^4 ou $(PbO)^2,PbO^2$. — Le minium est une poudre rouge brillante dont la composition n'est pas constante, mais qu'on s'accorde à considérer comme du plombate de plomb ($2PbO$, PbO^2). L'acide azotique lui enlève en effet le protoxyde PbO en laissant le bioxyde; et d'ailleurs M. Frémy l'a obtenu hydraté, sous forme d'un précipité jaune devenant rouge par calcination, en mélangeant des solutions alcalines de protoxyde et de peroxyde de plomb.

Le produit commercial est obtenu par la calcination du massicot dans des fours ordinairement à deux étages. On convertit dans l'un le plomb fondu en massicot en évitant de fondre l'oxyde formé. Le massicot est lavé, tamisé, desséché, puis soumis à une seconde calcination ménagée qui en change la couleur; il absorbe de l'oxygène et se convertit en minium. Il ne faut pas dépasser la température de 300°, car le minium par une chaleur trop forte abandonne de l'oxygène et se décompose.

Le minium le plus estimé est la **mine orange**, obtenue en Angleàerre par la calcination de la céruse.

Le minium sert à la fabrication du strass, du flint-glass et du cristal qui lui doivent leur limpidité et leur pouvoir réfringent ; on le préfère à la litharge parce qu'il est ordinairement plus pur (il doit être complètement exempt de cuivre) et qu'il abandonne, en se transformant en silicate, de l'oxygène capable de détruire les traces des matières organiques qui accompagnent la soude. Il sert à faire des mastics pour luter les jointures des machines. On l'emploie pour colorer les papiers de tenture, la cire à cacheter, etc. On l'applique en peinture sur le fer pour le préserver de l'oxydation.

Il est souvent falsifié avec de l'oxyde de fer ou de la brique pilée ; mais cette fraude est facile à découvrir, car le minium pur, calciné au rouge, laisse un résidu jaune, tandis que le colcothar et la brique conservent leur couleur. Le minium pur se dissout rapidement et complétement quand on le fait bouillir avec de l'eau sucrée aiguisée d'acide azotique.

265. **Sulfure de plomb.** — PbS. — Le sulfure de plomb naturel ou **galène**, abondamment répandu, est le principal minerai de plomb. Nous avons déjà indiqué ses propriétés, la manière dont il s'oxyde à l'air quand on le chauffe et les moyens d'en retirer le métal.

Le sulfure artificiel est obtenu par l'action du soufre en vapeur sur le plomb ; il peut cristalliser en cubes comme le soufre naturel. On l'obtient hydraté par la réaction de l'hydrogène sulfuré sur les sels de plomb ; c'est alors une masse amorphe noire.

Ces derniers ne sont pas employés ; mais la galène, qui sert surtout à l'extraction du plomb, sert en outre, en poudre fine sous le nom d'**alquifoux**, pour le vernissage des poteries communes. L'alquifoux est délayé dans de l'eau avec de la bouse de vache ; on plonge dans ce liquide les poteries qui n'ont encore subi qu'une dessiccation à l'air et on les cuit. Quand cette cuisson a lieu à une température peu élevée, le sulfure de plomb fond et forme un vernis sur la poterie ; mais il se forme en même temps une certaine quantité d'oxyde de plomb qui rend l'usage de ces poteries très-insalubre, l'oxyde pouvant être attaqué par les acides organiques et donner avec eux des sels vénéneux. On évite cet inconvénient en chauffant davantage pour faire combiner l'oxyde de plomb à la silice de l'argile ; le vernis peut d'ailleurs être coloré de diverses nuances par l'addition d'autres oxydes.

266. **Chlorure de plomb.** — PbCl. — L'acide chlorhydrique bouillant attaque le plomb avec dégagement d'hydrogène et formation de chlorure, soluble dans l'eau bouillante, mais se déposant par le refroidissement en aiguilles cristallines blanches.

Ce composé peut s'unir en plusieurs proportions avec l'oxyde de plomb et donner des *oxychlorures* qui possèdent une belle couleur jaune d'or et qui sont connus sous les noms de **jaune de Cassel**, de **Paris**, de **Vérone**, de **Turin**, et employés en peinture.

SELS DE PLOMB.

267. Le plomb peut donner avec chaque acide un ou plusieurs sels ; mais les seuls importants sont les acétates qui seront étudiés dans la chimie organique et le carbonate connu sous le nom de **céruse**.

L'azotate, $PbOAzO^5$, qu'on obtient en attaquant le plomb par l'acide azotique, est soluble dans l'eau, mais il ne donne une solution limpide que dans l'eau distillée. Il se décrépite quand on le chauffe et se décompose en laissant un résidu d'oxyde de plomb et en dégageant un mélange de vapeurs nitreuses et d'oxygène qui permet d'obtenir à l'état liquide le premier de ces deux gaz :

$$PbOAzO^5 = PbO + AzO^4 + O.$$

Il facilite beaucoup la combustion des mèches qui en sont imprégnées.

Le **sulfate**, $PbOSO^3$, est un composé insoluble en poudre blanche qui se forme par l'action de l'acide sulfurique concentré et chaud sur le plomb :

$$Pb + 2HOSO^3 = PbOSO^3 + 2HO + SO^2.$$

Il se produit aussi par double décomposition entre un sel soluble de plomb et l'acide sulfurique ou un sulfate dissous. C'est ainsi qu'on l'obtient dans l'industrie dans la préparation de l'acétate d'alumine par l'action de l'alun sur l'acétate de plomb

$$\underset{\text{Acétate de plomb.}}{4(PbO,C^4H^3O^3)} + \underset{\text{Alun.}}{Al^2O^3,3SO^3,KOSO^3 24Aq} = \underset{\text{Acétate d'alumine}}{Al^2O^3 3(C^4H^3O^3)}$$
$$+ KOC^4H^3O^3 + \underset{\text{Sulfate de plomb.}}{4PbOSO^3} + 24Aq.$$

c'est alors un produit encombrant et sans valeur, auquel on n'a pas encore trouvé d'emploi. On pourrait le transformer en chromate de plomb en le mélangeant avec le chromate ou le bichromate de potasse.

268. **Carbonate de plomb.** — $PbOCO^2$. — Le carbonate de plomb se rencontre en cristaux dans la nature. On l'obtient dans les laboratoires en précipitant un sel de plomb par un carbonate alcalin ; c'est une poudre blanche, insoluble dans l'eau qui, calcinée à l'abri de l'air, donne un résidu de litharge, et à l'air le minium désigné sous le nom de mine orange.

Le carbonate de plomb qu'on emploie dans les arts sous le nom de **céruse** ou de **blanc de plomb** est un hydrocarbonate, de composition variable, auquel on attribue la formule $2(PbOCO^2), PbO,HO$.

269. **Fabrication industrielle de la céruse.** — On connaît deux procédés pour préparer la céruse ; le plus ancien porte le nom de procédé *hollandais* ; l'autre, imaginé par Thénard en 1801, est dit procédé de *Clichy*, du nom de la localité où il fut d'abord pratiqué.

1° *Procédé de Clichy.* — Le procédé de Clichy est fondé sur ce fait qu'un courant d'acide carbonique, dirigé dans une solution d'acétate tribasique de plomb $(PbO)^3,C^4H^3O^3$, précipite du carbonate de plomb $2(PbOCO^2)$ et régénère l'acétate neutre, $PbO,C^4H^3O^3$, susceptible de dissoudre de nouveau de l'oxyde de plomb et de reproduire de l'acétate basique.

On commence donc par faire de l'acétate basique en ajoutant peu à peu de la litharge en poudre à de l'acide acétique étendu jusqu'à ce que le liquide marque 17 à 18° Baumé. On dirige ensuite à travers le liquide éclairci un courant d'acide carbonique produit soit par la combustion de coke, soit, comme l'a proposé M. Dumas, par un four à chaux. Le dépôt de céruse s'effectue ; on décante le liquide clair pour lui faire redigérer de la litharge, le ramener à l'état d'acétate basique, pour recommencer la précipitation. De sorte que la dépense ne réside que dans la litharge et dans l'acide carbonique ; toutefois une addition d'acide acétique est de temps en temps nécessaire pour compenser les pertes inévitables.

La fig. 74 représente une coupe de l'ensemble des appareils.

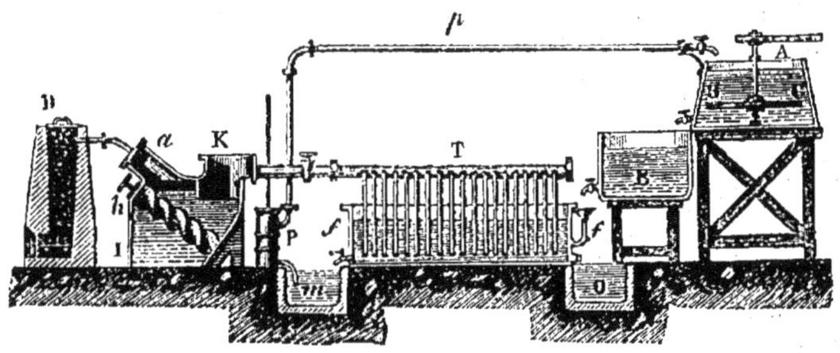

Fig. 74. — Appareil à fabrication continue de la céruse par le procédé de Clichy. — A, vase à fabriquer l'acétate tribasique ; — B. C, agitateur ; — E, vase de dépôt pour l'acétate liquide ; — D, four à chaux pour produire l'acide carbonique ; — T, tube à dégagement du gaz carbonique dans la cuve où l'acétate a été amené ; — *m*, cuve où l'on décante l'acétate pour le renvoyer par la pompe P et le tube *p* dans le vase A ; — O, vase où la céruse formé dans chaque précipitation se dépose.

La céruse obtenue est lavée, puis séchée dans des pots en terre ; elle est très-blanche, en poudre très-fine et se combine très-intimement à l'huile dans le broyage.

M. Ozouf, à Saint-Denis, a perfectionné cette méthode en employant de l'acide carbonique pur pour la précipitation et en faisant opérer le séchage et l'embarillage par un appareil dans une chambre close, ce qui met les ouvriers à l'abri de toutes les poussières pernicieuses du produit.

2. *Procédé hollandais.* — Dans ce procédé, on expose des lames de plomb, sous l'influence d'une température de 35° à 40° à l'action de l'air, de l'acide carbonique et des vapeurs de vinaigre. L'air oxyde le métal ; les vapeurs de vinaigre y font de l'acétate basique que l'acide carbonique convertit en carbonate. L'acide carbonique et la chaleur sont fournis par la fermentation du fumier. Des lames de plomb roulées en spirale sont introduites dans de grands pots en grès au fond desquels on met du vinaigre (*fig.* 75). Sur une forte couche de fumier, on dispose une série de ces pots ; on les couvre avec des plaques ou lames de plomb peu épaisses coulées en grilles ; par-dessus, on met un plancher en bois sur lequel on dispose une seconde série de pots entourés de fumier. On accumule ainsi plusieurs étages dans une même fosse. Au bout de 4 à 6 semaines, les lames de plomb sont plus ou moins profondément converties en céruse. On les bat pour en détacher la poudre blanche de carbonate de plomb. Autrefois ce travail était une des manipulations les plus dangereuses pour la santé des ouvriers ; on effectuait le battage et le brossage à la main dans une atmosphère con-

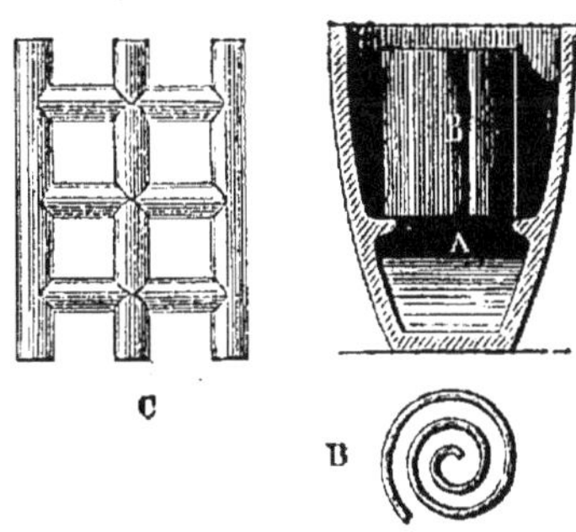

Fig. 75. — Céruse par le procédé hollandais.

stamment chargée de poussières pernicieuses de céruse. Aujourd'hui il est fait mécaniquement dans des appareils clos, ainsi que la dessiccation qui succède au lavage de la poudre.

La céruse des fosses est plus opaque et moins blanche que la céruse de *Clichy* : elle peut contenir parfois un peu de sulfure de plomb, s'il s'est dégagé de l'acide sulfhydrique du fumier ; elle est généralement préférée par les peintres.

La céruse n'est pas seulement dangereuse à fabriquer; mais elle donne lieu parmi les ouvriers peintres qui la broient et l'emploient à des accidents connus sous le nom de **coliques saturnines.** On a réalisé un progrès important en opérant mécaniquement la trituration de la céruse avec l'huile et en la vendant toute broyée.

Usages de la céruse. — La céruse est le blanc le plus fréquemment employé en peinture ; elle donne un vernis très-opaque et qui *couvre* bien : mais elle a l'inconvénient grave de noircir aux émanations sulfureuses et de perdre assez promptement son éclat. Le blanc de zinc n'a point ce défaut. On la joint souvent aux autres couleurs parce qu'elle détermine la dessiccation de l'huile. Broyée avec une petite quantité d'huile de manière à donner un corps presque solide, elle constitue le *mastic des vitriers.*

Elle est souvent mélangée à d'autres blancs comme le sulfate de plomb ou de baryte ; pure, elle se dissout intégralement dans l'acide azotique.

270. Caractères des sels de plomb. — Tous les sels de plomb, chauffés sur le charbon au chalumeau, donnent une auréole jaune d'oxyde de plomb et un globule métallique brillant, que l'on peut aplatir facilement par le choc.

Les sels dissous donnent avec la potasse un précipité blanc d'oxyde hydraté.

Avec l'acide sulfurique, ils donnent un précipité blanc de sulfate de plomb ; cette réaction se produit aussi avec les sels de baryte ; mais la suivante permet de les différencier les uns des autres.

Les sels de plomb précipitent en noir par l'acide sulfhydrique et les sulfures alcalins.

Ils donnent avec l'iodure de potassium un précipité d'un beau jaune d'or, et avec les chromates alcalins un précipité jaune orangé.

Une lame de zinc, plongée dans une dissolution plombique, se couvre de plomb en belles lames cristallines que l'on peut faire déposer en arborescences sous le nom d'**arbre de saturne.**

Exercice. — 21. On transforme un kilogramme de plomb en acétate neutre $PbOC^4H^3O^3$; quel poids de litharge faudra-t-il pour en faire de l'acétate tribasique et quel poids de céruse pourra-t-on retirer ?

CHAPITRE XXIII

CUIVRE. — Cu = 31,75.

271. Minerais de cuivre. — Le cuivre est le premier métal que l'homme ait employé pour fabriquer ses instruments de guerre et ses outils tranchants. Les premiers hommes le trouvaient probablement en grandes masses à l'état natif, et ils pouvaient l'obtenir par le chauffage et le martelage, les deux opérations les plus simples de la métallurgie, les deux premières sans contredit de l'art de préparer les métaux. On rencontre encore aujourd'hui, notamment sur le lac supérieur, *au Chili* et *au Pérou*, des amas considérables de cuivre natif; et il est naturel de penser qu'il en existait autrefois dans l'ancien continent, à l'île de *Chypre*, d'où les *Grecs* et les *Romains* tiraient la majeure partie de leur cuivre qu'ils appelaient **cuprum** comme pour rappeler son lieu d'origine.

Actuellement on retire le cuivre de minerais oxydés provenant de l'*Oural* et de l'*Amérique du Sud*, et surtout du cuivre sulfuré ou **pyrite cuivreuse** qui présente des gisements importants dans les deux mondes. Quand elle est pure, la pyrite de cuivre est d'un beau jaune de bronze, présentant l'aspect métallique; elle est presque toujours mélangée de pyrite de fer, ou encore alliée à des sulfures d'arsenic et d'antimoine qui donnent à la masse un aspect gris. La gangue est ordinairement siliceuse.

272. **Métallurgie du cuivre.** — La métallurgie du cuivre présente une série d'opérations complexes, surtout quand les minerais sont mélangés et de nature très-diverse, comme c'est le cas dans les usines anglaises qui traitent pour cuivre les minerais importés d'Amérique, aussi bien que ceux qu'on trouve dans les mines d'Angleterre. Nous supposerons ici qu'il s'agit d'un cuivre pyriteux renfermant 7 à 8 p. % de cuivre.

La première opération est un **grillage** que l'on effectue, soit à l'air, soit dans un four; une portion du soufre brûle; le cuivre et le fer s'oxydent, et même forment des sulfates qui restent mêlés avec les matières terreuses et la portion de minerai sulfuré non oxydé.

On fait ensuite subir au minerai grillé une **fonte** dans un four, en présence de charbon et d'une matière siliceuse qui joue le rôle de fondant. Le charbon réduit l'oxyde de cuivre, dont le métal s'unit au soufre provenant de la réduction des sulfates. L'oxyde de fer se combine aux terres, et forme, avec elles, un silicate fusible, qui devient promptement liquide et permet au sulfure de cuivre, plus lourd, de gagner le fond du four. Le sulfure fondu et coulé porte le nom de **matte**. C'est en quelque sorte un nouveau minerai de cuivre plus riche et moins impur que le premier; plus riche, puisque la gangue a été expulsée, et avec elle une partie du fer qui a passé dans la scorie; moins impur, parce que le grillage et la fusion ont éliminé presque entièrement l'arsenic et l'antimoine

On soumet la matte à plusieurs grillages successifs, suivis de fusion avec des matières siliceuses dans le but d'oxyder le fer pour l'éliminer à l'état de scories et de faire combiner le cuivre au soufre, pour lequel il a une grande affinité. Les premières mattes sont dites **bronze**, la dernière est la **matte blanche**, qui renferme environ 70 p. % de cuivre.

Enfin un dernier grillage ou une fusion avec des minerais de cuivre oxydés fait dégager le soufre à l'état d'acide sulfureux, et donne un cuivre impur connu sous le nom de **cuivre noir**, qui renferme encore du soufre et du fer et des traces d'antimoine.

Le cuivre noir est fondu dans un four à réverbère; l'action de l'air lui enlève le soufre et transforme en oxydes les métaux étrangers; mais une légère portion du cuivre s'oxyde et communique à la masse une teinte rouge qui fait donner au métal ainsi obtenu le nom de **cuivre rosette.** On le coule en une seule masse que l'on refroidit vivement, ou bien, après avoir découvert le métal dans le four et enlevé les scories, on jette un seau d'eau froide, il se solidifie un disque de métal à surface rugueuse qu'on enlève pour continuer l'opération jusqu'à ce que le fourneau soit vide.

Le cuivre rosette n'a pas la malléabilité nécessaire, à cause de l'oxyde qu'il contient. On le refond avec du charbon, et on brasse le métal fondu avec du bois vert qui dégage des gaz dont l'action, comme nous l'avons vu pour l'étain, est à la fois mécanique et chimique. Quand l'affinage est à point, on coule et on obtient le **cuivre rouge malléable.**

273. Cuivre pur des laboratoires. — Pour obtenir le cuivre complétement exempt de métaux étrangers, on plonge une lame de fer bien décapée dans une solution de sulfate de cuivre; on enlève le métal déposé; on le lave à l'acide chlorhydrique, on le sèche et on le fond sous une couche de borax. On peut aussi réduire l'oxyde de cuivre par l'hydrogène.

274. Propriétés physiques du cuivre. — Le cuivre est d'une belle couleur rouge. Frotté entre les doigts, il laisse une odeur désagréable. Il est très-malléable; on peut le réduire, comme l'or, en feuilles d'une extrême ténuité, qui laissent passer une lumière verte. C'est le plus tenace des métaux usuels après le fer. Sa densité est 8,8. Il conduit bien l'électricité; aussi est-il employé pour faire les bobines des électro-aimants.

Il fond au rouge, vers 1,200°; à une température élevée, il se volatilise et ses vapeurs colorent la flamme en vert. Il peut cristalliser en cubes.

275. Propriétés chimiques du cuivre. — Le cuivre ne s'altère pas dans l'air sec et froid; mais il s'oxyde au rouge. Le métal se couvre d'abord d'une pellicule rouge de protoxyde, puis d'une pellicule noire de bioxyde. Cette oxydation a toujours lieu sans incandescence; aussi le choc ne produit pas d'étincelles sur le cuivre. On met à profit cette propriété dans les poudreries, en employant des ustensiles de cuivre au lieu d'ustensiles de fer.

A l'air humide, le cuivre se recouvre d'un hydrocarbonate qu'on appelle vulgairement le **vert-de-gris** et qui protége le reste de l'oxydation. C'est la **patine,** sorte de vernis protecteur, dont le temps a recouvert les anciennes statues.

L'acide chlorhydrique n'attaque le cuivre qu'à chaud, en dégageant de l'hydrogène, et encore l'action est-elle très-lente. L'acide sulfurique concentré et bouillant dégage de l'acide sulfureux, et laisse du sulfate de cuivre qu'il faut étendre d'eau, pour lui donner la possibilité de prendre sa forme cristalline et sa couleur bleue :

$$Cu + 2HOSO^3 = CuOSO^3 + 2HO + SO^2.$$

L'acide azotique attaque violemment le cuivre, en dégageant à l'air des torrents de vapeurs nitreuses, et en vase fermé du bioxyde d'azote :

$$3Cu + 4(HOAzO^5) = 3(CuOAzO^5) + 4HO + AzO^2.$$

Les acides organiques, même les plus faibles, forment avec le cuivre des sels vénéneux : la bougie laisse une tache sur le cuivre, et il suffit d'humecter de vinaigre de la tournure du métal pour former un sel que l'eau peut enlever.

L'ammoniaque et les alcalis oxydent le cuivre, ou plutôt le mettent en état de s'oxyder à l'air. Il suffit d'agiter de la tournure de cuivre avec de l'ammoniaque pour obtenir un liquide d'une teinte bleue accusée due à la formation d'oxyde cuivrique et à sa dissolution dans l'alcali.

La facile altération du cuivre soit par les alcalis, soit par les acides végétaux, et la propriété des sels formés d'être vénéneux, imposent l'obligation de n'employer pour les usages culinaires que des vases de cuivre étamés, toujours tenus dans un état de propreté irréprochable qui permette de vérifier à tout instant l'état de l'étamage.

L'albumine et l'eau fortement sucrée sont les antidotes du cuivre dans les cas d'empoisonnement.

270. Usages du cuivre. — Ses alliages. — Le cuivre rouge sert à fabriquer les chaudières, les alambics, les casseroles de cuisine. En lames, il est employé au doublage des navires. Mais c'est sous forme d'alliages qu'il a le plus d'emplois.

Outre les alliages avec l'argent et l'or dont il sera parlé dans les chapitres suivants, les plus employés des alliages du cuivre sont ceux qu'il forme avec le zinc, c'est-à-dire les **laitons** et ceux qu'il donne avec l'*étain* et l'*aluminium* et qu'on nomme **bronzes**.

Laitons. — Le *laiton* ou *cuivre jaune*, formé de cuivre et de zinc, fondus ensemble au four à réverbère ou au creuset, et coulés en plaques entre des masses de fonte ou de granit, présente la couleur jaune de l'or quand il est fraîchement décapé.

Il est plus dur que le cuivre, et il se laisse laminer, marteler et travailler facilement, quand on lui a ajouté un peu de plomb et d'étain, aussi ses usages sont très-nombreux; il sert à la fabrication des boutons des épingles, de mille ustensiles tels que lampes, flambeaux, etc. Il est susceptible d'un beau poli, et il garde longtemps un bel aspect quand il a été verni; c'est la raison qui le fait employer pour les instruments de physique. Il se dore avec facilité, et sert à fabriquer les bijoux de bas prix.

Quand on lui donne l'aspect de l'argent, il prend le nom de maillechort. (Voyez 1re et 2e année, tableau de la composition des alliages.)

Bronzes. — L'alliage de cuivre et d'étain, connu sous le nom de *bronze*, présente une composition variable avec les usages auxquels on le destine, et des propriétés différentes suivant le cas. D'une manière générale, il est plus dur et plus fusible, quoique aussi tenace que le cuivre. Il peut devenir très-sonore et très-cassant. La trempe produit sur lui un effet tout opposé à celui qu'elle exerce sur l'acier : les bronzes deviennent malléables quand on les plonge incandescents dans l'eau, et le recuit les durcit à nouveau. Pendant le refroidissement, le bronze a une grande tendance à se liquater. Cette propriété est un obstacle au coulage des grosses pièces qu'on ne réussit qu'en surmontant l'objet d'une assez grande masse d'alliage à en séparer plus tard, qu'on nomme *masselotte*, dans le but de rendre le refroidissement plus ent.

Voici la composition des principaux bronzes employés :

	Cuivre.	Étain.
Bronze des canons	90	10
— *des cloches*	78	22
— *des tams-tams*.	80	22
— *des médailles*	95	5

On donne aux bronzes d'art un vernis qui les protége et en rend le on plus agréable en les soumettant à l'action d'un liquide formé d'acétate de cuivre et de sel ammoniac; ils y prennent le ton sombre du bronze florentin.

Le **bronze d'aluminium**, formé de 90 de cuivre et de 10 d'aluminium, est éminemment utile par sa ténacité plus grande que celle du fer et sa dureté qui le rend précieux pour les coussinets de locomotives.

277. Oxydes de cuivre. — Le cuivre donne avec l'oxygène plusieurs composés dont deux seulement présentent de l'intérêt : le *protoxyde*, Cu^2O, et le *bioxyde*, CuO.

Le **protoxyde**, Cu^2O, appelé encore *sous-oxyde* ou *oxyde rouge* à cause de sa couleur, se rencontre dans la nature en cubes et en octaèdres d'un rouge-cochenille. On l'obtient artificiellement par deux procédés :

1° En calcinant dans un creuset 100 parties de sulfate de cuivre avec 28 parties de carbonate de soude sec et 25 de cuivre en limaille; on retire ainsi une poudre cristalline d'un rouge-foncé ;

2° En faisant bouillir quelque temps une dissolution étendue d'acétate de cuivre avec du glucose; il se dépose une poudre d'un rouge sombre.

Le protoxyde de cuivre donne avec les fondants un verre d'un beau rouge rubis; c'est la raison de son emploi pour la coloration des verres en pourpre.

Le **bioxyde**, CuO, est une poudre noire quand il est anhydre, un précipité d'un bleu gris quand il est hydraté.

On l'obtient anhydre en chauffant à l'air de la tournure de cuivre ; elle se recouvre d'une pellicule noire que l'on peut enlever. Mais l'oxydation ne gagne toute la masse que si le cuivre est très-divisé, comme celui qu'on obtient dans la précipitation d'un sel de cuivre par le fer. Pour préparer rapidement de grandes quantités de bioxyde, on décompose par la chaleur l'azotate de cuivre sous une cheminée à bon tirage. La poudre noire obtenue est hygroscopique; on la calcine au rouge et on la pulvérise avant de l'employer pour l'analyse organique.

Le bioxyde hydraté se produit quand on précipite le sulfate de cuivre en solution par la potasse. C'est un précipité bleu qui ne doit sa couleur qu'à son état d'hydratation ; car si on le fait bouillir, il se déshydrate même au sein de l'eau et devient noir. L'hydrate bleu est soluble dans l'ammoniaque et donne une liqueur d'un bleu magnifique que l'on peut étendre d'eau sans affaiblir sensiblement sa teinte. L'*eau céleste* que les pharmaciens mettent dans de grands bocaux comme ornement est une dissolution ammoniacale étendue d'hydrate d'oxyde de cuivre.

Le bioxyde de cuivre noir est réduit par l'hydrogène à une chaleur modérée (fig. 76); c'est une réaction qui a servi à *M. Dumas* à établir par synthèse la composition de l'eau en poids.

Il est aussi réduit par le charbon avec dégagement d'acide carbonique, comme on peut s'en assurer en faisant chauffer dans un tube un mélange intime de charbon et d'oxyde noir de cuivre et en envoyant le gaz qui se dégage dans de l'eau de chaux.

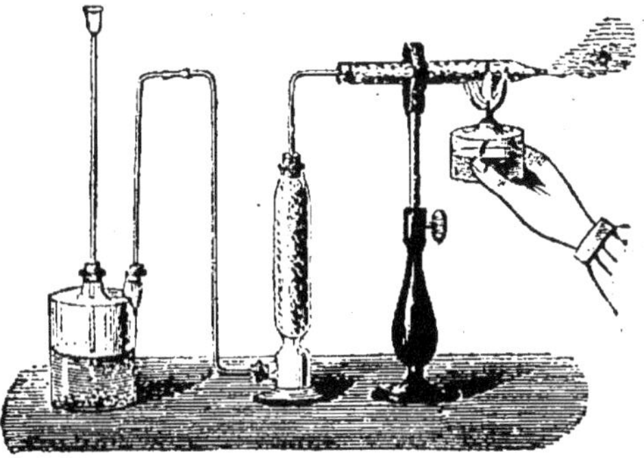

Fig. 76. — Réduction de l'oxyde de cuivre par l'hydrogène.

Les matières organiques, formées en grande partie d'hydrogène et de carbone, réduisent l'oxyde de cuivre à chaud avec dégagement de vapeur d'eau et d'acide carbonique que l'on peut recueillir et qui permettent de déterminer la quantité de carbone et d'hydrogène contenus dans la substance. C'est la réaction principale de l'analyse organique; on la vérifie facilement en chauffant avec l'oxyde de cuivre un peu d'amidon; on constate le dégagement de vapeur d'eau et d'acide carbonique.

278. Sels de cuivre. — Le cuivre donne un ou plusieurs sels avec chacun des acides; mais ils n'ont pas tous la même importance.

L'**azotate**, $CuOAzO^3$, que l'on forme quand on attaque le cuivre par l'acide azotique, est une masse verte qui se décompose par la chaleur et laisse un dépôt noir d'oxyde de cuivre.

Le **carbonate**, $CuOCO^2$, n'a pu être obtenu artificiellement. Quand on précipite à froid un sel de cuivre par le carbonate de soude, la poudre bleuâtre et volumineuse qui se produit est un hydrocarbonate répondant à la formule $CuOCO^2,CuO2HO$.

Si on chauffe ce précipité, il se resserre et verdit en perdant une molécule d'eau; sa composition est alors la même que celle de la **malachite**, minerai de cuivre *vert* exploité en Sibérie, et dont les beaux morcea u servent à la fabrication de vases, de socles de pendules, de chambranles de cheminées, etc.

Il existe un sesquicarbonate naturel de cuivre qui possède une très-belle couleur *bleue* et que l'on nomme **azurite.** On l'imite artificiellement en Angleterre par un procédé resté secret qui donne une substance appelée *cendres bleues artificielles.* Les *cendres bleues ordinaires* s'obtiennent en décomposant le sulfate de cuivre par la chaux; c'est un mélange d'oxyde hydraté de cuivre avec du sulfate de chaux et un peu de chaux.

279. Sulfate de cuivre. — $CuOSO^3,5Aq$. — Le sulfate de cuivre est le plus important de tous les sels de ce métal; il porte le nom vulgaire de **vitriol bleu** ou encore de **couperose bleue.** Solide, il se présente en cristaux bleus formés de parallélipipèdes doublement obliques. Il est soluble dans 4 parties d'eau froide et dans 2 parties d'eau bouillante, et insoluble dans l'alcool. Sa saveur est métallique et très-désagréable; il est vénéneux comme tous les sels de cuivre.

A l'air sec, vers 15° ou 20°, ses cristaux s'effleurissent en perdant 2 molécules d'eau. Chauffé à 100°, il perd 4 équivalents d'eau de cristallisation; le cinquième ne disparaît qu'à 240°; le sel est alors devenu une poudre blanche amorphe, très-hygrométrique, prenant rapidement l'humidité et à laquelle on rend, en l'humectant, sa couleur bleue d'abord et avec elle la propriété de cristalliser.

On prépare ce sel pour les besoins de l'industrie par des procédés qui rappellent la fabrication du sulfate de fer ou vitriol vert.

Le premier moyen consiste à traiter à chaud par l'acide sulfurique concentré les rognures et planures des ateliers de cuivre ; il se dégage de l'acide sulfureux que l'on emploie à faire du sulfite de soude ; le liquide contient le sulfate de cuivre qu'on fait cristalliser par évaporation.

Un second procédé utilise les lames de cuivre qui ont servi au doublage des navires. On les mouille; on les saupoudre de soufre en fleur et on les soumet à l'action de la chaleur et de l'air dans un four. Pendant ce traitement, le cuivre est partiellement transformé en sulfate. Les lames encore chaudes, plongées dans de l'eau, abandonnent le sulfate qui cristallise dans sa solution ; elles peuvent servir à une nouvelle opération analogue.

Le grillage des pyrites cuivreuses disposées par couches alternatives avec du combustible, et le lessivage du produit, donnent un liquide qui dépose du sulfate de cuivre. Mais le sel est impur ; il contient notamment du sulfate de fer. Pour l'en débarrasser, on le met en dissolution ; on ajoute un peu d'acide azotique et on évapore pour peroxyder le fer et le rendre insoluble.

Le résidu n'abandonne plus à l'eau que du sulfate de cuivre pur.

Nous verrons que l'affinage des matières d'or et d'argent donne aussi de beau sulfate de cuivre.

Les usages de ce sel sont nombreux. Il sert à chauler les blés, à teindre en noir et marron, à préparer l'argent, à préparer les autres sels de cuivre, notamment les *verts* de Schèele et de Schweinfurt.

280. **Caractères des sels de cuivre.** — Les sels de cuivre sont bleus ou verts. Leurs dissolutions ont une saveur métallique désagréable. Le fer s'y recouvre d'une pellicule rouge de cuivre métallique; cette réaction est si sensible qu'elle peut révéler jusqu'à $\frac{1}{100\,000}$ de cuivre dans un liquide.

L'ammoniaque donne dans les solutions cuivriques une réaction très-nette : elle précipite d'abord un hydrate d'oxyde bleu, puis elle le dissout et donne une liqueur d'un bleu magnifique.

Le prussiate jaune de potasse donne dans les solutions cuivriques un peu concentrées un précipité volumineux, spongieux, de couleur chocolat; dans les dissolutions très-étendues, il n'y a qu'une coloration rose

Enfin l'hydrogène sulfuré et les sulfures alcalins produisent un précipité noir de sulfure de cuivre.

Exercice. — 22. On attaque par l'acide sulfurique 254 grammes de cuivre ; on demande le volume du gaz qui se dégagera et le poids de sulfate cristallisé qu'on pourra retirer du résidu.

CHAPITRE XXIV

MERCURE. — Hg = 100.

281. **Extraction du mercure.** — Le mercure, désigné autrefois sous le nom de **vif-argent**, à cause de son éclat et de sa grande mobilité, était connu des Grecs et des Romains qui le retiraient d'Espagne et l'employaient à la dorure de l'argent et du cuivre.

Il se rencontre dans la nature en dépôts de sulfure rouge ou **cinabre** et à l'état natif en gouttelettes métalliques brillantes, disséminées dans les roches. Il n'existe en grandes masses que sur quelques points du globe. Le cinabre, substance lourde, sans éclat, rouge ou brune, accompagnée d'argile, est disséminé dans les schistes ou les calcaires compactes superposés au terrain carbonifère. Les gisements principaux sont ceux d'*Almaden* en *Espagne*, d'*Idria* en *Carniole*, de *New-Almaden* en *Californie.*

Le traitement qu'on fait subir au cinabre pour en retirer le mercure est très-simple. Il consiste à griller le minerai concassé. Sous l'influence de l'air et de la chaleur, le soufre brûle et quitte le mercure que la chaleur volatilise. Les produits gazeux sont envoyés dans des appareils à condensation où le mercure reprend l'état liquide et se dépose en gouttelettes.

Appareil d'Almaden. — Dans les mines d'*Almaden* et de *Californie* qui produisent les cinq sixièmes du mercure commercial, l'appareil employé se compose d'un four (fig. 77) muni de deux grilles de briques

Fig. 77. — Appareil d'Almaden. — *a*, four chargé de minerai; — *b*, *c*, *d*, foyer; — *g*, aludels; — *K*, chambre à condensation; — *j*, cloison; — tube à conduire le mercure condensé.

dont l'une reçoit le combustible et l'autre le chargement du minerai. La flamme du foyer et l'air qui sert à la combustion montent dans le four au travers de la masse du cinabre. Les produits du grillage se rendent par des ouvertures pratiquées au haut du fourneau dans des séries d'allonges en terre cuite nommées **aludels**, s'emboitant les unes dans les autres pour former un double plan incliné et dont les joints sont soigneusement lutés avec de l'argile. Le mercure, qui se condense, se rend dans la partie médiane du plan d'aludels et s'écoule, par des ouvertures pratiquées aux aludels du milieu, dans une rigole qui le conduit à des bassins de réception. Les vapeurs mercurielles qui ne se sont pas condensées dans les aludels se rendent dans une grande chambre de condensation, où elles rencontrent une cloison et un bassin d'eau qu'elles sont obligées de raser, et de là se répandent dans toute la chambre où elles achèvent de se condenser. Le mercure recueilli est filtré à travers des toiles, puis renfermé dans des bouteilles de fer forgé pour être livré au commerce.

L'appareil d'*Idria* emploie une série de chambres de condensation pour remplacer les aludels; mais le mercure y est extrait de son minerai par un grillage, comme à Almaden.

282. Propriétés physiques du mercure. — Le mercure est liquide à la température ordinaire et doué d'un grand éclat; lorsqu'il est pur, sa surface forme un miroir parfait. Il n'adhère pas aux corps, si ce n'est aux métaux auxquels il s'allie; c'est à cause de cette propriété qu'il forme un menisque convexe dans les vases et tubes de verre et qu'en petite quantité il prend la forme de gouttes sphéroïdales parfaitement arrondies. Quand il est souillé de métaux étrangers, il perd sa fluidité, ses gouttes s'allongent; on dit qu'il *fait la queue*.

La densité du mercure est à 0° de 13,596. Il se solidifie à — 40° et présente des propriétés physiques analogues à celles du plomb.

Il n'émet de vapeurs sensibles qu'au-dessus de 25°, comme on peut s'en assurer en suspendant dans un flacon qui contient du mercure une lame d'or ou un papier imprégné d'un sel d'argent. La lame d'or blanchit et le papier brunit fortement quand il se dégage des vapeurs du mercure. Il bout à 350° et peut être distillé dans une cornue de verre.

Le mercure qui se sépare à l'état métallique par la réduction de ses sels forme une poudre noire sans éclat; on ne peut le réunir en globules brillants que par une ébullition prolongée avec l'acide chlorhydrique.

283. Propriétés chimiques. — Le mercure pur exposé à l'air dans un milieu tranquille ne s'altère pas; quand il est souvent agité, l'été, ou qu'il n'est pas absolument pur, il se recouvre d'une pellicule grisâtre que l'on peut voir sur toutes les cuves à mercure des laboratoires; c'est un mélange intime de mercure divisé et d'oxyde qui adhère au verre. Chauffé à l'air vers 350°, le mercure se convertit à la surface en oxyde rouge qu'une chaleur plus grande peut décomposer. Nous rappellerons que c'est ce double fait qui a permis à Lavoisier de réaliser sa remarquable analyse de l'air.

Le mercure ne décompose l'eau à aucune température; agité avec ce liquide, il parait lui céder une petite quantité de substance, qui n'est probablement qu'une matière très-divisée en suspension et non dissoute. Cette *eau mercurielle* jouit de propriétés thérapeutiques qui la faisaient employer autrefois comme vermifuge.

Le soufre et le chlore s'unissent à froid avec le mercure. L'acide azotique l'attaque aussi à froid en donnant une réaction analogue à celle qu'il produit avec le cuivre et le plomb. L'acide sulfurique étendu est sans action; mais il dissout le métal quand il est concentré et chaud en dégageant de l'acide sulfureux et produisant un dépôt blanc de sulfate de mercure. L'acide chlorhydrique, même bouillant, n'attaque pas le mercure.

Le mercure en vapeurs exerce sur l'économie une action toxique très-énergique qui se traduit d'abord par une salivation abondante pour se continuer par un *tremblement* dit *tremblement mercuriel*. Il exerce aussi une action délétère sur les plantes.

284. **Purification du mercure.** — Lorsque le mercure se trouve souillé par des matières en suspension ou des pellicules qui ternissent sa surface et adhèrent au verre, on se contente, pour le purifier, de le filtrer en le faisant tomber en filet très-mince par un entonnoir effilé.

S'il contient des métaux étrangers qui y sont dissous à l'état d'amalgame, il faut ou le distiller, ou le traiter par des agents chimiques. La distillation ne le purifie pas toujours complétement; aussi préfère-t-on traiter le mercure impur par de l'acide azotique avec lequel on l'abandonne pendant vingt-quatre heures. Il se forme d'abord de l'azotate de mercure que les métaux étrangers décomposent en régénérant le mercure et passant eux-mêmes à l'état d'azotates. On lave la masse à l'eau; on filtre pour séparer le mercure, et on chauffe celui-ci dans une capsule de fer pour le dessécher.

285. **Usages du mercure.** — Le mercure sert dans la construction des thermomètres, baromètres et manomètres; il est employé dans les laboratoires pour la manipulation et l'analyse des gaz. Mais son usage le plus important est dans l'extraction de l'argent et de l'or, comme on le verra aux chapitres suivants. On l'utilise aussi en médecine sous forme d'onguents pour l'usage externe : l'onguent napolitain, fait en éteignant le mercure avec son poids d'axonge, et l'onguent gris qui est formé de 1 partie du précédent avec 3 parties d'axonge.

286. **Amalgames.** — Le mercure possède une grande tendance à s'unir à beaucoup d'autres métaux pour former des alliages souvent cristallisés, connus sous le nom d'amalgames. Ceux de potassium, de sodium, d'étain, d'argent et d'or se forment par l'union directe des métaux au mercure. L'amalgame dont on recouvre le zinc des piles peut se former directement aussi quand le zinc plonge dans un vase contenant de l'eau acidulée au fond duquel on a versé le mercure.

Il n'y a guère que ceux d'étain et de cuivre qui aient un emploi industriel, le premier pour l'étamage des glaces, le second comme amalgame des dentistes.

Étamage des glaces. — Étamer une glace, c'est la recouvrir d'une pellicule métallique brillante qui y reste adhérente et constitue le corps opaque poli, destiné à réfléchir la lumière. Pour réaliser cette opération, on étend sur une surface parfaitement horizontale une feuille d'étain de la dimension de la glace; on y verse du mercure que l'on y promène partout avec une patte de lièvre, puis ensuite assez du métal liquide pour former une couche de 3 à 4 millimètres d'épaisseur. On fait glisser la glace sur la feuille métallique de manière à chasser l'excès du mercure, et quand les deux surfaces coïncident bien, on charge la glace de corps lourds pour déterminer une pression qu'on maintient pendant quinze jours. L'étain s'allie au mercure et l'alliage se fixe fortement au verre; il constitue le **tain** des glaces qu'il faut protéger contre tout frottement capable de le rayer.

Amalgame des dentistes. — On le prépare en triturant du sulfate de mercure avec du cuivre en poudre dans de l'eau à 60°; par le broyage, le cuivre précipite le mercure qui se combine avec l'excès du cuivre pour donner l'amalgame, qu'on lave et qu'on exprime fortement dans un nouet de peau.

La propriété de ce composé c'est de se ramollir par la chaleur et de pouvoir rester quelque temps plastique si on le broie dans un mortier après l'avoir chauffé; elle explique son emploi au plombage des dents.

287. **Oxydes de mercure.** — Le mercure donne avec l'oxygène deux composés analogues de composition avec les deux oxydes du cuivre: l'un que l'on peut appeler **sous-oxyde, protoxyde** ou **oxyde mercureux** Hg^2O; l'autre que l'on appelle **oxyde rouge, bioxyde** ou **oxyde mercurique** qui répond à la formule HgO.

Le premier peut être obtenu par l'action de la potasse sur le calomel; il est noir et très-instable.

Oxyde rouge. — HgO. — C'est le produit qui se forme sur le mercure maintenu pendant longtemps au contact de l'air dans le voisinage de son point d'ébullition; c'est le précipité **per se** des anciens chimistes.

On le prépare habituellement par la calcination de l'azotate ou par voie humide en précipitant par la potasse un sel de mercure. Par voie sèche, on obtient une poudre rouge brique, d'un brun foncé à chaud, grenue et cristalline, jaune orangé vif quand elle est tamisée.

Le précipité obtenu par voie humide est jaune, même lorsqu'il est desséché. Il se prête mieux que le précédent aux combinaisons avec les acides.

L'oxyde de mercure se décompose vers 400° en oxygène qui se dégage, et en mercure qui se condense; il n'y a donc qu'environ 50° entre la température de sa formation et celle où il se détruit.

288. **Sulfure de mercure.** — HgS. — **Cinabre et vermillon.** — Quand on fait passer un courant d'hydrogène sulfuré dans une solution d'un sel de mercure, il se précipite un sulfure amorphe en poudre noire.

Ce sulfure noir, chauffé dans un ballon ouvert, se volatilise et va se condenser dans les parties froides sous forme de petits cristaux d'un rouge violacé; il a changé d'aspect sans changer de composition; dans cet état, il porte le nom de **cinabre** et il est semblable à celui qu'on trouve dans la nature et qu'on exploite pour en retirer le mercure. Le cinabre, naturel ou artificiel, se décompose quand on le chauffe à l'air et le métal devient libre; nous avons vu que la métallurgie du mercure repose sur cette propriété.

Le sulfure noir, digéré quelque temps à une douce chaleur avec les sulfures alcalins, acquiert une belle nuance écarlate; il constitue le **vermillon**, que l'on peut appeler un cinabre préparé par voie humide. On peut obtenir un beau vermillon en triturant pendant quelques heures 100 parties de mercure avec 38 parties de fleur de soufre ; on fait ensuite digérer ce mélange dans une solution de 25 parties de potasse et de 150 parties d'eau, en remuant d'abord constamment, puis de temps en temps à une température de 40° à 45°. Après huit heures, le dépôt commence à rougir et quand il a atteint la nuance écarlate on le décante, on le lave et on le sèche.

Le meilleur vermillon est celui de Chine, préféré des peintres à cause de sa résistance à l'action prolongée de la lumière.

Le produit du commerce est souvent falsifié par du minium, du colcothar ou de la brique pilée qui n'affaiblissent pas sa teinte. On découvre ces fraudes en chauffant un peu de vermillon dans un têt; s'il est pur, il se volatilise complétement, tandis que les matières étrangères restent comme résidu.

289. Chlorures de mercure. — Le mercure donne avec le chlore deux composés : le protochlorure, Hg^2Cl, appelé aussi *mercure doux* ou *calomel*, et le bichlorure, HgCl, désigné sous le nom de *sublimé corrosif* qui rappelle deux de ses propriétés, notamment celle qu'il possède d'être très-vénéneux.

290. Calomel. — Hg^2Cl. — Ce composé, que l'on rencontre dans la nature en masses blanches cristallisables en prismes, est préparé dans les laboratoires pour les usages de la médecine.

On l'obtient par voie humide en ajoutant de l'acide chlorhydrique ou un chlorure alcalin à la solution d'azotate de protoxyde de mercure. C'est un précipité blanc, caillebotté, qu'on lave avec soin et qui donne une poudre très-divisée.

Pour l'obtenir par voie sèche, on chauffe au bain de sable, dans de grands matras en verre à fond plat, un mélange de sulfate de mercure, de sel marin et de mercure métallique :

$$HgOSO^3 + NaCl + Hg = Hg^2Cl + NaOSO^3 ;$$

le chlorure formé se sublime dans le haut du matras en masse compacte que l'on détache, qu'on pulvérise et qu'on lave avec soin.

Calomel à la vapeur. — Pour le mettre dans un état beaucoup plus divisé, qui permette de le laver plus facilement et de le séparer complétement des traces de bichlorure qu'il pourrait contenir et qui le rendraient offensif, on le chauffe pour le réduire en vapeurs et on envoie ces vapeurs dans un récipient assez vaste pour que leur condensation ait lieu dans la masse d'air qu'elles rencontrent et non sur les parois. Le produit obtenu en poudre impalpable porte le nom de **calomel à la vapeur.**

Dans les laboratoires, on peut diviser le calomel en condensant sa vapeur par un jet de vapeur d'eau. Dans le fourneau A, on place la cornue qui contient le sulfate de mercure et le sel marin. Le calomel distillé arrive dans le récipient B en même temps qu'un jet de vapeur fourni par un ballon D. Il se condense en poudre impalpable dans le vase C contenant de l'eau froide.

Autrefois on préparait le calomel en broyant longtemps du sublimé corrosif avec du mercure et en distillant le mélange. Le nom de **mercure doux** était donné au calomel par opposition à la propriété toxique du sublimé qui servait à le faire.

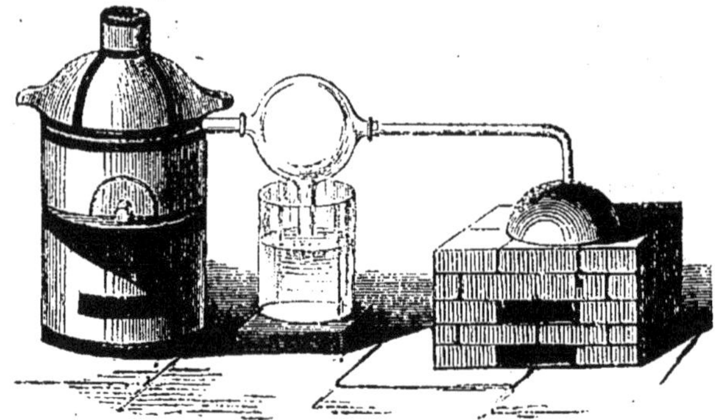

Fig. 78. — Appareil pour la fabrication du calomel à la vapeur.

291. Propriétés et usages du calomel. — Le calomel sublimé est une poudre blanche qu'il faut conserver dans des flacons en verre jaune ou opaque, parce que la lumière lui fait subir une décomposition partielle. Il est insoluble dans l'eau ; il faudrait 12 litres d'eau bouillante pour en dissoudre 1 gramme.

Lorsqu'on le fait bouillir avec l'acide chlorhydrique ou avec un chlorure alcalin, il se forme du sublimé corrosif, et il peut se déposer du mercure. Cette réaction explique, d'après Mialhe, l'action du calomel comme médicament ; il devient soluble en rencontrant des chlorures alcalins dans les voies digestives. Mais cette transformation présente un danger si elle est complète ; car le sublimé corrosif produit est un poison très-énergique ; c'est pourquoi on recommande de ne jamais recourir à l'emploi du calomel que longtemps avant ou après les repas.

Le calomel est usité comme purgatif et vermifuge. Il est facile de s'assurer qu'il ne contient pas de trace de bichlorure en l'arrosant d'eau et en y plongeant une lame de fer bien décapée ; la lame doit rester inaltérée, tandis qu'elle se couvre d'une tache noire de mercure métallique quand il y a seulement $\frac{1}{40000}$ de bichlorure dans la masse.

292. Bichlorure de mercure. — HgCl. — Le bichlorure de mercure ou **sublimé corrosif** peut s'obtenir par l'action directe du chlore sec sur le métal chauffé, ou plus facilement par dissolution de l'oxyde rouge dans l'acide chlorhydrique. Mais généralement on opère par voie sèche en chauffant un mélange de sulfate de mercure et de sel marin ; les deux sels échangent leurs bases :

$$HgOSO^3 + NaCl = HgCl + NaOSO^3.$$

On chauffe pour sublimer le bichlorure. Mais il faut opérer sous une cheminée à bon tirage, pour se mettre à l'abri des vapeurs délétères qui se dégagent.

Propriétés. — Le sel obtenu est en aiguilles cristallines incolores; il est soluble dans deux fois son poids d'eau bouillante et dans quinze fois son poids d'eau froide, très-soluble dans l'acool et dans l'éther. Il possède une saveur âcre et très-désagréable. C'est un poison violent. Son antidote le plus sûr est le blanc d'œuf ou albumine qui forme avec lui un composé insoluble.

Beaucoup d'agents chimiques l'altèrent ou le décomposent, en déposant ou du calomel ou même du mercure et mettant du chlore en liberté; aussi est-il employé souvent comme chlorurant.

Sa propriété de se combiner à l'albumine et aux autres matières animales le fait employer à la conservation des herbiers, qu'il préserve des ravages des insectes, et des préparations anatomiques qu'il durcit et qu'il rend imputrescibles.

La médecine, qui s'en sert comme médicament, ne doit l'employer qu'à très-faible dose et avec circonspection en le mélangeant à des matières albuminoïdes qui en affaiblissent l'action.

293. **Sels de mercure.** — Le mercure donne avec chaque acide deux sels; mais aucun d'eux n'a d'usages hors des laboratoires, excepté le *sulfate* qui sert dans la pile de Marié-Davy et que l'on obtient en attaquant le métal par de l'acide sulfurique.

294. **Caractères des sels de mercure.** — Si le sel est insoluble, comme le calomel, on le chauffe avec de petits morceaux de potasse dans un tube d'essai; on voit apparaître au-dessus de la partie chauffée des globules brillants de mercure.

Quand le sel est en dissolution, on y plonge une lame de cuivre bien décapée, elle se recouvre immédiatement, même dans une solution très-étendue, d'un dépôt blanc de mercure métallique.

Il reste à reconnaître si on a affaire à un sel de protoxyde ou de bioxyde.

On y verse de la potasse, elle donne un précipité noir dans le premier cas, jaune rougeâtre dans le second.

Ou bien on emploie une solution d'iodure de potassium, qui donne un précipité *vert* de protoiodure dans les sels de protoxyde et un précipité *rouge* de biiodure dans les sels de bioxyde. Dans ce dernier cas, il ne faut ajouter le réactif qu'avec précaution, parce que le biiodure rouge de mercure est soluble dans un excès d'iodure de potassium, en un liquide incolore.

Exercice. — 23. On attaque 40 grammes de mercure par l'acide azotique, dans un appareil à deux tubulures dont l'une envoie le gaz qui se dégage sur une colonne de cuivre chauffé; on demande le poids et le volume du gaz qu'on recueillera.

CHAPITRE XXV

ARGENT. — Ag = 108.

295. **Minerais d'argent.** — L'argent, usité comme métal précieux depuis une haute antiquité, existe dans la nature à l'état natif, à l'état de sulfures simples et complexes, de chlorure, bromure et iodure.

Il se trouve mélangé en faible proportion dans d'autres minerais comme la galène et les cuivres gris, d'où on le retire à cause de sa grande valeur. C'est ce qui fait appeler mines d'argent des mines de plomb et de cuivre qui fournissent accessoirement une certaine quantité de métal précieux.

Les minerais d'argent qui ne contiennent pas d'autre métal utilisable rentrent tous dans les trois classes suivantes :

1° *L'argent natif*, qui se présente seul ou associé à d'autres minerais, comme au lac *Supérieur*, offre la forme de cristaux ramifiés, figurant de minces arbustes appelés *dendrites*; on le mélange avec d'autres minerais pour le traiter.

2° *L'argent chloruré*, qui est disséminé ordinairement dans une gangue terreuse, constitue les minerais *colorados* du Mexique, du Chili, du Pérou, et même les terres rouges de la Bretagne.

3° *Les minerais noirs.* Ils contiennent l'argent sous tous les états chimiques en combinaison avec le soufre, l'antimoine et l'arsenic; ils produisent la majeure partie de l'argent mis en circulation. L'Amérique du Sud et le Mexique renferment les plus riches gisements.

296. **Métallurgie de l'argent.** — Le traitement des minerais d'argent repose sur l'emploi du mercure qui dissout l'argent avec facilité, de là le nom d'**amalgamation** donné à la méthode en usage depuis 1560 au Pérou et au Mexique. L'amalgamation est différente suivant qu'on dispose ou non de combustible; aussi allons-nous décrire isolément la *méthode saxonne* pratiquée en Europe et la *méthode américaine.*

Méthode saxonne. — Les minerais traités ne doivent contenir en plus que 2 millièmes et demi d'argent et environ 34 à 35 centièmes de pyrite de fer qui s'y trouve naturellement ou que l'on y ajoute. Ils sont réduits en poussière fine, intimement mélangés avec $\frac{1}{10}$ de leur poids de sel marin et grillés pendant trois ou quatre heures dans un four à réverbère. On donne à cette première phase le nom de *chloruration* parce qu'elle a pour but de transformer l'argent en chlorure. Sous l'influence de la chaleur et de l'air, le soufre du sulfure d'argent et de la pyrite passe à l'état d'acides sulfureux et sulfurique; ce dernier convertit le sel marin dont le chlore se porte sur les métaux et en particulier sur l'argent.

Fig. 79. — Cloche à distiller l'amalgame d'argent. — F, foyer; C, support de la cloche; — cuve à eau pour recueillir le mercure condensé.

Le minerai grillé et chloruré est réduit en poudre très-fine et introduit avec de l'eau et du fer laminé dans des tonnes rotatives que l'on fait tourner pendant deux heures. Le fer, au contact du chlorure d'argent, prend le chlore et met l'argent en liberté. On ajoute dans la tonne une certaine quantité de mercure et on continue longtemps la rotation; le mercure s'amalgame avec l'argent; cette deuxième phase du traitement porte le double nom de *réduction* et d'*amalgamation.*

La dernière phase est la *compression* et la *distillation*. L'amalgame retiré des tonnes, séparé des portions plus légères que lui, est mis dans des sacs de toile et fortement comprimé; l'excès de mercure s'écoule, il ne reste dans le sac que l'amalgame sec pouvant contenir jusqu'à 33 p. % d'argent. On le distille dans une cornue qui permet de recueillir et de condenser les vapeurs de mercure ou bien sur une série de supports que l'on couvre d'une cloche chauffée sur son pourtour et plongeant par son extrémité inférieure dans une cuve à eau où se rassemble le mercure (*fig.* 79).

Méthode américaine. — La rareté du combustible a fait conserver en *Amérique* la méthode d'amalgamation à froid. Les minerais bocardés à sec sont broyés à l'eau et amenés à l'état de poudre d'une grande finesse. On leur mélange 2 p. % de sel marin et on les dispose sur une aire circulaire pour les soumettre au piétinement des mules, qui doit en mêler tous les éléments. Après quelque temps, on y ajoute du *magistral*, c'est-à-dire des pyrites cuivreuses grillées avec soin et transformées en sulfate du cuivre, et on piétine à nouveau. Les réactions chimiques commencent entre les principaux éléments; du chlorure de cuivre résulte de l'action du sulfate sur le sel marin, et ce chlorure de cuivre change de base avec le sulfure d'argent et donne du chlorure d'argent. On répand sur le tas en fines gouttelettes une première dose de mercure et on fait piétiner, avec des intervalles plus ou moins longs de repos, suivant que l'indique l'aspect général de la masse et sa température.

Le mercure réduit le chlorure d'argent en se chlorurant lui-même, et une autre portion s'amalgame à l'argent mis en liberté. Le travail d'amalgamation est lent; il n'est souvent complet qu'après deux ou trois mois.

L'amalgame formé est séparé par lavages du reste de la masse, filtré comme nous l'avons dit et ensuite soumis à la distillation pour en retirer le mercure qui se condense et l'argent brut qui reste comme résidu.

Cette méthode exige beaucoup de mercure dont la plus grande partie est perdue à l'état de chlorure dans les lavages; on ne peut retrouver que celui qui a servi à amalgamer l'argent réduit.

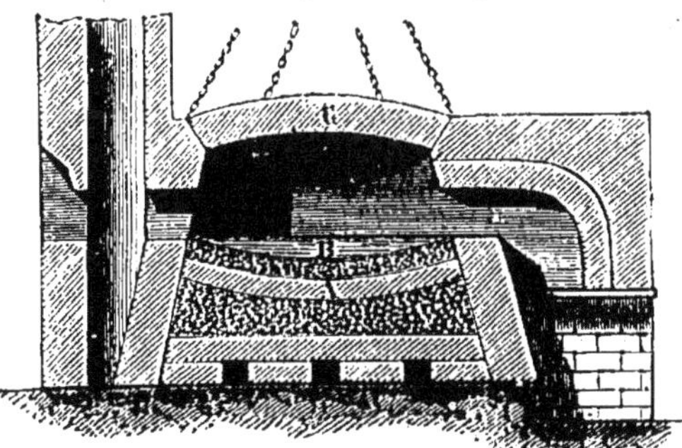
Fig. 80. — Four industriel de coupellation. — A, sole du four recouverte d'une couche absorbante; — B, bain métallique; — C, dôme mobile pour augmenter la température.

207. Extraction de l'argent des plombs d'œuvre. — Le plomb d'œuvre riche ou enrichi par la méthode de Pattinson est soumis à la **coupellation**. L'opération consiste à fondre l'alliage d'argent et de plomb dans un four où l'air puisse constamment oxyder la surface du bain métallique. Le plomb et les autres métaux étrangers passent à l'état d'oxydes qu'on enlève, et, à un moment, il ne reste plus que l'argent inoxydable, qu'il suffit de laisser refroidir.

Le four de coupellation de l'industrie (*fig.* 80) est à sole circulaire dont on garnit la surface d'une épaisse couche de marne. Quand le mélange métallique y est sous forme de bain liquide, on donne le vent par des tuyères; la surface du plomb s'oxyde promptement et la température est assez forte pour fondre l'oxyde formé, qu'on fait couler le long de la paroi du four par une rigole pratiquée à dessein. Quand il n'y a plus au-dessus de l'argent fondu qu'une très-mince pellicule de plomb, elle se teinte de mille couleurs et presque immédiatement après l'argent apparaît très-brillant et très-blanc, c'est le phénomène de l'*éclair;* il annonce la fin de l'opération. On n'a plus qu'à laisser le métal se refroidir lentement.

La litharge recueillie peut être utilisée sous cette forme ou bien réduite par le charbon dans un petit four à manche pour en retirer le plomb.

298. Propriétés physiques de l'argent. — L'argent est le plus blanc des métaux; il est susceptible d'un poli brillant qui n'a de supérieur que celui de l'acier. On pense qu'il doit sa belle couleur blanche à son grand pouvoir réfléchissant; sa couleur propre est jaunâtre; quand il est très-divisé, comme celui qu'on obtient par la réduction à froid du chlorure, il est gris; mais il devient brillant par le frottement. Après l'or, c'est le plus malléable et le plus ductile des métaux; on a pu le réduire en feuilles de 0 millim. 003 d'épaisseur, et avec un gramme faire un fil de 2,640 mètres de longueur. Sa densité est 10,47.

L'argent fond vers 1000°, et se volatilise à une température peu supérieure. Lors donc que de l'argent fondu est longtemps chauffé, comme dans les ateliers d'affinage, il peut y avoir une perte par volatilisation; pour l'éviter, on fait communiquer les fourneaux de fusion avec de grandes chambres de condensation où les gaz déposent les poussières d'argent entraînées, avant de se rendre à la cheminée.

L'argent fondu dissout environ vingt-deux fois son volume d'oxygène qu'il garde à l'état de gaz jusqu'au moment où il se solidifie; alors, si la solidification est rapide, le départ de l'oxygène est brusque, et le gaz déchire l'enveloppe solide de la surface du métal et peut en projeter quelques parcelles; c'est le phénomène du *rochage;* on peut l'éviter en refroidissant très-lentement l'argent.

299. Propriétés chimiques. — L'argent est inoxydable dans l'air à toute température; c'est cette qualité qui en fait un métal précieux. De tous les acides, c'est l'acide azotique, même étendu, qui l'attaque le plus facilement; il se dégage du bioxyde d'azote qui se transforme à l'air immédiatement en vapeurs nitreuses, et il se forme une dissolution d'azotate d'argent:

$$3Ag + 4HOAzO^5 = 3(AgOAzO^5) + 4HO + AzO^2.$$

L'acide sulfurique agit sur l'argent comme sur le mercure, le cuivre et le plomb; il doit être concentré et chaud pour dégager de l'acide sulfureux et former du sulfate d'argent.

L'acide sulfhydrique noircit l'argent en formant à sa surface un sulfure noir adhérent. Il faut attribuer à cette cause la teinte noire que prend l'argenterie au contact des œufs peu frais, ou aux émanations d'une fuite de gaz d'éclairage ou encore à celles qui s'échappent des fosses d'aisances.

L'acide chlorhydrique concentré et chaud attaque superficiellement l'argent en formant un chlorure insoluble qui masque et protége le reste du métal. Le sel marin agit de même; il ternit l'argent par la formation d'une pellicule de chlorure; aussi dore-t-on toujours l'intérieur des salières en argent pour les préserver de cette altération.

Les alcalis caustiques n'attaquent pas l'argent; c'est pourquoi on emploie des capsules de ce métal pour concentrer la potasse et la soude.

300. **Alliages d'argent.** — L'argent, dont les usages sont connus de tout le monde, n'est pas employé seul; il n'est pas assez dur; il s'userait vite et perdrait par le frottement la finesse de ses empreintes. On lui allie du cuivre qui lui donne de la dureté, et parfois même un peu de zinc. Ce sont des alliages de cuivre et d'argent qui constituent les pièces d'orfèvrerie et les monnaies. Le cuivre n'altère pas, d'une manière appréciable, la blancheur de l'argent tant qu'il ne lui est pas allié en proportion forte. On peut toujours d'ailleurs **blanchir** les alliages d'argent et de cuivre en les plongeant dans une eau légèrement acidulée après les avoir fortement chauffés; la couche superficielle de cuivre s'est oxydée, et l'oxyde se dissout dans l'eau acidulée mettant à nu l'argent pur auquel on donne le blanc mat par un frottement convenable.

Les alliages qui ont cours en France sont les suivants :

	Argent.	Cuivre.	Zinc.	Tolérance.
Médailles.	950	50	»	0,002
Vaisselle.	950	50	»	0,005
Monnaies (de 5 fr.) . . .	900	100	»	0,002
— *petites pièces*. .	835	93	72	0,002
Bijouterie	800	200	»	0,005

Les deux premiers qui contiennent 950 d'argent sont dits *au premier titre*; le dernier, 800, est dit au *second titre*.

Leur fabrication est soumise au contrôle de l'État et leur composition est vérifiée dans les bureaux de *garantie* et ne doit pas s'écarter en plus ou en moins de la fraction indiquée dans le tableau précédent sous le nom de *tolérance*.

301. **Essais des matières d'argent.** — Il est indispensable de pouvoir déterminer rapidement et avec une grande précision le *titre* d'un alliage d'argent, c'est-à-dire la proportion de ce métal qui entre dans les divers objets d'argenterie et de bijouterie. Il faut même, pour préparer l'analyse rigoureuse, ou pour fixer la valeur d'un objet que l'on ne veut pas détériorer, posséder une méthode qui permette d'indiquer l'alliage à composition connue dont se rapproche le plus l'objet à essayer.

Ce dernier mode d'essai qui n'est qu'approximatif, mais qui donne néanmoins des résultats très-approchés entre des mains exercées, se fait à la *pierre de touche* ou à l'aide de la dissolution de sulfate d'argent. La pierre de touche est une pierre siliceuse noire très-dure, inattaquable par les acides, assez rugueuse pour qu'un alliage frotté à sa surface y laisse une trace que le frottement d'un linge n'enlève pas. L'essai de l'argent se fait en comparant la couleur de la trace laissée sur une pierre de touche par l'objet essayé à celles que donnent des alliages à titres connus.

La dissolution de sulfate d'argent permet de distinguer rapidement et facilement les objets du second titre de ceux du premier titre; elle ne se ternit qu'à la longue sur ces derniers, tandis qu'elle noircit promptement sur les autres.

L'analyse exacte d'un alliage d'argent, la fixation rigoureuse du titre, qui exige que l'on ait au moins un gramme et demi de la matière, peut se faire par la *coupellation* ou par la voie humide indiquée par *Gay-Lussac* en 1832.

302. Coupellation. — La coupellation était connue des alchimistes; c'est une des opérations les plus ingénieuses qu'ils nous aient léguées. Nous avons déjà exposé les faits sur lesquels elle repose : l'argent est inoxydable à la température de sa fusion, et tous les métaux communs s'oxydent au-dessous de cette température et peuvent se dissoudre dans la litharge ou oxyde de plomb fondu ou être entraînés par elle.

Si donc on met dans une petite capsule poreuse en poudre d'os, appelée **coupelle** (*fig.* 81) un alliage d'argent et de cuivre avec une quantité suffisante de plomb et qu'on chauffe à une température assez élevée et sous l'influence oxydante de l'air, il se produit de la litharge et de l'oxyde de cuivre. Celui-ci se dissout dans la litharge qui mouille la coupelle, pénètre peu à peu dans ses pores, tandis que l'argent se rassemble en un bouton métallique et reste à la surface.

Fig. 81. — Coupelle en poudre d'os.

Il est clair que la proportion de plomb ajoutée à l'alliage varie avec la quantité du cuivre à entraîner. D'Arcet a reconnu expérimentalement qu'*un gramme* d'alliage exige les quantités suivantes de plomb selon son titre.

Titre de l'alliage.	Plomb.	Titre de l'alliage.	Plomb.
0,950	4 gr.	0,700.	12 gr.
0,900	7	0,600.	14
0,800	10.	0,500 et au-dessous. .	15 à 18.

Appareils et marche de l'opération. — Le fourneau dit *de coupelle* que la figure 70 représente en coupe est disposé pour recevoir et chauffer fortement un *moufle*. Celui-ci (*fig.* 82) est un vase mince en terre réfractaire, façonné en demi-cylindre, fermé à l'arrière, ouvert à l'avant du fourneau, destiné à recevoir les petites coupelles. Il est percé de quelques ouvertures étroites qui y laissent pénétrer l'air chaud. La coupelle mise d'abord vide dans le moufle chauffé étant suffisamment chaude, on y porte le plomb pur qui ne tarde pas à fondre et à se couvrir d'une pellicule d'oxyde. On dépose alors à sa surface l'alliage (1 gramme) entouré d'un petit morceau de papier. Les gaz réducteurs que le papier fournit en brûlant réduisent l'oxyde de plomb, et l'argent en contact avec le métal forme avec lui un alliage ternaire. Sous l'influence de l'air, le plomb et le cuivre s'oxydent et disparaissent peu à peu dans les parois de la coupelle; le bain métallique prend la forme sphérique; on voit à sa surface des taches brillantes et mobiles qui font place à des bandes irisées. Ce phénomène de l'*iris* indique que le bouton n'est plus recouvert que d'une mince pellicule d'oxyde. Le voile disparaît et le bouton d'argent apparaît avec un vif éclat; on appelle cette phase l'*éclair*; elle indique la fin de l'opération. On rapproche la coupelle de l'ouverture du moufle où on la

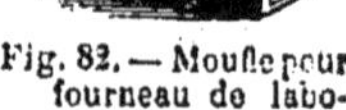
Fig. 82. — Moufle pour fourneau de laboratoires.

laisse quelque temps avant de la sortir, pour que le refroidissement soit lent et le *rochage* évité. L'essai a bien réussi quand la surface du bouton refroidi est restée brillante et lisse. On détache le bouton; on le pèse. Son poids indique le *titre* de l'alliage. Il y a lieu cependant d'ajouter une légère correction due à une petite perte d'argent par volatilisation.

La plus grande approximation obtenue n'est que de 2 à 5 millièmes.

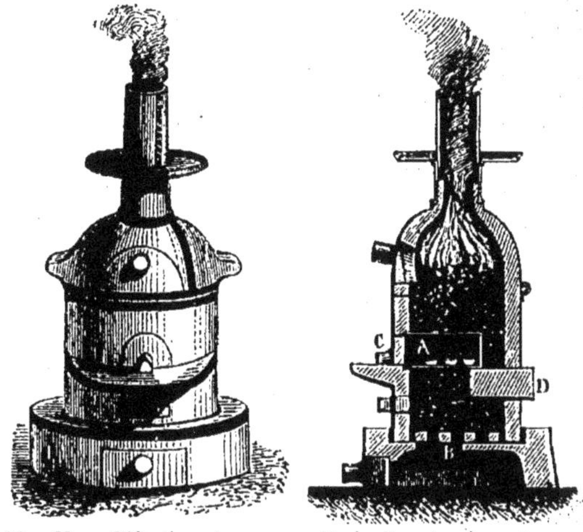

Fig. 83. — Elévation et coupe verticale d'un fourneau de coupelle pour laboratoire. — A, moufle; — C, ouverture du moufle — D, support; — B, grille du foyer destinée à accélérer le tirage

303. Essai par voie humide. — La méthode indiquée par **Gay-Lussac** et pratiquée en grand à la Monnaie est beaucoup plus exacte. Elle est basée sur la propriété des sels d'argent de donner, avec une dissolution de sel marin, un précipité blanc caillebotté de chlorure d'argent, insoluble dans l'eau, se rassemblant facilement au fond du vase en laissant au-dessus de lui une liqueur limpide. Si donc une dissolution provenant d'un alliage traité par l'acide azotique renferme à la fois de l'azotate d'argent et de l'azotate de cuivre et qu'on y verse une solution de sel marin, l'argent sera précipité à l'état de chlorure et le cuivre restera dissous. Et si la quantité de sel marin ajoutée est insuffisante, l'addition d'une nouvelle portion déterminera un trouble appréciable, lors même qu'elle ne précipiterait qu'une fraction de milligramme d'argent dissous.

La réaction du sel marin sur l'azotate d'argent :

$$\underbrace{\underset{23 + 35,5}{\text{NaCl}}}_{58,5} + \text{AgOAzO}^5 = \underset{\underset{108}{\vdots}}{\text{AgCl}} + \text{NaOAzO}^5,$$

montre que 58 gr. 5 de sel marin précipitent 108 grammes d'argent.

On en tire facilement qu'il faut, pour précipiter 1 gramme d'argent,

$$\frac{58,5}{108} = 0 \text{ gr. } 54 \text{ de sel marin pur et sec.}$$

On prépare une liqueur dont chaque décilitre contienne cette quantité de sel marin; c'est la **liqueur salée normale** (100 centimètres cubes précipitent 1 gramme d'argent).

On fait une seconde liqueur dite **liqueur salée décime**, telle que 1 centimètre cube précipite exactement 1 milligramme d'argent; il suffit de prendre 1 décilitre de la première et de l'étendre d'eau distillée au volume d'un litre.

Enfin on fait une dissolution d'azotate d'argent qui corresponde exactement à cette liqueur décime (en dissolvant 1 gramme d'argent et en étendant à 1 litre); c'est la **liqueur décime d'argent.**

Avec ces trois liquides titrés, on peut déterminer le titre de n'importe quel alliage d'argent. Soit à vérifier le titre d'une pièce de monnaie de 5 francs qui doit être légalement à 0,900 avec une tolérance de 2 millièmes.

Il faut prendre un poids d'alliage qui contienne au moins 1 gramme d'argent. Dans notre exemple, le titre le plus bas pouvant être 0,898, le poids à prendre sera

$$\frac{1}{0,898} = 1 \text{ gr. } 1135.$$

On pèse donc de l'alliage 1 gr. 1135 que l'on introduit dans un flacon bouché à l'émeri, avec 20 centimètres cubes d'acide azotique pur; on chauffe au bain-marie jusqu'à parfaite dissolution, et on débarrasse le flacon des vapeurs nitreuses dont il est rempli en y soufflant de l'air à l'aide d'un tube.

On verse alors dans le flacon, à l'aide d'une pipette, 100 centimètres cubes de *liqueur normale*, on bouche et on agite durant quelques minutes pour faire rassembler le précipité. Il peut alors se présenter deux cas : ou bien il y a encore dans la liqueur de l'argent non précipité, ou bien il n'y en a plus.

1er *Cas.* On verse dans le liquide éclairci par le repos 1 centimètre cube de la *liqueur salée décime;* un trouble apparaît; on bouche, on agite pour éclaircir le liquide. On ajoute un 2e centimètre cube de liqueur salée décime et un 3e, un 4e en agitant toujours après chacun d'eux, jusqu'à ce que le dernier ne produise plus de trouble. Supposons qu'on en ait ajouté 5. On admet que le dernier n'a rien produit et que la moitié seulement de l'avant-dernier a donné une précipitation. C'est donc :

3 centim. c. 5 de liqueur salée décime dénotant . . . . 3 millig. 5 d'argent, et

100 centimètres cubes de liqueur normale dénotant . . 1000 millig. 0 d'argent.

En tout. . . . . 1003 millig. 5

d'argent que contenait la dissolution, c'est-à-dire 1 gr. 1135 de l'alliage. Le titre de cet alliage est donc

$$\frac{10035}{11135} \text{ ou } 0,901.$$

L'alliage est dans les limites de la tolérance.

2e *Cas.* Le premier centimètre cube de liqueur salée décime ne produit aucun trouble quand on le verse dans le flacon. C'est qu'il n'y a plus d'argent à précipiter. On ajoute alors 1 centimètre cube de la *liqueur décime d'argent;* il neutralise le centimètre cube de la liqueur salée décime ajouté. Après agitation et repos, on ajoute un autre centimètre cube de la liqueur décime d'argent; s'il ne produit rien, c'est que l'alliage contenait exactement 1 gramme d'argent et était par conséquent au titre de 0,898.

S'il produit un trouble, c'est que l'alliage essayé et dissous contenait moins d'un gramme d'argent. On agite et on ajoute successivement, un à un, plusieurs centimètres cubes de liqueur décime d'argent jusqu'à ce que le dernier ne produise plus rien. Supposons qu'on en ait ajouté 5; on ne compte pas le dernier, et on suppose que la moitié seulement de l'avant-dernier a servi. C'est donc 3 millig. 5, de moins qu'un gramme d'argent, que contenait l'alliage ou 0 gr. 9965. Son titre est dans ce cas de

$$\frac{0,9965}{1,1135} = 0,895.$$

304. **Argenture.** — L'argent sert aussi à recouvrir la surface d'autres métaux d'un vernis brillant et inaltérable. L'ancien procédé qui consistait à recouvrir la surface à argenter d'un amalgame d'argent et à chauffer l'objet pour volatiliser le mercure et fixer l'argent n'est plus guère pratiqué.

Le procédé le plus employé est l'**argenture galvanique**. Les objets décapés sont plongés dans un bain (ordinairement du *cyanure d'argent* dissous dans le *cyanure de potassium*) et mis en communication avec le pôle négatif d'une pile, tandis qu'au pôle positif est fixée une lame d'argent qui se dissout à mesure dans le liquide et en maintient la composition. L'argent se dépose avec sa couleur; on lui donne le brillant par le frottement.

Les petits objets qu'on ne galvanise pas sont argentés avec des poudres au chlorure ou au cyanure d'argent mélangés de craie et de tartre; mais l'argenture est légère et dure peu.

On argente les glaces à l'aide d'une dissolution alcaline de nitrate d'argent qu'on fait réduire par le sucre interverti, le glucose ou l'aldéhyde.

305. **Oxyde d'argent.** — AgO. — Lorsqu'on verse de la potasse dans une dissolution de nitrate d'argent, il se forme un dépôt brun d'oxyde d'argent hydraté qui peut perdre son eau et devenir anhydre, de couleur olive, par l'action de la chaleur.

Isolé, cet oxyde est peu stable; il se décompose déjà à 100°. Il n'en constitue pas moins une base puissante neutralisant les principaux acides.

Digéré dans de l'ammoniaque très-concentrée, il se change en une poudre noire connue sous le nom d'**argent fulminant**, qui détone au moindre choc quand il est sec.

306. **Sulfure d'argent.** — AgS. — Le sulfure d'argent naturel présente de l'intérêt comme un des minerais d'argent les plus répandus; il est souvent cristallisé, d'une couleur gris noir avec éclat métallique. Grillé avec le sel marin, il se transforme en chlorure, et il subit à froid le même changement quand il est longtemps en contact avec le chlorure de cuivre; on utilise ces deux réactions dans l'extraction de l'argent.

Le sulfure artificiel est obtenu soit par l'union directe du soufre et de l'argent, soit plus facilement en précipitant un sel d'argent par l'hydrogène sulfuré. Il est noir et pulvérulent, et il ne prend l'aspect cristallin que par la fusion ou un frottement prolongé. Il sert aux peintres-verriers pour faire sur le verre les émaux jaune brillant.

307. **Chlorure d'argent.** — $AgCl$. — Le chlorure d'argent se forme toutes les fois qu'on verse dans un sel soluble d'argent soit de l'acide

chlorhydrique, soit un chlorure dissous. C'est un précipité blanc, d'apparence neigeuse, qui gagne vite le fond du verre et se rassemble facilement si la liqueur est acide. Desséché dans l'obscurité, il constitue une poudre blanche qui violace à la lumière diffuse et noircit au soleil. La chaleur le fond en un liquide jaune qui prend par le refroidissement l'apparence de la corne. Il est complétement insoluble dans l'eau et dans les acides; ses dissolvants sont l'ammoniaque, qui par évaporation spontanée le laisse déposer en cristaux semblables à ceux du chlorure naturel; l'hyposulfite de soude et le cyanure de potassium qui forment avec lui des sels doubles.

Le chlorure d'argent est réduit par l'hydrogène naissant. Quand on ajoute du zinc et quelques gouttes d'acide chlorhydrique à du chlorure d'argent contenu sous l'eau dans un verre, on voit le chlorure blanc noircir autour de chaque fragment de zinc, et peu à peu dans toute la masse. Le zinc et les quelques gouttes d'acide ont donné de l'hydrogène qui réduit le chlorure d'argent en déposant l'argent gris noirâtre, et en régénérant de l'acide chlorhydrique qui continue la réaction :

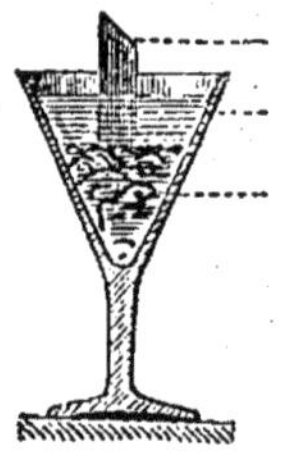

Fig. 84

$$Zn + HCl = ZnCl + H$$
$$H + AgCl = Ag + HCl.$$

Cette réduction est mise à profit pour retirer l'argent des liquides qui peuvent le contenir, et même pour préparer l'argent pur. On transforme en chlorure d'argent les dissolutions que l'on veut traiter; on lave le chlorure, on le réduit par le zinc comme ci-dessus. Quand la réduction est terminée, on retire le zinc, on le brosse, on le lave. On décante le liquide, puis on ajoute de l'acide sulfurique étendu sur la poudre d'argent pour dissoudre les parcelles de zinc qui ont pu y rester. Il suffit de laver ensuite soigneusement la poudre et de la sécher pour la fondre avec du borax si l'on veut un culot d'argent métallique.

Le chlorure d'argent peut encore être réduit à chaud par la craie et le charbon ou par la chaux vive; mais il faut maintenir au moins une demi-heure la température au rouge. On emploie 100 parties de chlorure avec 70 parties de craie et 4 parties de charbon.

La propriété saillante du chlorure d'argent, c'est de noircir à la lumière en passant, suivant l'intensité lumineuse, par les diverses nuances, depuis le rouge violacé jusqu'au violet noir. Sous cette influence, le chlorure devient insoluble dans ses dissolvants ordinaires, notamment dans l'hyposulfite de soude qui le dissout quand la lumière ne l'a pas altéré. La photographie utilise cette propriété pour obtenir les épreuves sur papier.

308. **Bromure et iodure d'argent.** — Quand on jette une dissolution d'un bromure ou d'un iodure dans une solution d'azotate d'argent, il se fait un précipité de bromure ou d'iodure d'argent. Ces deux corps sont blancs quand on les produit à l'abri des rayons actifs de la lumière; ils deviennent immédiatement jaunâtres à la lumière diffuse, et en même temps ils cessent d'être solubles dans l'hyposulfite de soude et le cyanure de potassium, leurs dissolvants ordinaires. C'est cette propriété qui les fait employer en photographie pour obtenir l'épreuve inverse, que l'on appelle un négatif ou un cliché.

309. Azotate d'argent. — $AgOAzO^5$. — Le sel d'argent le plus commun est l'azotate, que l'on obtient en attaquant de l'argent vierge par de l'acide azotique pur. Si l'on ne dispose que d'argent monnayé, et qu'on l'attaque par de l'acide azotique, on obtient un mélange d'azotate d'argent et d'azotate de cuivre, d'une couleur verte. On évapore la dissolution à sec et l'on continue à chauffer jusqu'à ce que toute la masse soit bien noire; la chaleur décompose l'azotate sec de cuivre, avec dépôt d'oxyde de cuivre noir, sans altération de l'azotate d'argent. En reprenant le résidu par l'eau, il ne se dissout que l'azotate d'argent qu'on filtre et que l'on concentre pour le faire cristalliser.

L'azotate d'argent est très-soluble dans l'eau. Chauffé, il fond en un liquide qui se prend en masse cristallisée par le refroidissement. Coulé en crayons quand il est fondu, il constitue la **pierre infernale** des chirurgiens, qui cautérise les plaies et ronge les chairs. Ce sel est facilement décomposé par les matières organiques; ainsi sa dissolution tache les doigts, le papier, le linge d'une marque qui devient d'un *noir bleuté* et qui est formée d'argent métallique réduit. On peut enlever la tache par le cyanure de potassium; mais quand elle est sur la peau il vaut mieux avoir recours à l'iodure de potassium, parce que le cyanure très-vénéneux peut s'inoculer par une blessure ou égratignure, et amener de graves accidents.

La propriété que possède le nitrate d'argent de noircir au contact des matières organiques le fait employer comme *encre à marquer le linge*. On dissout 2 parties de nitrate dans 7 d'eau distillée, on y ajoute 1 partie de gomme et on colore avec du noir de fumée impalpable. La place où l'on veut écrire est d'abord mouillée avec une dissolution de gomme et de carbonate de soude, puis séchée et repassée, après quoi on y trace les caractères et l'on expose l'écriture au soleil pour qu'elle noircisse promptement.

Le *nitrate d'argent* est le corps le plus employé en photographie, car c'est lui qui sert à préparer le bromure, l'iodure et le chlorure dont on met la sensibilité à profit.

310. Caractères des sels d'argent. — Les sels solubles d'argent se reconnaissent aisément au précipité de chlorure qui s'y forme quand on y jette de l'acide chlorhydrique ou un chlorure soluble. Le précipité, reconnaissable à son aspect caillebotté, à son insolubilité dans l'acide azotique, l'est encore par la transformation que lui fait subir la lumière, qui le violace.

Les sels insolubles sont transformés en sels solubles pour être caractérisés comme eux.

Exercice. — 24. On veut transformer en nitrate d'argent 20 francs de pièces de 1 franc; quel poids de nitrate cristallisé pourra-t-on obtenir?

CHAPITRE XXVI

OR. — Au = 98.

311. État naturel. — L'or, se rencontrant généralement à l'état natif, est de tous les métaux celui qui a attiré le premier l'attention de l'homme. Son éclat et son inaltérabilité en ont fait une matière précieuse.

Il est connu et apprécié depuis la plus haute antiquité comme le *roi des métaux*. Les alchimistes le comparaient au soleil et lui attribuaient les plus grandes vertus; aussi tous leurs efforts tendaient-ils à transformer les autres métaux en or.

L'or natif existe en filons dans les terrains anciens où il a pour gangue le quartz blanc. On l'y trouve disséminé en petits cristaux cubiques ou en filaments ou grains irréguliers, en minces lamelles et en paillettes. On donne le nom de **pépites** aux fragments d'un certain volume; d'ordinaire leur poids est de quelques grammes; exceptionnellement on en a trouvé de plus de 20 kilogrammes.

L'or natif se trouve également dans des alluvions anciennes, provenant de la destruction de filons ou de roches quartzeuses aurifères; il s'y présente en paillettes disséminées dans des sables; et c'est dans ces sables que se fait habituellement la recherche du métal précieux.

L'or est très-répandu; mais il n'existe le plus souvent qu'en très-faibles quantités aux endroits où l'on peut cependant constater sa présence. Ainsi certains fleuves de France, le *Rhône*, le *Rhin*, la *Garonne*, l'*Ariége*, roulent dans leurs sables granitiques des paillettes d'or que l'on ne peut guère exploiter, car il faudrait laver plus de 3 millions de kilogrammes de sables pour obtenir un kilogramme d'or. Les gisements aurifères les plus riches sont ceux de l'*Australie*, de la *Californie*, du *Brésil*, de la *Sibérie*.

312. Extraction de l'or. — La méthode la plus ancienne et la plus simple consiste à laver les sables aurifères ou les roches concassées et pulvérisées dans une *sébile* de bois ou de tôle (*fig.* 85). On met dans ce vase quelques poignées de sable et on le plonge dans l'eau en lui imprimant un rapide mouvement de rotation; les matières solides se séparent et se déposent à peu près par ordre de densité; les paillettes d'or plus lourdes gagnent le fond du vase, tandis que les matières plus légères restent en dessus et peuvent être rejetées. L'or lavé est encore accompagné de beaucoup de matières étrangères.

Fig. 85. — Sébile à laver les sables aurifères.

Cet appareil primitif a fait place à de plus complexes, d'abord à la table à secousses avec des arrêts sur son fond incliné, puis ensuite au *sluice* australien, long canal de plus de mille mètres, à fond raboteux et garni d'aspérités, au sommet duquel on jette le minerai d'or entraîné par un fort courant d'eau et où l'on retrouve les paillettes aurifères rassemblées contre les obstacles du fond.

On épure la poudre d'or encore sableuse par l'**amalgamation**. L'or se dissout dans le mercure avec lequel il est pétri, et l'amalgame formé se sépare facilement des impuretés. On exprime cet amalgame liquide pour séparer l'excès de mercure, et la partie solide qui reste est soumise à la distillation, soit dans des appareils analogues à ceux qu'on emploie pour l'argent, soit dans des cornues en fonte dont le tube de dégagement est refroidi pour condenser le mercure. L'or est obtenu spongieux; on le refond avec un peu de borax pour le couler ensuite en lingots.

313. Affinage de l'or. — L'or commercial est allié à une faible quantité d'argent et même à un peu de cuivre. On le sépare de ces deux métaux par l'**affinage.** L'expérience a démontré que la séparation de l'argent et de l'or ne s'effectue bien que quand la proportion des deux

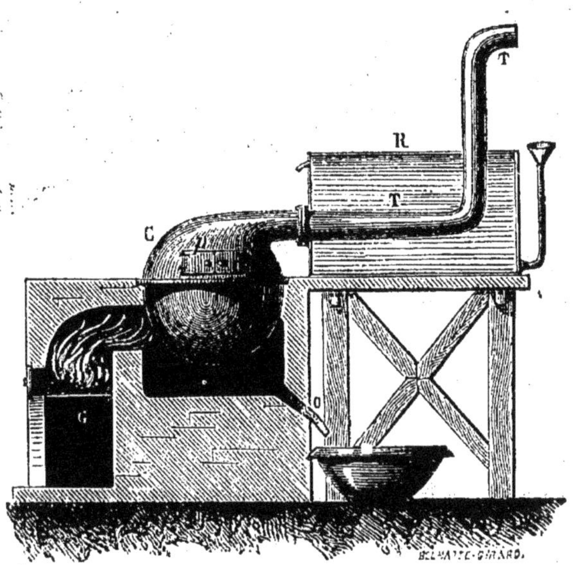

Fig. 86. — Appareil pour l'affinage de l'or. — C, cornue munie d'une porte (*p*); — T, tube de la cornue refroidi par le récipient R; — G, foyer.

métaux est de 25 à 40. On commence par réaliser cette proportion sur l'alliage à affiner que l'on fond au creuset pour le grenailler. On introduit le métal grenaillé dans la chaudière (*fig.* 86) dont le tube T est refroidi par l'eau d'un bassin R. On ajoute par la porte *p* de l'acide sulfurique concentré et on chauffe. Le foyer est latéral et le support de la cornue est en cuve pour le cas où il s'y manifesterait des fuites; le liquide écoulé de la cornue ne serait pas perdu, il serait conduit dans une terrine par le tube O.

L'acide sulfurique est sans action sur l'or; il dissout l'argent et le cuivre qu'il transforme en sulfates :

$$Ag + 2HOSO^3 = AgOSO^3 + 2HO + SO^2.$$

L'or se retrouve en poudre au fond de la cornue. On le sèche après avoir décanté le liquide et on le fond au creuset avec du borax.

Le liquide est abandonné avec des lames de cuivre qui font déposer l'argent, que l'on refond. Du dernier liquide, il se dépose par évaporation de beaux cristaux de sulfate de cuivre pur.

Cette opération se pratique aujourd'hui avec avantage sur tous les anciens alliages d'or contenant de l'argent qui n'ajoute pas à leur valeur, et même sur les alliages d'argent contenant seulement quelques millièmes d'or.

314. Propriétés de l'or. — L'or possède une belle couleur jaune, très-brillante; réduit en feuilles minces, il paraît vert par transparence;

précipité d'une solution dans un état de division extrême, il forme une poudre d'un noir violacé.

C'est le plus malléable et le plus ductile de tous les métaux. On peut le réduire en feuilles de moins d'un dix-millième de millimètre d'épaisseur et on a pu étirer un gramme d'or en un fil de 3 kilomètres.

L'or fond vers 1,200°, et en fusion il paraît vert, probablement par une petite quantité de vapeur qu'il émet. Il peut se souder à lui-même sans fusion préalable; ainsi l'or précipité se transforme en une masse cohérente quand on le comprime, et il prend sous le brunissoir l'état métallique.

La densité de l'or est de 19,2.

L'or est un des métaux les plus inaltérables; il résiste à l'action de l'eau, de l'air, de l'oxygène dans toutes les conditions. Il n'est pas dissous par les acides; l'eau régale seule l'amène en solution. Le chlore et le brome sont les seuls métalloïdes qui l'attaquent à froid. Le mercure l'amalgame à toute température.

315. **Usages.** — L'or est employé en alliages pour les monnaies et la bijouterie; en feuilles pour dorer le bois, le plâtre, etc.; en peinture, sous le nom d'*or en coquilles*, mélange de feuilles d'or et de miel. En dissolution, il sert à la dorure des objets métalliques et en photographie.

316. **Dorure.** — La dorure consiste à recouvrir d'une faible couche d'or des objets d'une valeur relativement faible pour leur donner l'aspect et l'inaltérabilité du métal précieux. Elle se pratique par trois procédés : la *dorure au mercure*, la *dorure galvanique* et la dorure par immersion ou *au trempé*.

La **dorure au mercure**, connue déjà des anciens, consiste à appliquer sur le métal à dorer une couche d'amalgame d'or qu'on décompose ensuite par la chaleur pour chasser le mercure. Elle ne peut s'appliquer qu'aux métaux attaquables eux-mêmes par le mercure, comme l'argent, le cuivre et le bronze. Elle a le grave inconvénient d'être très-insalubre par suite des vapeurs de mercure qui se dégagent de l'amalgame chauffé, et elle a été en partie abandonnée depuis la découverte des deux autres procédés.

La **dorure galvanique** se fait en plongeant les objets métalliques ou métallisés, fixés au pôle négatif d'une pile faible, dans un bain formé de cyanure d'or dissous dans le cyanure de potassium. Le dépôt est noirâtre; on lui donne le brillant de l'or par un frottement contre un corps dur qui porte le nom de brunissoir.

La dorure **par immersion ou au trempé**, que l'on applique aux bijoux ordinaires et à une foule de petits objets, a lieu en plongeant les corps, parfaitement décapés, environ une minute dans un bain de chlorure d'or, rendu alcalin par un mélange convenable de bicarbonate de potasse.

Le dépôt est d'une faible épaisseur; mais il se conserve bien et peut même résister quelque temps au frottement.

317. **Alliages d'or.** — L'or se combine directement avec la plupart des métaux. Les plus importants de ces alliages sont ceux que donne l'or avec l'argent, le mercure et le cuivre.

On rencontre dans la nature des alliages d'or et d'argent dont la composition est très-variable. On en fabrique en orfévrerie qui sont désignés sous les noms d'**or vert**, renferment 30 p. % d'argent, et d'**électrum** renfermant 20 % d'argent.

L'*amalgame* d'or se produit très-facilement : un bijou blanchit immédiatement au contact du mercure. Il n'a d'intérêt que dans l'extraction de l'or métallique et dans la dorure au mercure.

Le cuivre, en s'alliant à l'or, augmente sa dureté et rehausse son éclat. Il fait partie intégrante des bijoux et des monnaies d'or qui sont, en France, soumis aux mêmes lois de garantie que les objets d'argent. Voici leurs titres.

	Titre.	Tolérance.
Monnaies	0,900	0,002
Médailles	0,916	0,002
Bijoux	0,920 / 0,840	0,003
	0,750	0,008

318. **Essai des matières d'or.** — La détermination exacte du titre d'un alliage d'or exige une analyse minutieuse; l'essai approximatif d'un bijou ou d'un objet que l'on ne veut pas détériorer se fait à la **pierre de touche.**

1° Pour *essayer un bijou à la pierre de touche*, on le frotte sur la pierre, de manière à y laisser une trace d'un centimètre de long et de 2 à 3 millimètres de large. A côté, on en fait une semblable avec un alliage à 750 millièmes, de même couleur que le bijou, et on mouille les deux traces avec une eau régale faible qui les attaque légèrement en affaiblissant leur éclat. Si le bijou est à un titre bien inférieur à 750, sa trace noircit rapidement, et le frottement d'un linge l'enlève en laissant persister l'autre. L'alliage auquel on compare les bijoux s'appelle **touchaux**; on en fait un certain nombre au même titre, mais avec des nuances différentes, et un essayeur habile peut avec eux reconnaître le titre d'un alliage à 10 millièmes près.

2° Pour l'analyse exacte, il faut recourir à la **coupellation.** La présence d'une petite quantité d'argent pouvant rester dans l'or coupellé oblige à suivre une marche différente de celle de la coupellation des alliages d'argent. On détermine d'abord le titre approximatif de l'alliage à essayer. On en pèse 0 gr. 5 et on y ajoute un poids d'argent égal à 3 fois le poids de l'or; cette addition d'argent se nomme **inquartation.** On coupelle, avec une quantité convenable de plomb, le mélange des deux métaux précieux, et on obtient un bouton métallique qui les contient et où il n'y a pas trace de cuivre.

Pour opérer ce que l'on appelle le **départ**, c'est-à-dire la séparation de l'or et de l'argent, on aplatit le bouton sur une enclume; on le lamine en feuille mince que l'on tourne en cornet et qu'on introduit dans un matras où l'on fait bouillir de l'acide azotique. L'argent est dissous ; l'or reste sous la forme du cornet qu'il faut laver, sécher et recuire au moufle pour lui donner de la cohérence et enfin pouvoir le peser.

319. **Chlorure d'or.** — Au^2Cl^3. — De tous les composés de l'or, le chlorure est le plus employé et le plus facile à obtenir, puisqu'il résulte de l'attaque de l'or par l'eau régale. C'est une dissolution d'un jaune

clair, qui, évaporée, donne des cristaux en aiguilles d'un jaune rougeâtre, déliquescents et par conséquent très-solubles.

La solution de chlorure d'or est décomposée, avec dépôt d'or métallique, par un grand nombre de corps. Quand on y verse du sulfate de protoxyde de fer filtré, il s'y forme un dépôt d'une poudre d'or extrêmement ténue et d'un violet noir. L'acide oxalique produit le même effet; et on se sert de l'un ou l'autre de ces deux corps pour séparer complétement l'or des autres corps avec lesquels il peut se trouver et préparer l'or chimiquement pur.

La laine, la soie, la peau se colorent en pourpre foncé au contact du chlorure d'or, et la lumière favorise cette réduction. La lumière seule peut à la longue décomposer la solution de chlorure d'or et produire, sur les parois des flacons, un dépôt d'or métallique.

Toutes les matières organiques réduisent le chlorure d'or à l'ébullition et décolorent sa solution; on se sert de cette propriété pour révéler leur présence dans les eaux.

Le chlorure d'or se combine avec les chlorures alcalins pour donner des chlorures doubles : c'est ce qui le fait considérer comme un *chloracide*.

Il sert, en photographie, au *virage* des papiers positifs auxquels il donne la teinte noir violacé que l'on préfère à la teinte chocolat du chlorure d'argent. Il est la base des liquides pour la dorure. Il sert à la préparation industrielle du *pourpre de Cassius*.

320. **Pourpre de Cassius.** — On désigne sous ce nom un précipité signalé pour la première fois par Cassius en 1683, et qui se produit par l'action des sels d'étain sur le chlorure d'or. Ce produit prend à la vitrification la couleur pourpre carminée, la plus belle que nous sachions produire. C'est la raison de son emploi à la décoration de la porcelaine.

On l'obtient en plongeant des lames ou de la grenaille d'étain dans une dissolution neutre et étendue de chlorure d'or; il se forme un dépôt floconneux, d'abord brunâtre, puis violet pourpre, que l'on peut filtrer si l'on a pris soin de le faire bouillir avec du sel marin.

On l'obtient encore en ajoutant à du chlorure d'or, d'abord du bichlorure d'étain qui ne produit rien, puis, peu à peu, du protochlorure qui donne naissance au pourpre.

La composition de ce corps n'est pas bien établie; car, tandis que les uns le considèrent comme une combinaison d'acide stannique et d'oxyde d'or, Debray l'envisage comme une laque d'acide stannique colorée par de l'or très-divisé.

321. **Caractères de dissolutions auriques.** — Elles tachent la peau en violet. La sulfate de fer y précipite de l'or très-divisé. Les deux chlorures d'étain y produisent le *pourpre*.

Enfin l'ammoniaque y donne un précipité jaune qui détone avec violence quand on le chauffe.

Exercice. — 25. On veut essayer un bijou d'or que l'on suppose être au titre de 0,750; on en prend 0 gr. 5; on demande : 1° quel est le poids de l'argent d'inquartation à y ajouter pour coupeller; 2° quel sera le poids du cornet d'or après le départ de l'argent; 3° quelle surface on couvrirait en transformant cet or en feuilles d'un huit-millième de millimètre d'épaisseur.

CHAPITRE XXVII

PLATINE. — Pt = 95,5.

322. **État naturel.** — Le platine n'est guère connu que depuis le milieu du siècle dernier. On le trouve à l'état natif, en grains et même en pépites, dans les terrains qui contiennent l'or et le diamant. Les gisements les plus riches sont ceux de la *Colombie* et du *Brésil*, et, en Europe, ceux des monts *Ourals*. On extrait les grains de platine des sables où ils sont disséminés, par des lavages analogues à ceux qu'on fait subir aux sables aurifères. La poudre métallique provenant du lavage renferme le platine, associé à d'autres métaux dont le plus important et le moins gênant est l'*irridium;* les autres, qui n'existent qu'en faible quantité, sont : le *palladium*, le *rhodium*, le *ruthénium*, le *titane* et le *chrome;* leur présence rendait difficile l'extraction du platine, avant que *M. Deville* ait appliqué la méthode de fusion directe aux minerais platinifères.

323. **Extraction du platine.** — La première méthode employée avec quelque succès, a été celle de *Wollaston;* elle consiste à dissoudre le platine dans l'eau régale, pour le précipiter ensuite chimiquement de sa dissolution et le séparer ainsi de la plupart des métaux étrangers, puis à régénérer le platine métallique. On attaque donc le minerai par l'eau régale qui dissout, avec le platine, un peu d'irridium et laisse insolubles les matières minérales qui l'accompagnaient. Dans le liquide concentré, on verse une dissolution saturée de chlorure d'ammonium; il se forme un chlorure double de platine et d'ammonium qui est insoluble, que l'on peut recueillir et séparer. On le dessèche et on le chauffe peu à peu jusqu'à le décomposer, et finalement il reste du platine sous la forme d'une masse spongieuse, peu cohérente, de couleur grise; c'est l'*éponge* ou la *mousse* de platine.

Pour transformer cette mousse en métal, on la comprime à froid, au moyen d'une presse à vis, dans un anneau de fer, et l'on martèle à chaud le disque ainsi obtenu; le platine possède, en effet, la propriété de se souder à lui-même comme le fer.

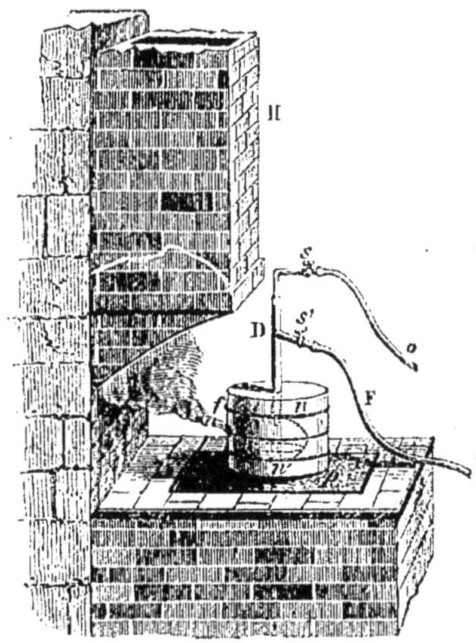

Fig. 87. — Appareil Deville pour l'extraction du platine. — *f*, *n*, *n'*, creuset en chaux; — D, F, *o*, *s*, *s'*, chalumeau; — H, cheminée.

324. **Procédé Deville par fusion.** — On fond le minerai dans un four en chaux, après lui avoir ajouté 2 à 5 p. % de chaux pour enlever l'oxyde de fer. Quand le platine est fondu, on le coule dans une lingotière en chaux. En général, une seule fusion ne

suffit pas pour un affinage complet. On fond de nouveau le métal dans une atmosphère oxydante et on le coule après fusion.

Le four en chaux (*fig.* 87) se compose de deux parties : la sole ou creuset et le couvercle. On obtient le creuset en pratiquant une cavité hémisphérique dans un morceau de chaux vive; le couvercle est aussi creusé en calotte sphérique surbaissée, et il est percé d'un trou dans l'axe des deux calottes. C'est dans ce trou que l'on introduit l'appareil combustible, c'est-à-dire le chalumeau oxhydrique à gaz séparés qui amène, par deux canaux distincts, le gaz d'éclairage et l'oxygène. La flamme s'échappe par une ouverture latérale qui permet de plus de suivre l'opération. Une ouverture pratiquée dans le creuset permet d'introduire peu à peu le mélange de minerai et de chaux par petites portions de 2 ou 3 grammes.

Le métal obtenu est du platine allié à l'irridium et à un peu de rhodium, qui présente plus de résistance au feu et aux réactions chimiques que le métal pur.

323. **Propriétés physiques du platine.** — Le platine du commerce est d'un blanc gris, intermédiaire entre la couleur de l'argent et celle de l'étain. C'est le plus lourd de tous les métaux : sa densité est 21,5. Il est malléable et ductile; on peut en effet l'obtenir en fils très-fins presque aussi tenaces que les fils de fer.

On ne peut le fondre dans les fourneaux ordinaires; il s'y ramollit seulement, ce qui permet de le souder. Mais on le fond à l'aide du chalumeau à oxygène dans des creusets de chaux. Le métal fondu absorbe l'oxygène comme l'argent et *roche* comme ce dernier métal quand son refroidissement est trop brusque.

Le platine obtenu par précipitation chimique d'un de ses sels est une poudre noire appelée **noir de platine**, qu'on peut obtenir dans un état de division extrême, à tel point que 1 centimètre cube du métal puisse recouvrir une surface de 1,100 mètres carrés. On prépare ce platine très-divisé en décomposant une dissolution de chlorure platinique par une dissolution alcoolique de potasse, et lavant la poudre obtenue pour la débarrasser de tous les corps étrangers. Ce métal divisé possède la propriété de condenser les gaz; il absorbe 250 fois son volume d'oxygène et 700 à 800 fois son volume d'hydrogène. La chaleur développée par la condensation est assez forte pour provoquer l'inflammation du gaz s'il est combustible; si l'on dirige un jet d'hydrogène sur du noir de platine en présence de l'air, l'hydrogène s'enflamme : c'est sur ce fait que repose le *briquet à hydrogène* employé avant l'invention des allumettes phosphorées pour se procurer du feu à volonté.

Quand les gaz condensés par le platine peuvent se combiner sous l'influence d'une élévation de température, comme l'hydrogène et l'oxygène, comme aussi les carbures d'hydrogène et l'air, la chaleur produite par la condensation dans les pores du métal divisé suffit à déterminer l'inflammation ou la combinaison du mélange gazeux, et le platine peut rester quelque temps incandescent. C'est ainsi que le platine divisé (noir ou en éponge) peut faire détoner un mélange d'hydrogène et d'oxygène. C'est la raison pour laquelle un fil de platine roulé en spirale et suspendu au-dessus d'une lampe à alcool redevient incandescent et y reste quelque temps après qu'on a soufflé la lampe (*fig.* 88); qu'une spirale de platine fixée dans un carton et suspendue dans un verre contenant de l'éther, après avoir été chauffée, se conserve rouge de feu, tant qu'il y a de l'air dans le verre, formant ainsi ce que l'on appelle parfois la lampe sans flamme.

Fig. 83. — Lampe sans flamme.

Le platine à tous ses états absorbe les gaz, mais avec d'autant plus de puissance qu'il est plus divisé; ainsi l'éponge a un pouvoir absorbant plus grand que le métal cohérent, et le noir un pouvoir plus considérable que l'éponge.

On prépare économiquement du platine jouissant d'une force assez grande de condensation en faisant bouillir quelques instants du charbon de bois en poudre grossière ou de la pierre-ponce concassée avec du chlorure de platine, et en calcinant la matière au rouge sombre dans un creuset fermé; on obtient ainsi le **charbon et la ponce platinés** que l'on peut substituer au noir de platine dans les expériences décrites ci-dessus.

326. **Propriétés chimiques du platine.** — Le platine ne s'oxyde ni dans l'air ni dans l'oxygène, quelle que soit la température. Mais, sous l'influence de la chaleur, le phosphore, le soufre, l'arsenic, le silicium l'attaquent plus ou moins rapidement et le rendent fusible ou cassant. Ainsi le phosphore, chauffé légèrement dans un vase de platine, le perce instantanément parce qu'il donne un phosphure très-fusible. Il faut se souvenir de ce fait quand on calcine des sels dans un creuset de platine et empêcher que des parcelles de charbon, agissant par réduction sur les sels, ne mettent en liberté l'un des corps cités ci-dessus, qui détériorerait promptement le creuset.

Les acides, même concentrés et bouillants, n'attaquent pas le platine; l'eau régale peut seule le dissoudre. Les alcalis peuvent se combiner avec lui; aussi ne se sert-on jamais de vases de platine pour les concentrer.

327. **Usages du platine.** — On emploie le platine pour les petits creusets et capsules des laboratoires d'analyse et pour les alambics où l'on concentre l'acide sulfurique. Son prix élevé, 900 francs le kilogramme, limite beaucoup ses emplois; il pourrait cependant rendre de grands services dans bien des appareils industriels par sa grande résistance à la chaleur et à l'altération chimique.

On a proposé, ces temps derniers, de le substituer à l'argent, pour métalliser les glaces, et le platinage commence à remplacer l'argenture.

328. **Composés du platine : bichlorure.** — $PtCl^2$. — Le platine donne avec les principaux agents chimiques un grand nombre de combinaisons; mais le chlorure est le seul sel usuel.

On obtient ce chlorure en dissolvant du platine dans l'eau régale. On évapore la dissolution à une douce chaleur, et on obtient une masse cristalline rouge qui est un chlorure double de platine et d'hydrogène. Chauffée, cette masse se dédouble en acide chlorhydrique qui s'en va en vapeurs, et le bichlorure de platine reste dans la capsule sous forme d'un corps solide amorphe rouge brun.

Il est très-déliquescent, très-soluble dans l'eau qu'il colore en jaune foncé et dans l'alcool. La chaleur le décompose en ses éléments.

Il se combine avec les autres chlorures, surtout les chlorures alcalins, avec lesquels il joue le rôle d'acide et forme des chlorures doubles appelés aussi *chloroplatinates*. Les deux plus importants de ces sels doubles sont ceux de potassium et d'ammonium; ils ont pour formule :

$$PtCl^2KCl \quad \text{et} \quad PtCl^2AzH^4Cl;$$

ils sont tous deux jaunes, insolubles dans l'eau et surtout dans l'alcool.

Ils prennent naissance quand on verse une solution de chlorure de platine dans du chlorure de potassium ou d'ammonium, et qu'on ajoute au liquide un peu d'alcool. On met à profit leur formation pour caractériser les sels de potasse et ceux d'ammoniaque et les différencier des sels de soude où il ne se forme pas de précipité.

On comprend qu'à leur tour les sels de potasse ou d'ammoniaque puissent servir à caractériser une solution d'un sel de platine.

Exercice. — 26. Que paierait-on une feuille de platine de 3 centimètres de large, 12 centimètres de long et 1/4 de millimètre d'épaisseur, à 900 francs le kilogramme? Quel poids de chloroplatinate d'ammoniaque pourrait-on faire avec?

CHAPITRE XXVIII

RÉACTIONS CHIMIQUES DE LA PHOTOGRAPHIE.

329. **La photographie** est l'art de fixer et de rendre durables les images fugitives que la lumière produit dans une chambre noire. Créée par *Niepce* et *Daguerre* vers 1840, elle n'a d'abord donné que des dessins sur métal; mais le procédé des premiers inventeurs a vite cédé la place au procédé actuellement en usage, qui donne des dessins sur papier, tracés par la lumière avec une remarquable finesse et susceptibles d'être encore embellis par la main habile de l'artiste.

Nous allons d'abord décrire la photographie telle qu'on la pratique aujourd'hui; et nous indiquerons après la manière d'obtenir les épreuves sur métal, dites au *daguerréotype*, qui n'ont plus qu'un intérêt historique.

330. **Photographie sur papier.** — Elle comporte deux opérations successives : dans la première, on obtient l'image que la lumière a dessinée dans la chambre noire, mais inverse de ce qu'elle est réellement; c'est-à-dire qu'examinée par transparence elle présente des clairs correspondant aux parties noires de l'objet, et des portions obscures au lieu et place des parties éclairées de l'objet. On lui donne le nom d'*épreuve négative* ou de *cliché*.

Dans la seconde opération, on fait filtrer la lumière au travers du cliché comme écran pour qu'elle vienne tracer sur un papier une image en tout semblable au modèle dans la disposition des ombres et des portions brillantes; c'est l'*épreuve positive* ou plus simplement le *positif*.

331. **Épreuve négative ou cliché.** — On a pris successivement comme support de la couche mince et sensible où s'accompliront les réactions chimiques de la lumière le papier et le verre; ce dernier est préféré comme plus facile à laver, moins altérable et plus commode à obtenir plan. La couche sensible est ou l'albumine clarifiée de l'œuf ou une dissolution de coton-poudre dans de l'alcool éthéré, qu'on nomme **collodion**.

C'est l'iodure et le bromure d'argent qui sont les agents, altérables par la lumière, employés. On les produit dans la texture de la mince couche de collodion dont on recouvre la plaque de verre destinée à l'épreuve.

Le *collodion*, formé de 10 grammes de coton-poudre dans un demi-litre d'alcool et autant d'éther, contient pour ce volume 7 à 8 grammes d'iodure de cadmium et d'iodure d'ammonium, et 2 à 3 grammes de bromure d'ammonium, sels solubles qu'on y a dissous. Versé à la surface d'une plaque de verre, il y forme une mince pellicule. On plonge la plaque collodionnée dans une dissolution de nitrate d'argent (à 7 ou 8 p. %); les iodures solubles du collodion font double échange avec le sel d'argent, et il se forme dans le collodion du bromure et de l'iodure d'argent qui donnent à la plaque un aspect laiteux. Cette plaque est *sensible*. On la met dans un châssis fermé pour l'emporter du cabinet obscur jusqu'à l'appareil photographique où elle devra être frappée par la lumière de l'image, un temps plus ou moins long, qu'on appelle le temps de pose et que l'expérience seule permet de déterminer. Quand elle a pris l'impression lumineuse, on la reporte, enfermée comme ci-devant, au cabinet noir. Tirée du châssis, elle ne présente pas trace de l'impression qu'elle a reçue; et cependant la couche sensible d'argent est devenue *réductible* aux endroits où elle a été frappée par la lumière.

Pour faire apparaître l'image, on verse un réducteur sur la plaque : c'est une dissolution à 4 p. ‰ d'acide pyrogallique ou à 50 p. ‰ de sulfate de fer, qui a la propriété de déposer de l'argent opaque partout où la lumière a frappé, et d'autant plus que l'action a été plus vive. Examinée par transparence après l'action du réducteur et un lavage à l'eau, l'image paraît inverse du modèle ou, comme on dit, *négative*.

Si on ne la juge pas assez opaque dans les parties qui correspondent aux clairs du modèle, on la *renforce* en promenant à sa surface un mélange d'un sel faible d'argent et du réducteur, qui ajoute de l'argent métallique à celui qui est déjà déposé.

Il ne reste plus qu'à dissoudre dans le cyanure de potassium ou l'hyposulfite de soude, l'iodure et le bromure d'argent qui n'ont pas été frappés par la lumière et que celle-ci rendrait insolubles, à laver à grande eau, et l'épreuve négative est terminée :

332. Épreuve positive. — L'épreuve positive se fait sur papier; elle repose sur la propriété du chlorure d'argent de prendre à la lumière, suivant l'intensité de celle-ci, toutes les teintes, depuis le violet pâle jusqu'au violet noir.

Le papier est ordinairement recouvert d'albumine contenant un peu de chlorure de sodium ou d'ammonium. On le sensibilise en l'étendant sur un bain de nitrate d'argent (à 20 p. %), et par double échange il se fait du chlorure d'argent dans la couche d'albumine dont le papier est recouvert.

Pour obtenir une épreuve, on étend le papier sec sur le côté du cliché qui porte l'image; on presse le tout dans un châssis à face de verre et on expose à la lumière. Le cliché ne laisse passer complètement la lumière que dans ses portions transparentes; il limite son action dans les demi-teintes, il l'empêche complètement dans ses parties opaques; et comme ces dernières correspondent aux grands clairs de l'image, il en résulte que le papier reste blanc à ces endroits et reproduit en noir et blanc toutes les parties obscures ou éclairées de l'objet.

Ce papier, ainsi teinté, qui donne l'image fidèle de l'objet, contient encore du chlorure d'argent altérable dans les parties que la lumière, filtrant au travers du cliché, n'a pas frappées. On le dissout dans une solution d'hyposulfite de soude (à 40 p. %) qui l'enlève; et après un long lavage, l'épreuve n'est plus altérable à la lumière; on dit que le dissolvant l'a *fixée*.

On lui donne une teinte beaucoup plus agréable si, avant la fixation, on la passe dans une solution de chlorure d'or (1 pour 1,000 d'eau); c'est l'opération du *virage*, qui remplace la teinte chocolat du chlorure d'argent fixé par une teinte d'un noir bleuté, due aux parcelles extrêmement fines d'or métallique qui se sont déposées à la surface.

Telles sont les réactions qui se produisent dans ce double travail; tel est le mode photographique actuel. On voit qu'un *cliché* peut servir à donner un grand nombre d'épreuves positives, par des manipulations simples qu'on réussit très-facilement avec quelque attention et très-sûrement après quelques essais.

333. **Photographie sur plaque métallique ou daguerréotype.** — Dans le procédé primitif de *Daguerre*, on employait une plaque de cuivre *plaquée* d'argent, bien polie, qu'on rendait sensible à l'action lumineuse en l'exposant quelque temps à des vapeurs d'iode; il se formait à la surface de la plaque une très-mince couche d'argent. La plaque était soumise, dans l'appareil photographique, à l'action lumineuse, puis rentrée au cabinet noir pour le *développement* de l'image. On faisait apparaître l'image en exposant la plaque aux vapeurs de mercure. Ce dernier métal ne formait amalgame blanc avec l'argent que sur les portions de l'iodure frappées par la lumière et correspondant aux clairs de l'objet; il ne s'attachait pas du tout aux parties d'iodure non insolées et correspondant aux ombres du modèle. La plaque était ensuite plongée dans l'hyposulfite de soude; ce dissolvant respectait les parties blanchies par le mercure et enlevait l'iodure sensible des autres pour produire les noirs du dessin.

Il fallait une exposition à la chambre photographique et une pose du modèle pour chaque épreuve. De plus, les images présentaient un miroitement désagréable, dû à l'amalgame d'argent formant les blancs et à l'argent poli.

Elles ont cédé la place aux épreuves sur papier, d'une manipulation plus facile et d'un aspect plus agréable et plus net.

CHAPITRE XXIX

SILICE. — SILICATES. — ARGILES. — POTERIES.

334. **Silice.** — La silice ou *acide silicique*, SiO^2, se rencontre pure dans la nature sous le nom de *cristal de roche* ou de *quartz*. C'est une matière transparente, d'aspect vitreux, ordinairement incolore, cristallisant en prismes à six pans terminés par une pyramide; on la trouve en beaux cristaux volumineux dans les Alpes, en petits cristaux nombreux et groupés dans les géodes de beaucoup de gros cailloux. Il en existe plusieurs variétés colorées : le quartz *améthyste* d'un beau violet, et le

quartz *enfumé* coloré en brun ou noir par des parcelles de matières bitumineuses sont les plus communes.

On réunit sous le nom d'*agate* toutes les variétés non cristallisées, à cassure terne susceptible d'être polie, que l'on suppose avoir été formées par de la silice gélatineuse concrétionnée.

On nomme *silex* les quartz opaques plus ou moins colorés. Celui de couleur grise, blonde ou noire est en rognons disséminés dans la craie de manière à y former des bancs non interrompus. Le silex caverneux, en blocs rougeâtres, porte le nom de *pierre meulière.*

Le quartz, quel que soit son aspect, est assez dur pour rayer le verre et n'être pas entamé par l'acier. Il est infusible au feu de forge le plus violent : on n'a pu le fondre qu'au chalumeau oxhydrique. Les acides les plus énergiques sont sans action sur lui, à part l'acide fluorhydrique qui le dissout.

335. **Silicates.** — Les alcalis forts, la potasse ou la soude, se combinent à chaud avec la silice et donnent des *silicates.* On prépare dans les laboratoires le *silicate de potasse* que l'on appelait autrefois *liqueur des cailloux,* à cause de sa provenance, en faisant fondre à un feu vif du quartz en poudre ou du sable blanc avec de la potasse ; on obtient une masse vitreuse en partie soluble dans l'eau, appelée pour cela *verre soluble.* L'addition d'un acide dans la dissolution produit un précipité de silice gélatineuse qui est la silice des laboratoires : fraîchement préparée, elle est soluble dans les alcalis ; mais il suffit de la chauffer pour la rendre aussi insoluble que le quartz naturel.

Les silicates sont très-nombreux dans la nature. Rarement ils ont une composition aussi simple que celle du silicate de potasse ou de soude ; ils renferment d'habitude des proportions variables et multiples de la base et de l'acide, et ils sont presque toujours groupés pour former les roches cristallisées que les minéralogistes distinguent en espèces. Ainsi, sous le nom de *feldspath,* on désigne des silicates doubles dans lesquels une des bases est toujours l'alumine, tandis que l'autre est un alcali ou une base alcalino-terreuse ; le *mica* en feuillets transparents ou en paillettes est lui-même un silicate triple où l'alumine et les oxydes de fer et de manganèse se trouvent combinés à l'acide silicique.

336. **Origine des argiles.** — Les feldspaths sont excessivement répandus dans les terrains anciens ; ils y forment la plus grande partie de toutes les roches cristallisées, telles que les granites et les porphyres. Sous l'action des agents atmosphériques, ils éprouvent une altération lente qui les désagrège et change leur nature ; les deux silicates dont ils sont formés se séparent et se partagent autrement la silice ; il en résulte deux silicates indépendants, dont l'un peut être entraîné peu à peu par l'eau, laissant l'autre qui est complétement insoluble et qui présente alors l'aspect de la terre forte ou franche, c'est-à-dire de l'*argile.*

Ainsi le feldspath pur et blanc qui porte le nom d'*orthose* et dont la formule est

$$KO,SiO^2,Al^2O^3 3SiO^2,$$

se dédouble en

$$Al^2O^3,SiO^2 + 2Aq \quad + \quad KO,SiO^2 + 2SiO^2,$$

silicate d'alumine hydraté et silicate de potasse soluble avec de la silice libre.

Le silicate d'alumine hydraté constitue une argile blanche et pure, qu'on désigne sous le nom de *kaolin*.

On attribue la même origine à toutes les argiles, et l'on rapporte leurs différences d'aspect, de couleur et de composition aux espèces minérales diverses avec lesquelles les feldspaths sont mélangés et qui peuvent se retrouver dans les produits de leur désagrégation.

337. **Propriétés des argiles.** — Toutes les argiles exposées à l'air donnent une matière blanche ou grise, quelquefois colorée par des corps étrangers. Elles sont douces au toucher et happent à la langue quand elles sont sèches.

Pétries avec l'eau, elles forment une pâte plus ou moins liante qui en se desséchant se fendille et se contracte, mais qui ne perd toute son eau que vers 300° ; alors elle n'a plus la propriété de former pâte avec l'eau par un nouveau pétrissage.

Les argiles pures, qui ne contiennent ni oxyde de fer ni chaux, sont infusibles aux plus hautes températures ; elles donnent par la cuisson des produits réfractaires, mais elles subissent un *retrait* qui varie de 10 à 20 p. %. Ce n'est presque que du silicate d'alumine hydraté qui donne une pâte très-liante et longue ; aussi appelle-t-on ces argiles *plastiques*.

Celles qui contiennent du fer et de la chaux peuvent former des silicates multiples moins infusibles que les silicates simples et prennent à la cuisson un ton rouge ou brun ; elles ont moins de plasticité et d'onctuosité ; elles forment une pâte moins longue : on les appelle argiles *figulines* ; elles servent à la fabrication des poteries communes.

Les *marnes*, très-répandues dans le sol où elles jouent un rôle important en retenant les eaux, sont des mélanges divers de carbonate de chaux, de sable et d'argiles plus ou moins colorées.

POTERIES.

338. On donne le nom générique de *poteries* à tous les objets en terre cuite, quels qu'en soient d'ailleurs la composition, la couleur et l'aspect. Les poteries sont nombreuses et très-différentes, depuis la brique ordinaire jusqu'à la porcelaine fine. L'examen de leur cassure permet de les distinguer en *poteries simples*, homogènes dans toute leur masse, et en *poteries composées*, dont la pâte colorée est masquée par un vernis ou une *couverte*, incolore et opaque comme les faïences, ou dont la pâte blanche est néanmoins recouverte d'un vernis, blanc lui-même, imperméable et vitreux, comme les porcelaines.

Elles se composent toutes d'argile qui en constitue l'élément *plastique* et d'une substance siliceuse qui lui est intimement mélangée, qu'on appelle l'élément *dégraissant* et dont il est facile de comprendre le rôle. L'argile pure, pétrie avec l'eau, donne une pâte qui se laisse étendre en plaques minces, façonner en tous sens et mouler sans se déchirer. Mais lorsqu'on la cuit pour lui donner de la dureté, elle subit un retrait considérable, se fendille et se crevasse. Il n'en est plus de même si on ajoute à l'argile du sable qui ne fait pas pâte avec l'eau et ne se contracte pas au feu ; le mélange se moule comme l'argile et ne subit aucun retrait à la cuisson. Ainsi, dans la pâte des poteries, il entre donc toujours avec l'argile une matière étrangère ; et si pour quelques espèces on emploie de l'argile seule, c'est qu'elle contient la substance siliceuse nécessaire, parmi les produits qui l'accompagnent.

On peut diviser les poteries en trois classes :

1° Les objets à pâte tendre, c'est-à-dire rayables par le fer, fusibles à haute température; ce sont les *terres cuites*, briques, tuyaux, fourneaux ; les *poteries lustrées* et *vernissées*, et les poteries communes, recouvertes d'un vernis opaque et blanc, qui forment la *faïence ordinaire ;*

2° Les poteries à pâte dure et opaque, non rayables par l'acier et infusibles : c'est la *faïence fine* et les *grès ;*

3° Les poteries à pâte dure et translucide, qui forment les différentes *porcelaines tendres* et *dures*.

339. **Terres cuites.** — On désigne sous ce nom les produits céramiques ordinaires qui ne sont pas recouverts de vernis : tels sont les briques, les tuiles, les tuyaux de conduite ou de drainage, les pots à fleurs, etc. Leur pâte est composée d'argile figuline ou de marne argileuse que l'on pétrit avec l'eau et à laquelle on ajoute comme dégraissant du sable ou des escarbilles et scories de forges, ou encore du ciment comme pour les briques réfractaires.

On moule à la main ou dans des appareils mécaniques. On dessèche longtemps à l'air et on cuit à une température peu élevée.

Les objets cuits présentent une couleur plus ou moins rouge, suivant la composition de l'argile; ils sont peu sonores.

340. **Poteries communes.** — Les poteries ordinaires ont une pâte homogène et colorée, composée d'argile brune comme celle de *Vaugirard* ou d'*Arcueil*, et de sable. Elles sont façonnées au tour. Le tour du potier se compose d'un axe vertical que l'ouvrier fait tourner à l'aide d'une meule horizontale suspendue à l'axe et qui communique un mouvement de rotation à une petite table horizontale sur laquelle l'ouvrier pose la terre. La terre tourne autour des doigts de l'ouvrier et forme un objet à contours courbes.

Les pièces faites, séchées à l'air, puis lentement par la chaleur perdue des fours, sont ensuite cuites. On les recouvre d'un vernis habituellement plombifère, d'*alquifoux* par exemple, et on les repasse au four pour fondre le vernis.

Le mérite de ces poteries, c'est d'être d'un prix très-modique et de pouvoir aller au feu sans se casser. Le vernis se raye facilement et de plus il est attaquable par les acides; il peut être nuisible s'il contient des sels de plomb ; aussi renonce-t-on à ce genre d'objets dans certains usages culinaires.

341. **Faïences.** — On désigne sous le nom de *faïences* des poteries à pâte homogène, recouvertes ou émaillées d'un vernis opaque brun ou blanc, dont on fait, sous le nom de faïences communes, des tasses, des assiettes, etc. Elles sont plus anciennes en Europe que les produits vitrifiés, grès et porcelaines. On en fabriquait en Italie au xive siècle. Deux siècles plus tard, *Bernard de Palissy* fit revivre avec éclat cette fabrication qui avait été abandonnée; mais il emporta ses procédés dans la tombe et cette industrie dégénéra de nouveau. Aujourd'hui on ne fait plus en faïence que des vases de cuisine destinés à aller au feu et des plaques pour cheminées, fourneaux et poêles.

La pâte est composée d'argile d'Arcueil et de marne ou de sable marneux. L'émail est à base d'oxyde d'étain et de plomb ; on le colore souvent par d'autres oxydes.

342. Faïence fine. — La faïence fine, dite aussi faïence anglaise, est une poterie à pâte dure, blanche et très-homogène. Elle porte en France le nom de **terre de pipe**, elle est composée d'argile plastique mêlée de silice prise dans le silex pyromaque ou pierre à fusil. Les deux éléments sont broyés, malaxés, lavés et tamisés avec soin ; on les amène à l'état de bouillie dite *barbotine*, puis en pâte assez dure pour le moulage ou le travail au tour. Le vernis, posé sur les pièces déjà cuites, est composé de sable feldspathique, de minium et de borax ; il prend au feu un aspect vitrifié incolore, et il est susceptible de recevoir des décorations très-variées.

343. Grès. — Les grès sont à pâte dure, sonore, homogène, imperméable à l'eau, demi-vitrifiée, mais non translucide. On les divise en deux catégories : les grès-cérames communs et les grès fins.

Les *grès-cérames communs*, dont on fait les touries, les jarres, les vases de chimie, sont composés d'argile plastique *dégraissée* par du sable quartzeux. Les pâtes sont moulées ou travaillées au tour, puis desséchées lentement, sans autre précaution que de les soustraire à la pluie. La cuisson se fait dans un four à sole légèrement inclinée (*fig.* 89), chauffé par l'avant et où les pièces sont libres ou encastées, c'est-à-dire enfermées et protégées dans des cazettes que nous décrivons ci-dessous pour la porcelaine et qui sont de même matière que le grès lui-même.

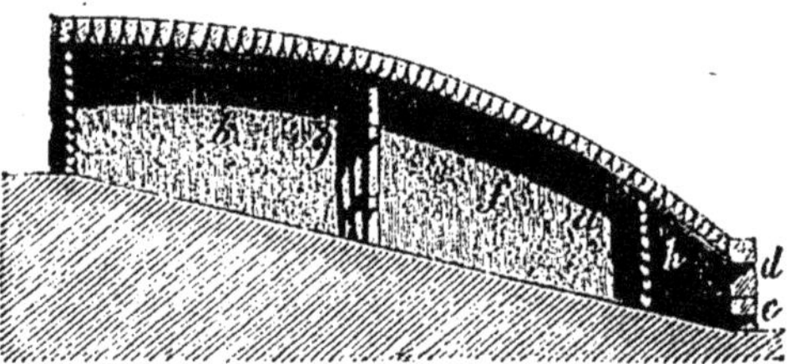

Fig. 89. — Four à grès. — *h*, foyer ; — *f*, laboratoire ; — *g*, cloison ; — *d*, *e*, avant du foyer.

Pour cuire le grès, il faut une température élevée grâce à laquelle il se forme sur les pièces à cuire une couche vitrifiée par un commencement de fusion qui les rend imperméables et leur sert de glaçure.

On facilite la formation de ce vernis en projetant du sel marin dans le four vers la fin de la cuisson. Le sel se volatilise ; ses vapeurs sont décomposées au contact de la vapeur d'eau et de la silice, et cette dernière forme un enduit de silicate de soude et d'alumine qui donne le lustre vitrifié des grès cuits.

Les *grès cérames fins* diffèrent essentiellement des grès communs par la composition de leur pâte et par celle de leur vernis. Les pâtes, faites avec beaucoup de soin et composées d'éléments très-finement broyés, contiennent une argile plastique mélangée de kaolin argileux et de feldspath, de telle sorte que l'ensemble puisse devenir très-dur par la cuisson, sans être translucide.

La cuisson se fait dans un four vertical (*fig.* 77) à foyer latéral et inférieur et sole percillée.

Souvent cette poterie ne reçoit aucune glaçure. D'autres fois on se contente d'enduire les cazettes d'un mélange de sel marin, de potasse et de minium qui se volatilise au feu et vitrifie la surface des pièces. Enfin on colore les pâtes à l'aide d'oxydes métalliques finement pulvérisés et ajoutés avec une poudre de porcelaine.

Dans ce groupe rentrent les vases et autres objets finement décorés qui ont fait le renom de Wedgwood.

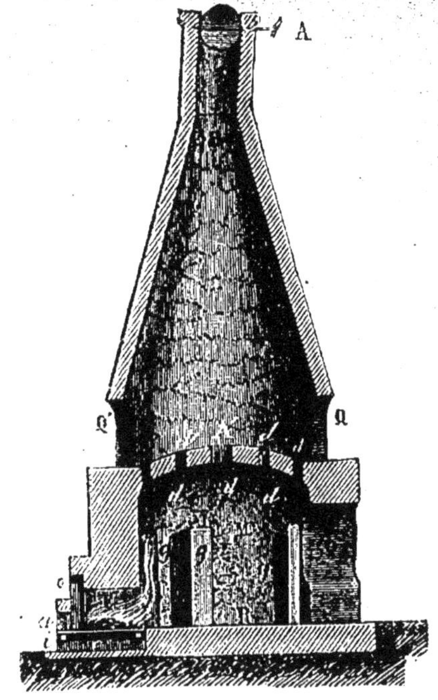

Fig. 90. — Four à grès fin. — A, registre de la cheminée ; — A', voûte avec ses carneaux *d, d* ; — *g*, cheminées particulières à chaque foyer ; — Q', porte du cône de la cheminée ; — C, foyer.

344. Porcelaines. — Les porcelaines sont les produits céramiques à pâte dure, non rayable par l'acier et translucide. C'est de tous les plus estimés et les plus soignés dans leur fabrication.

On les divise en trois catégories : la *porcelaine dure* ou *vraie*, la *porcelaine tendre naturelle* ou *anglaise* et la *porcelaine tendre artificielle*, dite *française*. La porcelaine dure est fabriquée par les *Chinois* depuis plus de vingt siècles. Son invention en *Europe* date seulement du commencement du XVIIIe siècle ; c'est en *Saxe* que *Boettger* créa la première fabrique de porcelaine à pâte dure, analogue à la porcelaine de Chine, après avoir découvert par hasard le *kaolin* dans une poudre à perruque employée à cette époque. Soixante ans plus tard, on découvrait le kaolin dans les environs de *Limoges*, et on commençait à *Sèvres* la fabrication de la porcelaine qui a depuis été grandissant et qui est aujourd'hui une de nos plus belles industries.

Pour se faire une idée claire de la fabrication de la porcelaine, il est nécessaire d'examiner séparément la nature des matières premières qui entrent dans sa composition, les manipulations qu'on leur fait subir pour obtenir la pâte, le façonnage des objets, leur cuisson, la nature des vernis ou couvertes dont ils sont revêtus.

Matières premières. — L'élément argileux et plastique de la porcelaine est le *kaolin* ; l'élément dégraissant consiste en feldspath et en sables siliceux.

Le kaolin, produit de décomposition des roches feldspathiques, est séparé par lavage des masses terreuses mêlées de silice où il est contenu. On en connaît trois variétés : le *caillouteux* qui est grenu, friable, à grains tendres mêlés de grains quartzeux et durs ; l'*argileux*, doux au toucher, d'une couleur blanche uniforme, formant avec l'eau une pâte très-liante ; le *sablonneux*, friable et maigre au toucher, avec du quartz à l'état de sable très-fin.

Les feldspaths qui entrent dans la composition de la pâte de porcelaine sont l'*orthose* et l'*albite*; on leur joint du sable d'Aumont et même un peu de craie de Meudon.

Préparation des pâtes. — Les matières, très-divisées par lévigation ou broyage, et convenablement dosées après analyse, sont mélangées à l'état d'une bouillie claire dans des cuves munies d'agitateurs; elles se déposent en un limon sous le nom de *barbotine*, que l'on dessèche pour l'amener à consistance convenable. On les pétrit nombre de fois pour les rendre bien homogènes, après les avoir battues, coupées et malaxées, et on les abandonne sous l'eau pendant plus d'un an. Elles subissent une sorte de *pourriture;* les matières organiques se détruisent par une fermentation lente; il se dégage des gaz qui, d'après Brongniart, communiquent à toutes les parties un mouvement continuel supérieur à tous les malaxages; les pâtes noircissent d'abord par de l'hydrogène sulfuré, mais elles blanchissent à la longue. On les suppose alors propres à subir le dernier pétrissage qui précède leur emploi.

Façonnage des objets. — On façonne les objets au tour, ou par moulage, ou par coulage, suivant les formes des pièces. Le moulage s'opère en couvrant des moules en plâtre et en creux soit d'une feuille de pâte plate et mince, soit de petits morceaux que l'on comprime l'un contre l'autre avec les doigts et dont on égalise ensuite l'épaisseur. Le coulage repose sur la propriété des moules poreux d'absorber l'humidité.

Les objets sortant des mains de l'ouvrier sont séchés lentement dans des espaces couverts.

Cuisson. — Avant de cuire les pièces, on les place dans des cazettes en argile réfractaire de première qualité qui les protégent contre les poussières et permettent de les superposer. Cette opération qu'on appelle *encastage* doit être faite avec beaucoup de soin pour obtenir des produits qui ne soient pas déformés.

Une première cuisson a pour but de durcir la pièce sans lui enlever toute sa perméabilité; c'est le *dégourdi*. La seconde cuisson, destinée à fixer la glaçure, durcit complétement l'objet.

On les opère dans un four vertical à trois étages superposés qui communiquent par des voûtes à carneaux; les deux inférieurs sont chauffés par des foyers latéraux dits *alandiers;* le dernier est chauffé seulement par la flamme perdue des autres (*fig.* 91) et ne sert qu'à dégourdir les pièces sèches. On commence la cuisson par un feu léger dit *petit feu;* quand on est arrivé au rouge, on commence le *grand feu*. Sitôt l'apparition du rouge blanc, il faut suivre l'état du four; on le fait à l'aide de petites pièces de porcelaine vernissée qui portent le nom de montres et que l'on retire pour examiner leur glaçure.

Glaçure ou couverte. — On donne le nom de *couverte* au vernis brillant qui recouvre la plupart des porcelaines du commerce. Les objets sans glaçure sont dits en *biscuit*.

La couverte doit fondre à la température où la porcelaine commence à se vitrifier; elle doit être incolore et lisse, présenter un éclat vitreux, être assez dure pour résister à l'acier et ne pas se fendiller ni se gercer. On trouve ces qualités à une roche feldspathique, la *pegmatite* ou *petunzé* des Chinois, que l'on pulvérise et que l'on met en suspension dans l'eau. Les pièces dégourdies sont plongées dans cette eau qui tient la pegmatite porphyrisée; elles en sortent humides; elles se sèchent promptement en absorbant l'eau, et la matière siliceuse reste uniformément répartie à leur surface.

La cuisson définitive leur donne toutes les qualités qu'on leur désire.

343. **Porcelaines tendres.** — Les porcelaines tendres ne résistent pas à une température aussi élevée que la porcelaine dure ; la cha-

Fig. 91. — Four à porcelaine. — M, M', M'', laboratoires où l'on dispose les pièces à cuire et où la flamme des foyers *g*, *g*, arrive par des ouvertures *h*, *h*; — *l*, *l'*, haut du four en forme de cheminée; — Q, Q', Q'', porte des trois étages; — *b*, *c*, *d*, *e*, *f*, parties principales de chacun des foyers extérieurs.

leur du dégourdi de cette dernière suffit à les cuire. Elles sont estimées surtout pour l'éclat de leurs décorations.

La *porcelaine tendre française* est un verre, c'est-à-dire un silicate alcalin, dont la transparence est affaiblie par l'addition d'une assez forte quantité de chaux argileuse.

La *porcelaine tendre anglaise*, dite *naturelle*, est formée d'un kaolin argileux, additionné de quartz et d'os calcinés, avec une glaçure où entrent, avec le silex et la craie, du borax, du carbonate de soude et du minium.

Elle est d'un travail facile, d'une décoration commode; mais elle a l'inconvénient de présenter une glaçure attaquable et trop aisément fusible.

CHAPITRE XXX.

VERRES.

346. **Nature des verres.** — Les verres sont des combinaisons de l'acide silicique avec des bases variables dont les unes sont la potasse ou la soude et les autres la chaux ou l'oxyde de plomb, auxquelles se joignent l'alumine et l'oxyde de fer. Ainsi le cristal est un silicate double de potassium et de plomb; le verre à vitres un silicate de soude et de chaux, le verre à bouteilles un mélange de silicates de soude, de potasse, de chaux, d'alumine et d'oxyde de fer. Le caractère général de ces produits, c'est d'être fusibles et de donner en se refroidissant des corps transparents avec un éclat particulier qu'on a appelé l'éclat vitreux.

347. **Propriétés physiques du verre.** — Le verre est transparent et fragile; il est assez dur pour n'être rayé que par le diamant qui sert à le couper en feuilles et par l'acier trempé qui permet d'obtenir sur les tubes une cassure nette. Sa densité varie avec sa composition; le plus dense est le cristal à base d'oxyde de plomb.

Chauffé lentement, il commence par se ramollir et possède alors une plasticité que l'on met à profit pour lui donner telle forme que l'on veut.

A une température plus élevée, il subit la fusion visqueuse.

Soumis quelque temps à une chaleur voisine de celle qui peut le fondre, il perd sa transparence et sa fusibilité, il devient plus dur et moins fragile, il se *dévitrifie* et présente l'aspect d'une mince plaque de porcelaine. Ce phénomène est assez fréquent, dans le travail du verre au chalumeau des laboratoires, entre les mains des commençants.

Refroidi brusquement quand il a été fondu, le verre se *trempe*, c'est-à-dire qu'il subit un nouvel arrangement moléculaire qui peut lui permettre de résister à un choc, mais non à une rayure; il est devenu si cassant qu'il suffit de le rayer pour le réduire immédiatement en minces fragments. Les *larmes bataviques* obtenues en laissant tomber dans l'eau des gouttes de verre fondu permettent de constater ce phénomène; on peut frapper leur portion ovoïde avec un marteau sans les briser et, si on casse leur extrémité effilée, toute la masse se réduit en poussière.

Le verre devient donc cassant quand il subit un brusque et notable changement de température; il suffit en effet de verser de l'eau froide sur un morceau de verre fortement chauffé pour le casser.

Les objets en verre, fabriqués rapidement avec du verre fondu qui passe brusquement de la température de 500° ou 600° à une température de 20° ou 30°, éprouvent une trempe qui nuit à leur solidité. On corrige ce défaut par le *recuit* qui consiste à les chauffer graduellement pour les laisser refroidir ensuite aussi graduellement et avec lenteur. C'est à un recuit insuffisant que l'on peut souvent rapporter la rupture sans cause matérielle apparente d'un certain nombre d'objets en verre.

348. Propriétés chimiques du verre. — L'air sec est sans action sur le verre. Il n'en est pas de même de l'eau, ni par suite de l'air humide. L'eau tend à dédoubler les silicates qui forment le verre pour dissoudre le silicate alcalin soluble ; il en résulte une dévitrification plus ou moins profonde. On constate en effet que l'eau, bouillant longtemps dans un vase de verre, devient alcaline. L'action de l'air humide se remarque sur les vitres, dont la surface finit avec le temps par se ternir et prendre un aspect nébuleux.

Les acides tendent tous à enlever au verre une partie des bases qu'il renferme ; l'acide fluorhydrique le corrode avec énergie et promptitude. L'action des autres acides, beaucoup moins vive, n'est pas moins réelle ; les acides du vin dévitrifient le verre à bouteilles.

Les alcalis caustiques peuvent enlever au verre sa silice.

Le verre est donc altéré par un assez grand nombre de corps ; le meilleur est celui qui résiste le mieux à ces diverses causes d'altération.

349. Classification des verres. — On divise les verres en deux classes :

1° Les *verres proprement dits*, à base alcalino-terreuse, qui forment deux subdivisions et comprennent les *verres à base de potasse*, le verre de Bohême et le crown-glass, et les *verres à base de soude*, le verre à vitres et à glaces et le verre à bouteilles ;

2° Les *cristaux*, dont la base est alcalino-plombeuse ; c'est le cristal, le flint-glass, le strass et l'émail.

Verre de Bohême. — Ce verre est remarquable par sa limpidité et sa faible densité. C'est un silicate de potasse et de chaux fait de matières choisies avec un soin extrême. On ajoute au quartz, à la potasse et à la chaux qui le forment un peu d'acide arsénieux dont on ne retrouve pas trace dans le verre. Cet acide sert de corps oxydant pour les traces de protoxyde de fer contenues dans les matériaux employés et qui donneraient au verre une teinte verdâtre ; de plus, en se volatilisant, il facilite l'affinage du verre.

Le verre de Bohême est difficilement fusible et résiste bien à la plupart des agents chimiques.

Crown-glass. — Le crown-glass est moins siliceux ; mais il doit être aussi soigné dans sa fabrication et obtenu exempt de bulles et de stries et autant que possible incolore. Il sert à la confection des lentilles des instruments d'optique où on l'associe au *flint-glass* pour former les objectifs achromatiques.

Verre à glaces et à vitres. — Le verre à glaces est le plus beau des verres à base de soude ; il contient moins de chaux que le verre à vitres ; il est par suite plus fusible, mais moins dévitrifiable. Il doit avoir une grande transparence et ne présenter ni bulles, ni nœuds, ni stries.

Le verre à vitres est le plus commun, celui dont la consommation est la plus grande. On fait entrer dans sa composition du sable siliceux, du carbonate de soude sec, du calcaire et des débris de verre concassés qui facilitent la fusion. Depuis quelques années, on substitue au carbonate de soude le sulfate de soude, moins cher, d'après les conseils de Pelouze, et on ajoute du charbon pulvérisé pour faciliter la décomposition du sulfate. Les verriers ajoutent à ces matières premières 2 à 3 p. % d'oxyde de manganèse qui colorerait en rose une masse de verre incolore et qui, par suite, fait disparaître presque entièrement la teinte verte particulière aux verres à base de soude ; on lui donne le nom de *savon* des verriers.

Verre à bouteilles. — Le verre à bouteilles est de tous le plus complexe ; il entre dans sa composition du sable ocreux et une argile ocreuse, des soudes de varechs, des cendres et des charrées ou cendres lavées. Toutes ces matières contiennent de l'oxyde de fer auquel est due la *couleur* verte particulière à ce verre. Il se dévitrifie avec facilité parce qu'il est peu alcalin et qu'il contient une assez forte proportion d'alumine.

Cristal. — Le cristal, le plus sonore de tous les verres et l'un des plus limpides, est obtenu en fondant ensemble du sable très-pur avec du carbonate de potasse cristallisé et du minium, c'est-à-dire des matières choisies avec le plus grand soin. On n'opère la fusion dans des creusets ouverts que si l'on chauffe au bois. Quand le chauffage a lieu à la houille, on emploie des creusets à dôme et ouverture latérale (*fig.* 92), pour éviter que des escarbilles ou des corps étrangers ne se mélangent avec les matières en fusion.

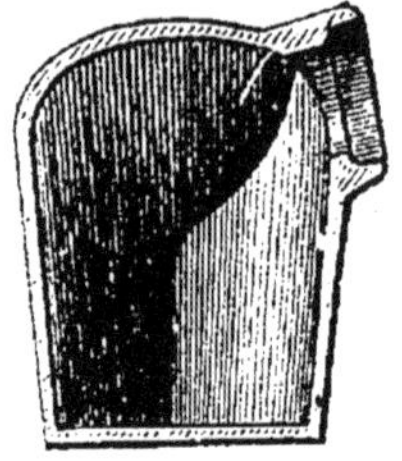

Fig. 92. — Creuset à fabriquer le cristal.

Flint-glass. — Le flint-glass est une variété de cristal employée avec le crown dans les instruments d'optique. Sa fabrication doit être tout particulièrement soignée, pour que le produit soit d'une parfaite homogénéité et ne présente dans sa masse ni bulles ni stries. On l'obtient ainsi, depuis les travaux de Guinand, en brassant la masse avec un outil de même nature que le creuset, pour faciliter le dégagement des bulles gazeuses. La figure 80 représente la coupe d'un four avec le creuset et l'outil destiné au brassage.

Strass. — Le strass est un cristal dont la préparation réclame autant de soin que celle du flint ; c'est le plus dense de tous les verres. Il est aussi le plus réfringent et sert surtout à cause de cette propriété pour la fabrication des pierres précieuses artificielles. On lui donne facilement des teintes diverses en y mélangeant des traces d'oxydes métalliques colorés, comme les oxydes de cobalt, de manganèse et de chrome. Les pierres précieuses que l'on produit ainsi sont semblables aux gemmes naturels ; il ne leur manque que la dureté. On la leur donne parfois en collant à leur surface une feuille mince levée à une pierre incolore de peu de valeur.

Émail. — L'émail est un cristal rendu opaque par de l'oxyde d'étain ou du phosphate de chaux des os calcinés. Il est habituellement blanc, mais il peut recevoir différentes couleurs par l'addition d'oxydes métalliques colorés.

350. Fusion du verre. — Les matières qui entrent dans la composition du verre sont finement pulvérisées et introduites dans des creusets de terre réfractaire bien recuits et bien chauffés. Le chauffage se fait au bois ou à la houille, ou encore, ce qui est préférable, par les combustibles gazeux, c'est-à-dire par l'oxyde de carbone dégagé d'un charbon quelconque. Pendant la fusion, il se dégage des gaz de la masse fondue et il se rassemble à la surface des matières non vitrifiées que les verriers appellent le *fiel du verre* et qu'on enlève pour affiner le verre.

On laisse tomber le feu pour que la matière prenne un état pâteux et soit à point pour le travail.

331. **Travail du verre.** — On faisait autrefois tous les objets par soufflage, comme on fait encore les bouteilles. L'ouvrier trempe l'extrémité de la canne, long cylindre métallique creux, dans le creuset; il en

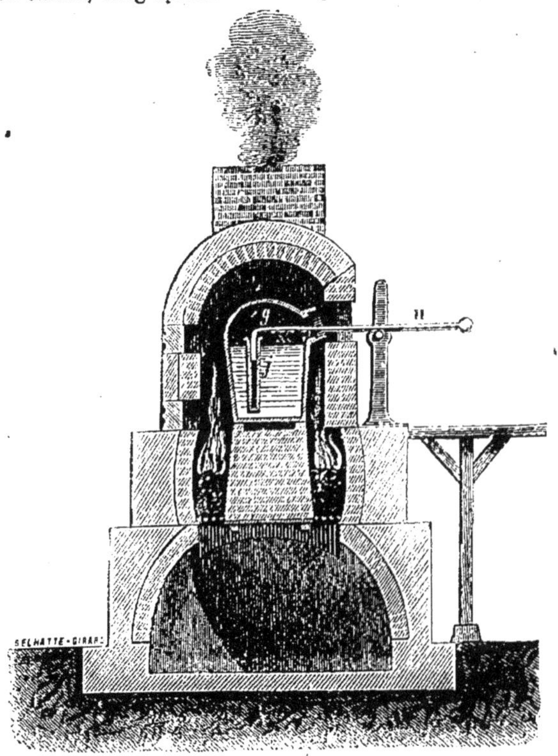

Fig. 93. — Four et creuset à flint. — *n*, *g*, *j*, agitateur destiné à remuer la masse du verre en fusi.

rapporte une masse de verre fondu et pâteux à laquelle il donne diverses formes en soufflant dans la canne, en l'animant d'un mouvement de rotation ou en appuyant l'objet en partie fait contre un moule dont il prend exactement le contour.

Aujourd'hui on ne façonne plus ainsi que les petits objets. Les glaces sont coulées sur une table horizontale, au lieu d'être faites comme jadis d'un cylindre soufflé, coupé à ses deux extrémités, fendu suivant une de ses génératrices et étendu ensuite horizontalement.

Tous les objets, quels qu'ils soient, sont recuits avec soin dans des fours qui les réchauffent très-lentement et d'où on les retire peu à peu pour les soumettre à un refroidissement lent et progressif.

Le reste du travail diffère suivant les objets : les glaces sont polies avec des sables de plus en plus fins et ensuite avec du colcothar; les verres sont taillés par usure sur des meules diverses.

332. **…ation des produits vitreux.** — La décoration …le la porcelaine ont beaucoup de points communs; on

comprend en effet que dans le cas des matières terreuses, c'est encore un verre que l'on décore, puisque c'est la couverte, c'est-à-dire une matière vitreuse, qui porte les couleurs.

On applique les couleurs sur la surface du verre, ou bien on les fixe dans toute sa masse. Dans le premier cas, les verres sont *peints;* dans le second, ils sont *teints.*

On obtient les verres teints en fondant avec le verre blanc des oxydes métalliques colorants qui n'en altèrent pas la transparence : l'oxyde de chrome ou de cuivre donne le *vert;* l'oxyde de cobalt, le *bleu;* l'oxyde de manganèse, le *violet;* le protoxyde de cuivre ou le pourpre de Cassius, le *rouge;* le sulfure d'argent, le *jaune.*

Si l'on plonge dans un de ces verres colorés fondus une canne de verrier à l'extrémité de laquelle est déjà du verre blanc et qu'on souffle, on fait un objet dont la surface seule est teinte sous une faible épaisseur ; c'est le *verre doublé*, qui permet de produire des dessins blancs sur fond de couleur, si l'on enlève par places la pellicule colorée.

Pour peindre le verre, on dépose à sa surface les oxydes colorants mélangés de fondants incolores, comme le quartz, le borax, le salpêtre destinés à les fixer. Il faut que ces matières fondent et se glacent avant le ramollissement du verre ou l'altération de la glaçure de la porcelaine. Il faut donc les soumettre à une température inférieure à celle qui a amené la fusion de l'objet. On les appelle pour cette raison *couleurs de petit feu* ou de *moufle*, du nom du fourneau où on les fixe et que représente la figure 94, par opposition aux couleurs de la masse, qu'on appelle *couleurs de grand feu.*

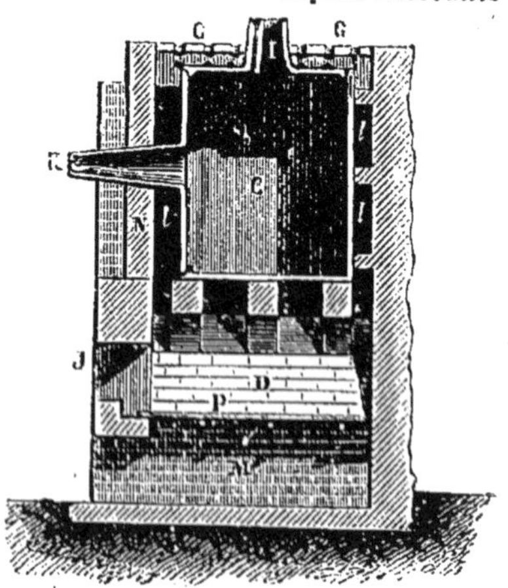

Fig. 94. — Moufle pour décoration de verres. — C, moufle; — K, ouverture pour y regarder de l'extérieur; — I, tuyau pour l'échappement des vapeurs; — J, P, D, foyer; — N, cloison en briques réfractaires; — *l*, cavité où passe la flamme pour chauffer la cavité centrale.

Quant aux appliques de métaux, on les fixe à leur état naturel après les avoir mêlées d'un fondant qui leur sert de véhicule, et on leur donne le brillant par le brunissage ; ou bien, comme c'est le cas pour la porcelaine, on les dépose en combinaisons chimiques facilement réductibles, qui les laissent sur l'objet en mince épaisseur avec toutes leurs qualités ; ce sont les *lustres* dont la décoration fait un grand emploi.

CHAPITRE XXXI

RÉACTIONS CARACTÉRISTIQUES DES PRINCIPAUX GENRES DE SELS OU DE COMPOSÉS MÉTALLIQUES

333. **Oxydes.** — Les oxydes des métaux précieux chauffés et les peroxydes calcinés dégagent de l'oxygène. Les autres oxydes, à part la magnésie et l'alumine, mélangés avec du charbon et calcinés dégagent de l'acide carbonique et de l'oxyde de carbone (il faut la température du chalumeau oxhydrique pour réduire ainsi la baryte et la chaux). L'hydrogène réduit beaucoup d'oxydes en donnant de l'eau et en mettant le métal en liberté.

334. **Sulfures.** — Les sulfures solubles traités par les acides dégagent de l'acide sulfhydrique reconnaissable à son odeur; ils précipitent en noir les sels de plomb. Les sulfures insolubles dissous dans l'acide azotique ou dans l'eau régale donnent de l'acide sulfurique ou un dépôt de soufre. Fondus sur le charbon au chalumeau avec du carbonate de soude, ils donnent du sulfure de sodium qui, mis sur une pièce d'argent avec une goutte d'eau, noircit l'argent.

335. **Chlorures.** — Les chlorures solubles donnent avec l'azotate d'argent un précipité blanc de chlorure d'argent insoluble dans l'acide azotique, soluble dans l'ammoniaque et dans l'hyposulfite de soude; ce précipité devient violet à la lumière. Les chlorures des métaux qui décomposent l'eau traités par l'acide sulfurique concentré, dégagent du gaz acide chlorhydrique qui répand des fumées à l'air. Les chlorures insolubles sont transformés en chlorure de sodium soluble quand on les calcine avec du carbonate de soude.

336. **Bromures.** — L'eau chlorée sépare des dissolutions de bromure, du brome reconnaissable par la coloration jaune de sa dissolution, et qu'on peut enlever en agitant le liquide avec l'éther. Calcinés avec du carbonate de soude, les bromures insolubles donnent du bromure de sodium soluble, facilement reconnaissable au caractère ci-dessus.

337. **Iodures.** — L'acide azotique, chargé de vapeurs nitreuses, ou l'eau chlorée, ajoutée goutte à goutte, séparent des iodures solubles, de l'iode reconnaissable à sa couleur noire, aux vapeurs violettes qu'il émet lorsqu'on le chauffe, ou à sa réaction sur l'empois d'amidon qu'il bleuit. Avec l'azotate de plomb, ils donnent un précipité jaune, et un précipité rouge avec l'azotate de mercure. Les iodures insolubles, calcinés avec du carbonate de soude, donnent de l'iodure de sodium soluble, qu'on reconnaît aux caractères précédents.

338. **Fluorures** — Chauffés dans un creuset de platine avec de

l'acide sulfurique concentré, ils dégagent, en s'échauffant, des vapeurs d'acide fluorhydrique qui attaquent le verre. Mêlés à de la silice et chauffés avec de l'acide sulfurique, ils dégagent du fluorure de silicium gazeux que l'eau décompose en donnant de la silice gélatineuse.

359. **Cyanures.** La plupart dégagent avec l'acide chlorhydrique de l'acide cyanhydrique reconnaissable à son odeur. Chauffés avec du salpêtre, ils brûlent et donnent du carbonate de potasse. Calcinés avec du carbonate de soude, ils donnent du cyanure de sodium soluble dans l'eau. On reconnaît ce sel en versant sa dissolution dans un mélange de sels de protoxyde et de sesquioxyde de fer, il se produit un précipité de bleu de Prusse.

360. **Sulfates.** — Les sulfates solubles donnent, avec les sels de baryte, un précipité blanc tout à fait insoluble dans les acides. Ils donnent également un précipité avec les sels de plomb; mais ce dernier n'est pas tout à fait insoluble. Les sulfates insolubles, calcinés avec du carbonate de soude donnent du sulfate de soude soluble. Chauffés sur le charbon avec du carbonate de soude, dans la flamme réductrice du chalumeau, ils forment du sulfure de sodium, qu'on reconnaît par sa réaction avec l'eau sur une pièce d'argent.

361. **Sulfites.** — Traités par les acides, ils répandent l'odeur d'acide sulfureux sans laisser déposer de soufre; si l'on y verse de l'acide chlorhydrique et de l'acide sulfhydrique, ils laissent déposer du soufre.

362. **Azotates.** — Ils fusent sur des charbons incandescents. Ceux qui renferment des alcalis fixes laissent comme résidu quand on les chauffe une masse alcaline. Mélangés avec de la tournure de cuivre et de l'acide sulfurique, ils laissent dégager des vapeurs rutilantes. Leur dissolution, colorée par une goutte de dissolution d'indigo et mélangée à de l'acide sulfurique, se décolore par la chaleur. Elle colore en violet ou en noir brun la dissolution de sulfate de protoxyde de fer additionnée d'acide sulfurique.

363. **Phosphates.** — Les phosphates solubles donnent, avec l'azotate d'argent, un précipité jaune ou blanc, également soluble dans l'acide azotique et dans l'ammoniaque. Mélangés avec du sel ammoniac et une dissolution concentrée de sulfate de magnésie, ils donnent un précipité blanc cristallin, qui ne se forme, dans les dissolutions étendues, que par une agitation prolongée. Les phosphates insolubles sont calcinés avec du carbonate de soude et traités par l'eau, la liqueur additionnée d'acide azotique et de nitrate d'argent donne le précipité jaune, de phosphate d'argent.

364. **Arséniates.** — Les sels solubles donnent, avec l'azotate d'argent, un précipité rouge brique; les arséniates insolubles, chauffés avec du carbonate de soude, se transforment en arséniates alcalins solubles.

365. **Arsénites.** — Chauffés avec un cyanure alcalin dans un petit tube, ils donnent un anneau miroitant d'arsenic. Les sels solubles donnent, avec l'azotate d'argent, un précipité jaune soluble dans l'ammoniaque et l'acide azotique. Additionnés d'acide chlorhydrique, ils sont immédiatement précipités en jaune par l'acide sulfhydrique; les arséniates ne précipitent qu'au bout de quelque temps.

366. **Chlorates.** — Chauffés sur le charbon, ils fusent comme les perchlorates. Ils détonent avec l'acide sulfurique concentré, ou se colorent en jaune, en donnant un gaz jaune qui a une odeur de chlore.

367. **Carbonates.** — Ils font effervescence avec les acides, et dégagent de l'acide carbonique qui donne un précipité blanc dans l'eau de chaux.

368. **Borates.** — Ils fondent au chalumeau en une perle d'aspect vitreuse. Si l'on verse de l'acide sulfurique dans leurs dissolutions concentrées et chaudes, il se dépose, pendant le refroidissement, des écailles cristallines d'acide borique. Cette dissolution acide mise dans la flamme de l'alcool la colore en vert.

369. **Silicates.** — Les sels solubles additionnés d'acide chlorhydrique, évaporés à siccité et repris par l'eau, laissent un dépôt de silice pulvérulente. Les silicates insolubles, fondus avec du carbonate de soude, donnent du silicate de soude soluble dans l'eau où l'on peut produire la réaction précédente.

DÉTERMINER LA BASE ET L'ACIDE D'UN SEL.

Pour caractériser un sel inconnu et pouvoir le reconnaître et le nommer régulièrement, il faut chercher quelle est sa base et quel est son acide. On peut procéder à ce double essai en cherchant à produire les réactions caractéristiques des sels métalliques et celles des acides; mais cette manière d'opérer, assez rapide quand on n'a affaire qu'à un chlorure, un sulfate, un azotate ou un carbonate, devient longue et incertaine quand il s'agit d'un sel quelconque. Il est mieux alors de procéder par les *méthodes de l'analyse*, dans lesquelles les réactions sont groupées de manière à permettre de trouver sûrement, sans hésitation possible et sans perte de temps, les deux éléments que l'on cherche.

I. RECHERCHE DE LA BASE.

Les métaux ont été pour l'analyse réunis en groupes d'après les propriétés de leurs sulfures :

Le premier groupe dont les sulfures sont acides, insolubles dans l'eau et dans les acides étendus, solubles dans le sulfhydrate d'ammoniaque comprend l'*or*, l'*étain*, l'*arsenic* et l'*antimoine*.

Le deuxième groupe dont les sulfures sont neutres, insolubles dans le sulfhydrate d'ammoniaque, dans l'eau et les acides étendus comprend le *platine*, le *mercure*, le *plomb*, le *bismuth*, l'*argent* et le *cadmium*.

Le troisième groupe dont les sulfures sont neutres, solubles dans les acides étendus comprend le *fer*, le *zinc*, l'*alumine*, le *chrome*, le *nickel*, le *cobalt*, le *manganèse*.

Le dernier groupe dont les sulfures sont solubles dans l'eau se subdivise :

D'abord la *baryte*, la *chaux*, la *strontiane*, la *magnésie*.

Ensuite la *potasse*, la *soude* et l'*ammoniaque*.

Soit un *sel dissous dans l'eau* :

On acidule la solution par HCl et s'il y a précipité, on ajoute assez de HCl pour tout précipiter.

Ce précipité contient un chlorure de plomb, de mercure au minimum (calomel) ou d'argent (voir A).

La liqueur, ou la solution primitive est traitée par un courant de HS : s'il se forme un précipité il contient les deux premiers groupes (voir B).

La liqueur ou la solution primitive, neutralisée s'il y a lieu, est traitée par le sulfhydrate d'ammoniaque. S'il y a un précipité il révèle le troisième groupe (voir D).

S'il n'y a pas de précipité, le sel est du quatrième ou du cinquième groupes. Il est du quatrième, si la solution précipite par le carbonate de soude (voir E). Il est du cinquième si la solution n'a pas précipité (voir G).

Ainsi donc la première opération a consisté à chercher dans quel groupe rentre la base du sel donné.

A. Précipité par HCl.

Le précipité se dissout dans l'eau chaude. . . . . *sel de plomb.*
Insoluble dans l'eau chaude il se dissout ou noircit
dans l'ammoniaque { il se dissout. . . . . *sel d'argent.*
{ il noircit . . . . *sel mercureux.*

B. Précipité par HS.

On le sépare et on le fait chauffer dans du sulfhydrate d'ammoniaque.
Il se dissout — c'est le premier groupe.
Il est insoluble — c'est le deuxième groupe (C).

Premier groupe. — Le sulfure est noir { la liqueur primitive précipite par $FeOSO^3$ dissous *or.*
Le sulfure est orangé, soluble dans HCl — — *antimoine.*
— — jaune { on le grille dans un tube ouvert et on obtient un oxyde volatil. . . . . *arsenic.*
— oxyde fixe . . . . . . *étain.*
— — brun-marron . . . . *étain (protoxyde).*

C. Le sulfure produit par HS est :

Jaune . . . . *cadmium.*
Noir. — On le traite par $HOAzO^5$ étendu :
Il est insoluble { on a recours à la liqueur primitive :
Une dissolution de KI précipite en rouge. . . . . . . *sel mercurique.*
Une dissolution de chlorhydrate d'ammoniaque précipite en jaune. . . . . *platine.*

Il est soluble. — On reprend la liqueur primitive, on y ajoute un peu de $HOSO^3$:
Il y a un précipité blanc. . . . . *plomb.*
Il n'y a rien : on ajoute de l'ammoniaque.
Il y a précipité blanc. *bismuth.*
— — bleu soluble en bleu dans un excès. . . . . *cuivre.*

D. Troisième groupe. — Précipité par AzH^4S.

On fait bouillir la liqueur primitive avec de l'acide azotique pour peroxyder le fer. On ajoute alors AzH^4Cl et AzH^3.

1° Il y a un précipité de sesquioxyde :

rouille. . . . . *sel de fer*
verdâtre. . . . . — *chrome*
blanc . . . . — *d'alumine*

2° Il n'y a pas eu de précipité. Le premier formé par AzH^4S était : noir. . . . . *nickel ou cobalt*
blanc. . . . . *zinc*
couleur chair. . . . . *manganèse*

E. Quatrième groupe. — Précipité produit par $NaOCO^2$.

On le dissout dans HCl et l'on ajoute du carbonate d'ammoniaque :

Il n'y a pas de précipité. . . . . *sels de magnésie*

Il y a un précipité. On ajoute à la liqueur primitive de l'acide sulfurique très étendu :

On a un précipité insoluble . . . . *sels de baryte*

Pas de précipité ou un louche faible qui disparait dans l'eau . . . . *sels de chaux ou de strontaine*

G. Aucun des réactifs généraux n'a précipité. On fait bouillir la liqueur primitive avec de la potasse.

1° Il se dégage de l'ammoniaque . . . . *sels ammoniacaux*

2° Il ne se dégage rien :

Le chlorure de platine donne dans la liqueur primitive concentrée : un précipité jaune. . . . . *sels de potasse*
une coloration jaune. . . . . *sels de soude.*

II. RECHERCHE DE L'ACIDE.

Il est avantageux pour rechercher l'acide de combiner l'acide du sel donné avec une base alcaline. A cet effet, on fait bouillir la solution du sel donné avec du carbonate de soude pur. Le liquide, séparé du précipité de carbonate ou d'oxyde qui a pu se produire est neutralisé par l'acide acétique; il contient l'acide du sel combiné à la soude.

1. On y verse de l'*azotate de baryte* et on a un précipité blanc qu'on recueille, qu'on lave et qu'on traite par l'acide chlorhydrique.

a) Le *précipité est insoluble.*

On traite la liqueur primitive par HCl; il y a :

Un précipité gélatineux qui révèle . . . . *l'acide silicique*
Un dépôt de soufre. . . . . *acide hyposulfureux*
Aucune réaction. . . . . *acide sulfurique*

b) Le *précipité se dissout avec effervescence* :

Le gaz recueilli trouble l'eau de chaux. . . . . *acide carbonique*
— a l'odeur de. . . . . *l'acide sulfureux.*

c) Le *précipité se dissout sans effervescence* :

La liqueur primitive, traitée par une dissolution de chlorure de calcium donne :

Un précipité blanc soluble dans l'acide acétique. *acide phosphorique*
— insoluble. . . . . *acide oxalique.*

A défaut de ces deux réactions, il faut chercher à caractériser sur le sel solide un *fluorure* ou un *borate*.

2. L'azotate de baryte n'a pas donné de précipité; on ajoute à la liqueur du *nitrate d'argent;* on obtient :

Un précipité *noir* (la liqueur primitive est un sulfure		*acide sulfhydrique*
jaune	soluble dans l'ammoniaque	*acide bromhydrique*
	peu soluble	*acide iodhydrique*
Un précipité *blanc*	très soluble dans l'ammoniaque	*acide chlorhydrique*
	peu soluble mais soluble dans KCy.	*acide cyanhydrique.*

3. L'azotate d'argent n'a pas donné de précipité pas plus que l'azotate de baryte, il reste à rechercher sur le sel ou la liqueur donnée et d'après les réactions indiquées au paragraphe ci-devant si le sel est ou un *azotate* ou un *chlorate* et à caractériser . . . . . . l'*acide azotique* et l'*acide chlorique.*

Si l'acide du sel est un acide organique autre que l'acide oxalique, on ne peut le trouver par le tableau précédent; mais on peut savoir que l'on a affaire à un sel organique, si quelques fragments du sel solide calcinés se charbonnent et noircissent.

CHAPITRE XXXII

GÉNÉRALITÉS SUR LES SUBSTANCES ORGANIQUES

370. **Substances organisées et substances organiques.** — Les végétaux et les animaux sont formés d'un amas de *cellules*, de *fibres*, de *vaisseaux*, autrement dit de *tissus* et de *liquides* qui se développent sous l'influence de la vie et s'altèrent plus ou moins rapidement après la mort de l'être. Ainsi une feuille, la matière farineuse d'une graine, les fibres du bois, la sève, un morceau de chair, un os, le sang, le lait, voilà des parties constitutives d'êtres vivants; on les nomme des **substances organisées.** Elles sont toujours insolubles et ne présentent jamais la forme cristalline.

De chacune d'elles on peut retirer des corps qui ont fréquemment la structure cristalline, une composition constante, qui fondent et se volatilisent à une température fixe comme les composés minéraux, qui ont tous les caractères des espèces chimiques et qui, une fois isolés, n'ont plus rien de la forme que la vie leur avait donnéé. On les appelle **substances organiques.** Ainsi on extrait le sucre cristallisé de la pulpe de betterave, l'acide citrique solide du jus de citron, l'amidon de la farine de blé, la fécule du tubercule de la pomme de terre, la gélatine des os, l'albumine de l'œuf. L'albumine, la gélatine, la fécule, l'amidon, l'acide citrique et le sucre sont des **substances organiques.**

On appelle aussi substances organiques les corps formés artificiellement avec des éléments qui ne proviennent pas tous de la nature vivante, soit parce qu'on en trouve d'identiques dans l'organisme, soit parce que la mobilité de leurs éléments ou leur constitution les rapproche des produits organiques naturels.

Cette dernière catégorie est particulièrement intéressante; elle comprend un grand nombre de produits que les chimistes savent préparer en partant des substances organiques offertes par la nature.

371. **Composition des substances organiques.** — Quatre corps simples constituent, à peu de chose près, l'ensemble des corps organiques. Ce sont : le **carbone, l'hydrogène, l'oxygène** et **l'azote.**

1° *Le carbone.* — Toute substance organique soumise à l'action de la chaleur laisse du charbon pour résidu. Si elle est combustible, elle dégage en brûlant de l'acide carbonique, preuve évidente que le carbone est l'un des éléments essentiels de la nature vivante.

2° *L'hydrogène.* — Le gaz des marais, qui se dégage des matières végétales en décomposition dans l'eau, et le grisou des houillères sont des carbures d'hydrogène. Tels aussi sont les pétroles et la benzine. Tous ces corps en brûlant produisent de l'eau.

3° *L'oxygène.* — Le sucre, l'amidon, le bois, les matières grasses contiennent de l'oxygène uni au carbone et à l'hydrogène.

4° *L'azote.* — Enfin l'azote se rencontre dans le blanc d'œuf, dans le lait et dans la chair musculaire.

Certains produits naturels contiennent aussi en petite quantité du soufre ou du phosphore.

Les produits artificiels ont souvent du chlore, du brôme, de l'iode, des métaux, même de l'arsenic. Mais, la plus grande partie des substances naturelles provenant de la matière vivante ne contiennent que deux, trois ou quatre des éléments cités plus haut et que l'on a pu appeler les *éléments organiques.*

Malgré cette simplicité de matériaux, les produits organiques sont très nombreux, parce que les corps simples s'y groupent de mille et une manières, s'associent en des proportions très multiples que l'on ne rencontre pas au même degré dans les espèces minérales.

372. **Analyse des corps organiques.** — L'opération qui conduit à la connaissance directe des éléments d'un corps s'appelle **analyse élémentaire;** on ne peut l'appliquer qu'aux substances très pures et bien caractérisées, et jamais aux mélanges. Or tout corps organisé est un mélange; il entre dans sa structure diverses espèces chimiques que l'on désigne sous le nom de **principes immédiats** et que l'on sépare les unes des autres par un traitement spécial. Ce traitement, ou, si l'on veut, cette sorte d'analyse est appelée **analyse immédiate.**

Ainsi, dans une orange, on distingue à première vue trois portions différentes : l'écorce, le jus sucré et les cellules qui le contiennent, sans y comprendre les graines dont chacune est elle-même un corps composé. De l'écorce, on peut extraire une essence aromatique et combustible et un produit colorant; du jus, on retire du sucre et un acide. Chacune de ces dernières substances est une espèce chimique, un *principe immédiat* du corps organisé. En opérer la séparation, c'est faire l'analyse immédiate de l'orange.

Reprendre chaque espèce chimique obtenue pure, et chercher les corps simples dont elle est formée, c'est faire l'analyse élémentaire.

373. **Procédés de l'analyse immédiate.** — Il est difficile de préciser les procédés employés dans l'analyse immédiate, parce qu'il faut

les modifier dans chaque cas particulier. Tantôt on a recours au triage mécanique ou à la pression, comme s'il s'agit d'extraire les jus sucrés et les huiles des cellules qui les contiennent. Dans d'autres cas, on utilise l'action de la chaleur, comme s'il s'agit de séparer deux liquides inégalement volatils ou deux solides dont les points de fusion sont très différents. Le plus souvent on a recours aux dissolvants convenablement choisis et dont les principaux sont l'eau, l'alcool, l'éther, le chloroforme et le sulfure de carbone. Enfin on peut avoir recours à une solution faiblement alcaline s'il faut enlever un acide à un mélange, ou à une solution acide pour fixer une base organique.

Un des exemples les plus simples est celui qu'offre l'analyse immédiate de la pomme de terre. Le tubercule, lavé, est râpé et réduit en une bouillie que l'on reçoit sur un linge et que l'on presse au-dessus d'une terrine sous un filet d'eau. On opère ainsi une première séparation : dans le linge restent les débris des cellules déchirées, autrement dit la **cellulose.**

L'eau de lavage laisse déposer par le repos une poudre blanche en petits grains que l'on sépare par décantation ; c'est un deuxième principe, la **fécule.**

Si on porte le liquide à l'ébullition, il y apparaît des filaments solides ; c'est un troisième principe, l'**albumine** que la chaleur a coagulée.

Enfin dans ce liquide débarrassé de l'albumine et évaporé on peut constater la présence d'un **acide** et d'un **principe sucré.** C'est donc cinq espèces chimiques que l'eau et la chaleur ont permis de retirer du tubercule de la pomme de terre.

Chacune d'elles est pure si elle a un point de fusion ou d'ébullition constant ; ou bien, quand elle cristallise, lorsque ses cristaux affectent tous la même forme.

374. Analyse élémentaire. — L'analyse élémentaire a pour but de déterminer les corps simples contenus dans un principe immédiat bien pur, d'en chercher les proportions pour établir la formule chimique du composé.

Comme les corps organiques sont composés presque exclusivement de *carbone*, d'*hydrogène*, d'*oxygène* et d'*azote*, il suffit souvent de doser exactement ces quatre corps. L'opération diffère notablement selon que la substance contient ou non de l'azote ; on commence donc par une sorte d'analyse qualitative : on recherche si le corps à analyser est ou n'est pas azoté.

On met la matière dans un tube d'essai avec un fragment de potasse et l'on chauffe jusqu'à fusion. S'il y a de l'azote, il se dégage de l'ammoniaque que l'on reconnaît ou à son odeur, ou aux vapeurs blanches dont s'entoure une baguette de verre trempée dans l'acide chlorhydrique et présentée à l'entrée du tube, ou enfin à l'aide d'un papier de tournesol.

375. Analyse des matières non azotées. — On se propose de déterminer le poids du carbone, de l'hydrogène et de l'oxygène contenus dans un poids donné de la substance à analyser. La méthode employée, qui est susceptible d'une grande précision, est fondée sur la conversion du carbone en acide carbonique et de l'hydrogène en eau, sous l'influence de l'oxyde noir de cuivre en excès qui cède son oxygène. On recueille séparément ces deux gaz. Le poids du premier fait connaître la quantité du carbone contenu dans la substance ; on déduit le poids de l'hydrogène du poids de l'eau recueillie. On ne dose donc directement que le carbone et l'hydrogène. Le poids de l'oxygène se trouve en retranchant du poids de la substance celui des deux premiers éléments dosés. Tel est le principe de cette méthode imaginée par *Gay-Lussac* et perfectionnée par *Liebig*.

Appareils employés. — Voici quels sont les appareils nécessaires pour cette opération. C'est d'abord le *tube à combustion* dans lequel on brûle la matière organique au contact de l'oxyde de cuivre. On le prend en verre vert dur, de 50 à 60 centimètres de long, d'un diamètre de 15 millimètres, et on l'effile à la lampe en relevant l'extrémité (fig. 3).

C'est ensuite le *tube à recueillir l'eau ;* c'est un tube en U contenant de la ponce sulfurique et muni d'un petit tube deux fois recourbé et à ampoule (fig. 1).

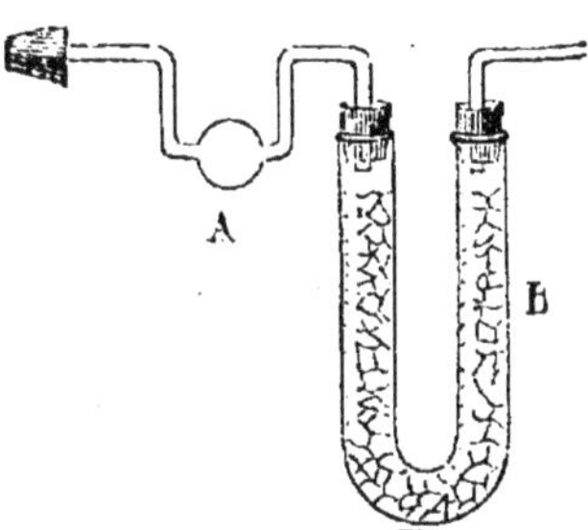

Fig. 95. — Tube à recueillir l'eau, — A, boule où l'eau se condense ; — B, ponce sulfurique.

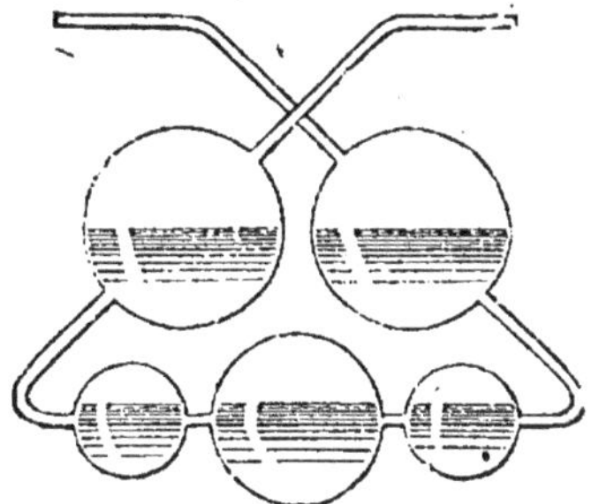

Fig. 96. — Tube à boules de Liebig.

Ce sont enfin les deux tubes à recueillir l'acide carbonique. Le premier, dit *tube de Liebig*, est à cinq boules réunies (fig. 2) ; il contient une solution de potasse ; il est disposé pour que le gaz carbonique en y arrivant soit en contact avec une grande surface de liquide. Le second, qui le suit, est un tube en U contenant des morceaux de potasse.

Remplissage du tube à combustion. — On introduit dans le tube à combustion un peu d'oxyde de cuivre chaud, que l'on y promène

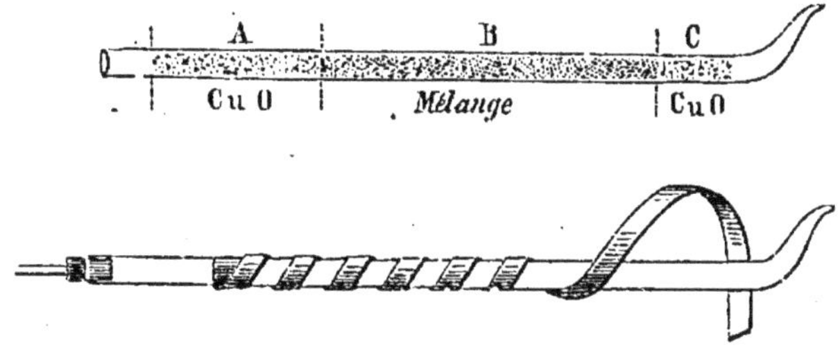

Fig. 97. — Tube à combustion.

pour enlever les poussières et l'humidité adhérant aux parois intérieures. On rejette cet oxyde. On en prend d'autre sur une main de cuivre et on le verse dans le tube de manière à ce qu'il forme une colonne de 5 à 6 centimètres. On mélange ensuite la matière à analyser (environ de

3 à 5 décigrammes) que l'on a au préalable bien desséchée et pesée, dans un mortier de verre ou de porcelaine bien sec et chaud, avec assez d'oxyde de cuivre pour que le tout occupe 20 à 25 centimètres du tube; on introduit ce mélange dans le tube et on achève de le remplir jusqu'à 5 centimètres de son ouverture avec de l'oxyde de cuivre que l'on verse, du creuset où il a été chauffé, dans le mortier, avant de l'introduire dans le tube.

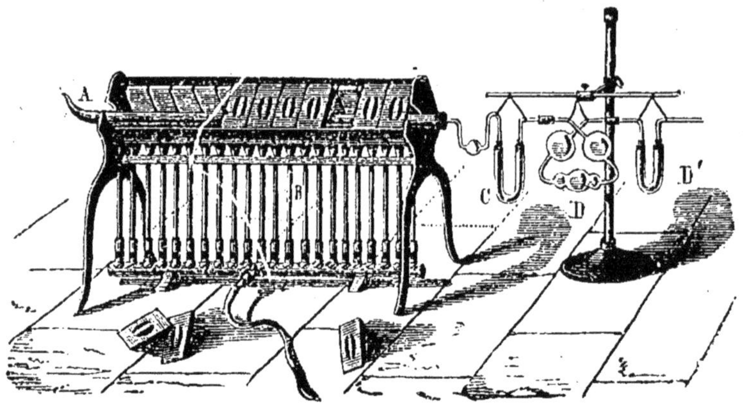

Fig. 98. — Appareil monté pour analyse organique. — A, tube à combustion; — B, grille à gaz; — C, tube à recueillir l'eau; — D et D', tubes à potasse pour recueillir l'acide carbonique.

On enroule une bande de clinquant en spirale autour du tube, afin de pouvoir le chauffer sans crainte qu'il se déforme. On le bouche avec un bon bouchon qui porte le premier tube en U à ponce sulfurique, et on le place sur une grille à combustion pour le chauffer au charbon ou au gaz. On adapte alors les uns aux autres les tubes à recueillir les gaz avec de petits bouts de caoutchouc solidement fixés. On a fait auparavant la tare du tube à ponce et ensuite celle des deux tubes à potasse, que l'on note et que l'on conserve séparément.

On dispose du côté de l'extrémité effilée du tube, soit un gazomètre plein d'oxygène, soit un petit matras contenant du chlorate de potassium fondu, en communication avec un tube à dessécher l'oxygène, terminé lui-même par un tube de caoutchouc. L'opération est alors prête.

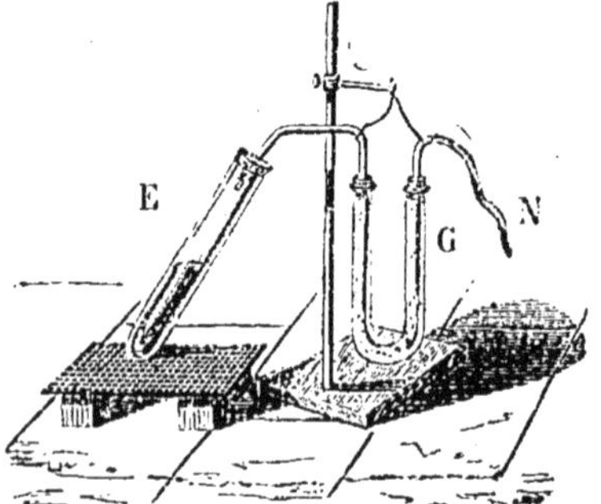

Fig. 99. — E, tube à chlorate de potassium fondu; — G, tube à dessécher l'oxygène; — N, tube en caoutchouc à mettre à la pointe A du tube à combustion.

Marche de la combustion. — On chauffe d'abord la partie antérieure du tube, celle qui ne contient que de l'oxyde de cuivre, puis quand elle est rouge on chauffe un peu la portion voisine de la pointe effilée; puis peu à peu la partie qui contient la matière à analyser. Cette portion de l'opération demande une grande surveillance. Il faut en effet que la décomposition de la matière se fasse lentement et avec régularité. On juge de sa vitesse par la rapidité des bulles de gaz qui sortent du tube à boules.

Quand le dégagement gazeux a cessé, le tube étant chauffé sur toute sa longueur, on attache à l'extrémité effilée le tube de caoutchouc de l'appareil à oxygène, ce dernier étant chauffé depuis quelques instants déjà et donnant du gaz, et on casse la pointe du tube à combustion. Un courant d'oxygène balaye le tube et brûle les dernières parcelles de carbone qui auraient pu échapper à la combustion. En passant dans le tube à boules, il prend de l'humidité; mais il la perd dans le dernier tube à potasse. Et finalement tout l'appareil reste plein d'oxygène.

Cela fait, après avoir débarrassé la pointe du tube à combustion du caoutchouc qu'on y avait fixé, on aspire par l'extrémité du tube à potasse, pour remplacer par de l'air l'oxygène qui remplissait les tubes tarés.

Résultats. — On laisse refroidir les tubes à eau et à acide carbonique, puis on les porte sur la balance. L'augmentation de poids du premier permet de trouver le poids de l'hydrogène; celle des seconds, le poids du carbone.

Soit $0^{gr}3$ le poids livré à l'analyse.

On a constaté $0^{gr}293$ d'acide carbonique recueilli
et $0^{gr}\,06$ d'eau —

Il y avait dans la substance $\frac{6}{22} \times 0{,}293 = 0^{gr}08$ de *carbone*,

$\frac{1}{9} \times 0{,}\,06 = 0^{gr}0067$ d'*hydrogène*,

et le reste, c'est-à-dire, $0^{gr}2133$ d'*oxygène*.

Si le poids trouvé pour le carbone, ajouté à celui de l'hydrogène, formait le poids total, on en conclurait qu'il n'y a pas d'oxygène dans la subtance, et par suite qu'elle est un carbure d'hydrogène.

376. Les moyens d'étude de la chimie organique. — Méthodes analytiques et méthodes synthétiques. — Quand les chimistes ont commencé d'étudier les corps d'origine organique, ils y ont trouvé un champ d'une richesse inouïe. Leurs efforts n'ont d'abord eu qu'un but, séparer les uns des autres les produits divers mélangés dans les organes des animaux et des végétaux. C'est ainsi qu'ils ont extrait les essences et les parfums des fleurs et des feuilles de certaines plantes, les corps gras des graines oléagineuses et de certains tissus animaux, l'amidon de la farine de blé, le glucose du suc des raisins, les résines des conifères, la quinine de l'écorce des quinquinas.

Après avoir séparé ces différents corps, on les a décrits dans toutes leurs propriétés; on a ainsi défini un certain nombre d'espèces chimiques, de principes immédiats que l'on pouvait extraire, purifier et retrouver dans les mêmes conditions avec les mêmes caractères.

Ce premier pas fait, on a soumis chacun des principes immédiats aux réactions physiques et chimiques capables de les dédoubler, de les modifier; on est arrivé à les réduire en leurs éléments, à fixer la formule chimique de chacun d'eux.

On a donc procédé d'abord par les **méthodes analytiques**, en allant du composé au simple, comme le minéralogiste qui dédouble une roche complexe en sels métalliques, ceux-ci en acides et bases et enfin en corps simples, métalloïdes et métaux.

Longtemps le chimiste s'est borné à prendre les corps organiques comme ils sont fournis par les êtres vivants qui les contiennent tout formés, à les transformer par une série de réactions ménagées, ignorant les voies à suivre pour les reproduire en dehors de l'influence de la vie.

Aujourd'hui la chimie possède un ensemble de méthodes sûres et précises, conduisant à la construction de la plupart des corps organiques à l'aide de leurs éléments. Ce sont les **méthodes synthétiques** qui, depuis vingt-cinq ans, ont fait tant progresser la chimie.

Ces méthodes tirent parti des affinités des éléments : carbone, hydrogène, oxygène et azote, et permettent de former de toutes pièces des composés de plus en plus complexes.

On réunit le carbone à l'hydrogène et on fait l'acétylène l'un des nombreux carbures d'ydrogène. Cet acétylène convenablement chauffé se soude à lui-même et engendre la benzine, autre carbure plus complexe.

L'action du sulfure de carbone sur l'hydrogène sulfuré et le cuivre permet d'obtenir l'éthylène que l'on transforme à son tour en alcool.

Cet alcool obtenu par synthèse à l'aide d'éléments minéraux peut engendrer tous les composés que l'on peut obtenir avec l'alcool formé sous l'influence de la vie par la fermentation des jus sucrés.

Ainsi la synthèse vient apporter son appui à l'analyse dans l'étude de tous les composés de la nature vivante. Et la chimie organique est devenue réellement la chimie du carbone et de ses combinaisons.

MANIPULATIONS

Le programme de 1882 imposait 10 manipulations de chacune quatre heures; celui de 1886 conserve les mêmes exercices mais sans déterminer d'une manière absolue le temps consacré à chacun d'eux; il laisse donc une certaine latitude pour l'organisation et pour la durée de chaque manipulation.

Dans les lycées, on trouve difficilement dix séances de quatre heures pour chacune des années de l'enseignement spécial, tandis qu'il est assez commode de trouver vingt séances de deux heures que l'on peut placer le jeudi matin ou même un jour quelconque de dix heures à midi et qui constituent un exercice hebdomadaire pendant un semestre ou un exercice de quinzaine durant toute l'année.

Nous avons donc groupé les exercices indiqués au programme en vingt séries dont chacune comporte du travail pour deux heures. Et tout en respectant l'ordre indiqué et qui correspond à la succession des leçons faites en classe, nous nous sommes aussi préoccupé de bien employer le temps des élèves et de rapprocher les unes des autres des opérations qui peuvent sans peine être conduites et surveillées simultanément.

I

OXYDATION DU FER, DU ZINC, DU PLOMB PAR L'OXYGÈNE.

Matériel nécessaire. — Fil de fer fin; — un ressort de montre; — un large bouchon; — un flacon de deux litres à large goulot plein d'oxygène et renversé sur une soucoupe, ou bien un petit ballon avec chlorate de potasse mélangé d'oxyde de manganèse, muni d'un tube abducteur pour produire et recueillir l'oxygène sur une cuve à eau ou sur une terrine; — de la limaille de fer; — un bec Bunsen; — une pince de fer.

Un fourneau à main ou à réverbère; — un creuset; — du zinc; — du plomb; — un têt à rôtir ou une grande cuiller de fer.

Il s'agit de montrer que le fer brûle dans l'oxygène, en produisant un oxyde qui fond, se rassemble en gouttes et tombe, que le fer divisé brûle dans les gaz chauds d'une flamme, que le zinc assez chauffé se volatilise, s'enflamme et produit l'oxyde de zinc en poussière et en flocons blancs, que le plomb chauffé se recouvre d'une couche d'oxyde et que cet oxyde, d'abord gris, peut à la chaleur jaunir et même devenir du minium rouge.

1. Préparer un ou deux flacons de deux litres d'oxygène, sur la cuve à eau ou sur une terrine (manipulation déjà faite en 3e année), garder le flacon plein de gaz et renversé sur une soucoupe.

Recuire le ressort de montre en le chauffant au rouge dans la flamme d'un bec Bunsen. Enrouler en spirale sur un tube de verre ou sur un crayon, soit le fil fin de fer, soit le ressort de montre recuit et refroidi. Passer l'extrémité dans le gros bouchon et l'y arrêter de manière que la spirale suspendue au bouchon lui soit bien perpendiculaire. Attacher un morceau d'amadou à l'autre bout de la spirale.

Renverser sur son fond le flacon à oxygène, y verser un peu d'eau pour y faire une couche de trois centimètres; allumer l'amadou de la spirale et plonger celle-ci dans le flacon. Le fer brûle avec une projection d'étoiles; l'oxyde fondu tombe, traverse l'eau et s'incruste même parfois dans le fond du flacon.

2. Projeter de la limaille de fer dans la flamme rendue chaude et à peine visible d'un bec Bunsen : les parcelles de limaille brûlent en donnant de petites étoiles brillantes. Et si l'on agite de la limaille fine près de la flamme, on voit apparaître dans celle-ci ces petites flammèches étoilées du fer brûlant en minces parcelles.

3. Allumer du charbon pour préparer un fourneau à main ou à réverbère. Mettre quelques fragments allumés sur la grille, bien nettoyée, du fourneau, autour du fromage sur lequel on posera ensuite le creuset contenant du zinc (feuilles de zinc découpées en petits morceaux). Remplir le fourneau de charbon noir; fermer ses ouvertures hormis celle du cendrier; le couvrir d'un cône-allumoir. Quand le charbon est bien allumé, le zinc est fondu; la température continuant de s'accroître, le zinc s'allume dans le creuset en produisant les flocons blancs de *laine philosophique* qui remplissent le creuset et qui voltigent en l'air. Pour activer l'oxydation, remuer avec une tige de fer le métal fondu et y faire affluer l'air. Le creuset retiré du feu et refroidi contient l'oxyde de zinc en poudre blanche et le zinc métallique qui n'a pas été oxydé. Si au moment où l'on retire le creuset du fourneau on en verse le contenu de haut sur une plaque de tôle, le zinc en tombant se divise en fragments qui s'enveloppent d'une brillante flamme bleue.

4. Pour oxyder le plomb, on met quelques fragments de ce métal dans une cuiller de fer que l'on chauffe sur un fourneau à gaz, ou encore dans un têt en terre que l'on pose sur les charbons allumés d'un fourneau (celui de l'expérience précédente). La surface du métal se ternit et se couvre d'une pellicule grise. Avec une tige de fer on rassemble cette pellicule dans un coin de la cuiller ou du têt; on met ainsi à nu la surface métallique qui s'irrise et se recouvre d'oxyde; en continuant à la découvrir, on parvient à transformer tout le plomb en oxyde gris. On continue à chauffer cette poudre grise et on la voit prendre peu à peu la couleur jaunâtre du massicot. Et si on la chauffe longtemps en la remuant constamment, on peut lui faire prendre la teinte du minium.

II

RÉDUCTION DES OXYDES DE FER ET DE CUIVRE PAR L'HYDROGÈNE, ACTION DU CHARBON SUR LE SULFATE DE CHAUX.

Matériel. — Un flacon à deux tubulures avec tube à entonnoir et tube coudé, pour produire l'hydrogène; — deux tubes un peu plus larges et effilés à un bout (tubes à réduction); — de l'oxyde noir de cuivre; — du peroxyde de fer; — une feuille de clinquant ou une lanière de toile métallique pour envelopper à demi le tube à réduction; — une lampe à alcool ou un ou deux becs Bunsen; — une éprouvette à dessécher les gaz, pleine de chlorure de calcium en morceaux (ou de quoi la monter), ou bien un petit flacon avec bouchon à deux trous contenant de l'acide sulfurique; — du charbon de bois;

— du plâtre; — un mortier et son pilon; — un fourneau à réverbère; — un creuset, son couvercle et son fromage; — un ballon; — un entonnoir avec filtre sur un support; — deux verres; — une dissolution d'acétate de plomb ou du papier saturnin[1].

Il s'agit de prouver que l'hydrogène passant sur un oxyde chauffé comme l'oxyde de cuivre ou l'oxyde de fer peut enlever l'oxygène et laisser le métal, opérer, en un mot, la réduction de l'oxyde. On devra donc observer pendant toute l'opération une production de vapeur d'eau et l'opération faite on ne trouvera plus dans le tube à réduction que le métal.

1. On met le zinc et l'eau dans l'appareil à hydrogène. On monte l'éprouvette à dessécher le gaz; on la réunit avec le flacon, comme l'indique la fig. 5. On introduit de l'oxyde de cuivre dans le tube à réduction et on fixe ce tube à la suite de celui qui sort de l'éprouvette. On dispose sous le tube à oxyde un support pour la lampe à alcool qui devra servir à le chauffer. On fait dégager l'hydrogène en versant de l'acide sulfurique dans le flacon. Au bout de dix minutes, quand on est sûr que l'hydrogène a chassé tout l'air de l'appareil, on place la lampe à alcool allumée sous le tube à oxyde. On ne tarde pas à voir de la vapeur d'eau sortir par la pointe effilée du tube. Si l'on veut ne pas avoir à surveiller l'appareil, on place sous le tube, dans la partie qui contient l'oxyde, une lanière de toile métallique courbée en demi-cylindre, de manière à répartir sur une certaine longueur du tube la chaleur de la lampe ou du bec Bunsen employé. Lorsqu'il ne se dégage plus de vapeur d'eau, on enlève la source de chaleur et quand le tube est refroidi on l'enlève et on vide le contenu sur une soucoupe ou une feuille de papier : c'est du cuivre rouge en poussière.

2. On répète la même expérience sur l'oxyde de fer que l'on a au préalable bien pulvérisé. On n'en met dans le tube qu'une faible couche de manière que l'hydrogène puisse en atteindre toutes les parties. On enveloppe à demi le tube d'un demi-cylindre en clinquant ou en toile métallique et on chauffe modérément par un bec Bunsen ou une lampe placé sous le clinquant. L'opération finie, on laisse refroidir le tube; on le détache. On le secoue pour faire sortir la poudre métallique de fer par la pointe, et l'on voit cette poudre s'enflammer par sa chute dans l'air : c'est le *fer pyrophorique*. Pour l'obtenir sûrement ainsi inflammable, il faut un oxyde de fer particulier. Celui qui réussit le mieux est préparé de la manière suivante : dans une dissolution de perchlorure de fer mêlée d'un cinquième d'alun on a précipité l'oxyde de fer et l'alumine par l'ammoniaque et le précipité bien lavé a été desséché puis pulvérisé.

3. La 3e opération peut être mise en marche pendant qu'on effectue les deux précédentes. Il s'agit de prouver que le sulfate de chaux peut être réduit par le charbon et transformé en sulfure de calcium :

$$CaOSO^3 + 4C = 4CO + CaS$$

On allume du charbon dans un fourneau à réverbère. On pulvérise finement dans un mortier du plâtre, puis un poids à peu près égal de

1. Les acides principaux ne sont pas indiqués dans les objets ou produits nécessaires; on les suppose toujours disposés sur la table commune du laboratoire, à la portée de tous les élèves qui manipulent.

charbon de bois, puis on mélange intimement les deux poudres en les remuant avec le pilon dans le mortier et on en remplit un creuset que l'on ferme de son couvercle. On place le creuset sur son fromage dans le fourneau et on remplit celui-ci de charbon de bois. On chauffe ainsi environ une heure. On retire alors le creuset du foyer et on le laisse refroidir. On fait bouillir de l'eau dans un ballon; on la verse dans le creuset où on l'agite. On la reverse du creuset sur un filtre au-dessous duquel elle est reçue dans un verre. Le charbon reste sur le filtre. La dissolution doit contenir le sulfure de calcium. On s'en assure en en versant un peu dans une dissolution d'acétate de plomb qui noircit par le précipité noir de sulfure de plomb qui se forme. On prend un peu de la dissolution dans un verre; on y ajoute de l'acide chlorhydrique et on constate à l'odeur, ou encore par le papier saturnin qui noircit, le dégagement d'hydrogène sulfuré révélant que le liquide était un sulfure.

III

RÉDUCTION DU PLOMB ET DU BISMUTH. CRISTALLISATION DE L'AZOTATE DE POTASSE.

Matériel. — Un fourneau à réverbère; — un creuset, son fromage et son couvercle; — de la litharge; — du charbon; — du carbonate de soude sec; — un mortier et son pilon; — un second creuset; — de l'oxyde de bismuth ou de l'azotate de bismuth; — un grand verre; — un ballon; — un fourneau à gaz; — une capsule de porcelaine; — un cristallisoir; — du salpêtre.

Il s'agit dans les deux premières opérations de montrer que le charbon réduit les oxydes à chaud et peut mettre le métal en liberté. Dans la troisième on montrera que la chaleur favorise la dissolution d'un sel dans l'eau, et on extraira le sel dissous en le faisant cristalliser en gros cristaux et en poudre.

1. On allume du charbon dans un fourneau à réverbère. On pulvérise d'une part 30 grammes de litharge, d'autre part 6 grammes de charbon et on mélange intimement les deux poudres. On met le mélange avec son poids de carbonate de soude sec dans un creuset que l'on ferme, que l'on pose dans le fourneau, que l'on enveloppe ensuite de charbon et que l'on chauffe au rouge environ une heure. Après ce temps on retire le creuset du feu et en le tenant serré dans une pince à creuset on le frappe sur le pavé; puis on le laisse refroidir. Quand il est froid on le casse et on trouve au fond un culot de plomb métallique recouvert de l'excès de charbon employé.

La réaction est la suivante :

$$PbO + C = Pb + CO;$$

elle montre que 6 grammes de charbon suffisent à réduire 112 grammes d'oxyde de plomb et à déposer 104 grammes de plomb métallique.

Cette expérience a été indiquée par Berthier pour trouver le pouvoir des combustibles, par exemple d'une houille. On pulvérise très finement 5 grammes de houille; on y mêle intimement 100 grammes de litherge et on chauffe comme nous venons de l'indiquer. Le poids du culot de plomb recueilli dans le creuset renseigne sur le poids de carbone contenu dans la houille essayée : pour 104 grammes de plomb il y a eu 6 grammes de charbon employés.

2. Dans le second creuset, on met un mélange d'oxyde de bismuth et de charbon fait avec les mêmes précautions que pour l'oxyde de plomb; ou bien un mélange d'azotate de bismuth avec du charbon et du carbonate de soude sec. On chauffe le tout une heure au rouge vif et l'on trouve du bismuth métallique dans le fond du creuset refroidi.

3. On met 100 grammes de salpêtre dans un grand verre avec 200 grammes d'eau et on agite pour faire dissoudre le solide. On remarque d'abord que le verre se couvre extérieurement d'une buée, ce qui prouve que le salpêtre a besoin de chaleur pour opérer sa dissolution et qu'il refroidit le liquide. Si longtemps on prolonge l'agitation on ne parvient pas à tout dissoudre.

On verse le contenu du verre dans un ballon et on chauffe celui-ci. On voit alors disparaître promptement le solide que l'eau froide refusait de dissoudre; on ajoute encore 150 grammes de salpêtre qui se dissolvent sans difficulté. On verse le tiers de la dissolution ainsi faite dans un cristallisoir; elle s'y refroidit et y dépose bientôt des cristaux brillants en prismes allongés. On en verse un second tiers dans une capsule de porcelaine que l'on chauffe modérément. On ajoute un peu d'eau au dernier tiers et on le verse soit dans un cristallisoir, soit dans tout autre vase à large surface. Cette dernière partie cristallise lentement; elle peut mettre parfois un à deux jours à déposer le solide, mais les cristaux sont grands et beaux.

Le liquide de la capsule est sans cesse agité pendant qu'on le chauffe et le salpêtre qu'il contient se dépose en poudre fine, en farine, comme on dit dans l'industrie. On a ainsi sur un même exemple trois formes de la cristallisation.

IV

ACTION DU CHLORE SUR L'ANTIMOINE, SUR LA CHAUX ÉTEINTE, SUR LA CHAUX VIVE.

Matériel. — Un ballon d'un litre pour préparer le chlore, du bioxyde de manganèse et de l'acide chlorhydrique pour produire ce gaz; — un fourneau à gaz; — un petit flacon à deux tubes coudés dont l'un plongeant pour laver le gaz chlore; — deux flacons d'un litre munis de bouchons à deux trous avec deux tubes coudés dont un plongeant au fond du flacon et l'autre affleurant le bouchon; — de l'antimoine en poudre; — de la chaux délayée dans l'eau; — un flacon; — une éprouvette à chlorure de calcium pour dessécher un gaz; — un long fourneau à réverbère pour tube; — un tube de porcelaine; — de la chaux vive; — un tube abducteur à monter à l'extrémité du tube à porcelaine, une cuve à eau ou une terrine; — des éprouvettes à gaz; — du sulfate d'indigo; — un morceau de linge écru; — des verres.

Il s'agit de montrer que certains métaux comme l'antimoine se combinent vivement avec le chlore, que le gaz chlore se combine à la chaux hydratée pour donner un hypochlorite qui porte vulgairement le nom de chlorure décolorant de chaux; et enfin dans la troisième opération que le chlore agissant sur la chaux vive se combine au métal calcium et laisse dégager l'oxygène de l'oxyde.

On monte à la suite l'un de l'autre les deux flacons d'un litre portant chacun un bouchon à deux tubes coudés dont un plonge jusqu'au fond du flacon. En avant du premier on place le petit flacon contenant un peu d'eau et destiné à laver le chlore. En arrière du second on place un flacon où arrive un tube et dans lequel on met de la potasse. Dans le second des deux grands flacons on met un lait de chaux (mélange de chaux éteinte et d'eau). Le premier reste vide, et on réunit par des bouts de tubes de caoutchouc les tubes coudés de ces divers flacons de manière que le gaz arrive d'abord dans le fond de chacun d'eux avant de se dégager par le haut.

Cela fait, on met dans le ballon le bioxyde de manganèse et l'acide chlorhydrique; on bouche et on agite pour que l'acide mouille bien la poudre de l'oxyde. On attache le tube coudé du ballon à celui du premier flacon laveur et on chauffe modérément. Le gaz chlore se dégage peu à peu, il se lave dans le premier flacon; il remplit le second; arrivé dans le troisième il barbotte dans le lait de chaux où il se combine et enfin dans le quatrième il s'arrête dans la solution de potasse. Et si l'expérience n'est pas trop prolongée il ne se dégage pas de gaz chlore dans la salle (à condition toutefois que les bouchons soient bien faits et tiennent bien).

Lorsqu'on arrête l'opération en séparant le ballon du premier flacon, on a, dans les différents vases où a passé le gaz, de l'eau de chlore, du gaz chlore, de l'hypochlorite de chaux dissous et de l'hypochlorite de potasse.

On a d'autre part mis de la chaux vive dans le tube de porcelaine, attaché à l'extrémité le tube abducteur se rendant dans une terrine et placé le tube dans le long fourneau à réverbère déjà chargé de charbon allumé. Quand le tube est bien chauffé, on apporte à son extrémité antérieure le ballon producteur de chlore que l'on y attache. Dès lors le chlore passe dans le tube de porcelaine, il prend le calcium, et l'oxygène devenu libre va se dégager dans la terrine où il est recueilli dans des éprouvettes. On s'assure que c'est de l'oxygène.

On reprend le flacon plein de gaz chlore; on l'ouvre et on y projette de la poudre fine d'antimoine; cette poudre y produit une pluie de feu en tombant et donne naissance à des vapeurs abondantes de chlorure d'antimoine qu'il faut éviter de respirer.

On décante le liquide du flacon qui contenait le lait de chaux; on en verse dans un verre où l'on ajoute ensuite quelques gouttes d'une solution de sulfate d'indigo et cette solution d'un bleu vif est décolorée. On en verse dans un autre verre; on y plonge un morceau de toile écrue que l'on porte ensuite dans un verre contenant une dissolution étendue d'un acide, et la toile sort très blanche de ce dernier liquide; on n'a plus qu'à la laver à grande eau.

On répéterait ces mêmes décolorations avec l'eau de chlore ou avec l'hypochlorite de potasse ou eau de javelle.

V

ACTION DU SOUFRE SUR LE FER, RÉDUCTION DU SULFURE DE PLOMB PAR LE FER.

Matériel. — Un fourneau à réverbère; — deux creusets avec couvercle; — du fer en petits fragments et en limaille; — un mortier avec son pilon; — du soufre en canons et du soufre en fleur; — une soucoupe; — un petit ballon;

— du papier saturnin; — un mortier de biscuit et son pilon; — de la galène; — du charbon; — du carbonate de soude sec.

On se propose de combiner le soufre au fer directement et dans la seconde opération d'enlever le soufre du sulfure de plomb par le fer et de retirer ainsi le plomb métallique de son minerai le plus commun.

1. *On fait le sulfure de fer par voie sèche* et *par voie humide.*

Par voie sèche on porte au rouge un creuset de terre dans un fourneau à réverbère. On a fait un mélange de 30 grammes de limaille de fer et d'autant de soufre pulvérisé et on le projette dans le creuset que l'on couvre. La combinaison se fait très rapidement et une partie du soufre mis en excès brûle avec une flamme bleue. On chauffe jusqu'à ce que tout le soufre ait été éliminé et l'on coule la masse fondue sur le pavé où elle se solidifie; on la concasse pour l'usage.

Par voie humide, on répète l'expérience du volcan de Lémery. On mélange intimement 20 grammes de fer en limaille et 30 grammes de fleur de soufre. On met le mélange sur une soucoupe; on y ajoute de l'eau tiède en quantité suffisante pour former une bouillie épaisse et on introduit cette bouillie dans un petit ballon que l'on ferme avec un bouchon portant un tube ouvert. Au bout de peu de temps il sort par le tube du ballon un jet de vapeur que la chaleur de la réaction a fait dégager; la masse noircit et devient du protosulfure de fer.

Le produit de l'une et de l'autre de ces réactions mis dans un verre avec un peu d'eau et de l'acide sulfurique dégage de l'hydrogène sulfuré reconnaissable à son odeur ou à l'aide du papier saturnin qu'il noircit.

2. On pulvérise de la galène en la concassant d'abord grossièrement à l'aide d'un marteau, puis ensuite dans le mortier. On en prend 30 ou 40 grammes que l'on mélange avec 10 grammes de limaille de fer et autant de carbonate de soude sec. On introduit le tout dans un creuset et on chauffe celui-ci au rouge vif dans un fourneau à réverbère. La réaction qui se produit est la suivante :

$$PbS + Fe = FeS + Pb$$

Le carbonate de soude sert de fondant et forme une scorie au-dessus du plomb fondu. On retrouve ce dernier métal en culot au fond du creuset. C'est d'une façon analogue que l'industrie traite les galènes pauvres pour en tirer le plomb.

VI

RÉDUCTION DE L'ARGENT DE SON CHLORURE.

Matériel. — Un creuset et son couvercle; — un fourneau à réverbère; — des résidus d'argent ou du nitrate d'argent; — de la craie et du charbon.

Un verre; — une lame de zinc décapée; — un filtre sur un entonnoir, le tout sur un support.

On veut extraire l'argent de tous les résidus que l'on a soigneusement mis de côté dans le laboratoire ou encore prouver que le chlorure d'argent peut être réduit par voie sèche à l'aide du charbon et de la craie, et par voie humide à l'aide du zinc en donnant dans les deux cas de l'argent métallique.

Tous les liquides argentifères du laboratoire recueillis dans un grand flacon sont traités par l'acide chlorhydrique qui précipite du chlorure d'argent blanc et insoluble. On lave ce précipité à plusieurs eaux, en l'agitant dans ce liquide ; c'est facile, car le chlorure insoluble se rassemble vite au fond du vase et l'on peut très commodément décanter l'eau de lavage.

Pour le traiter par voie sèche, on le dessèche à l'abri de la lumière qui le brunirait et on le pèse.

Pour 100 grammes de chlorure on emploie :
70 grammes de craie et
5 grammes de charbon.

La craie et le charbon pulvérisés sont mélangés intimement au chlorure desséché. Le tout est mis dans le creuset et chauffé d'abord lentement, à cause du dégagement de gaz, puis plus rapidement et plus fortement. Si l'opération a été bien conduite, quand le creuset est refroidi on trouve au fond un culot d'argent métallique sous la forme brillante que nous connaissons au métal.

Pour réduire le chlorure par voie humide, il n'est pas utile de le dessécher. On le laisse sous un centimètre d'épaisseur de la dernière eau de lavage. On ajoute à cette eau une ou deux gouttes d'acide chlorhydrique et on plante dans le précipité blanc une lame de zinc. Au bout de peu de temps le chlorure noircit autour de la lame de zinc et la couleur noire qui indique la réduction se propage de proche en proche et gagne peu à peu toute la masse. Il convient de ne pas toucher au vase pendant cette réduction.

Quand toute la masse est d'un noir gris, on retire le zinc et on le brosse au-dessus du verre. On ajoute dans celui-ci de l'acide chlorhydrique qui dissout les fragments de zinc restés dans le verre en produisant du chlorure de zinc soluble. Quand le dégagement gazeux a cessé, on jette toute la masse sur un filtre et on la lave en jetant à plusieurs reprises de l'eau sur le filtre. On se sert à la fin d'eau distillée et quand celle qui a passé au filtre, recueillie dans un verre, ne précipite plus par le nitrate d'argent, c'est qu'il n'y a plus de chlorure soluble et que toute la masse solide restée sur le filtre est de l'argent métallique. Cet argent a l'aspect terreux. On pourrait lui donner l'aspect brillant par le frottement; mais on peut l'employer tel qu'il est à produire de l'azotate d'argent en l'attaquant par l'acide azotique pur.

VII

ÉLECTROLYSE DE L'EAU, PRÉCIPITATION DU CUIVRE.

Matériel. — Deux éléments de Bunsen avec les pinces pour les réunir, et deux fils de cuivre pour servir de conducteurs, des acides pour les monter. Ou bien quatre éléments de pile au bichromate réunis les uns aux autres par de petits bouts de fil de cuivre; — un voltamètre avec ses deux éprouvettes;

Deux fils de platine; — un tube en U; — quelques grammes d'iodure de potassium; — un peu d'empois d'amidon.

Du sulfate de cuivre; — une lame de cuivre; — un vase à large ouverture; — un vase poreux de pile; — une lame de zinc roulée, et une pince pour y fixer un fil de cuivre.

Une médaille; un peu de cire ou de vernis; — un sachet de linge pour mettre des cristaux de sulfate de cuivre.

On veut montrer qu'un courant électrique décompose l'eau en deux gaz, hydrogène et oxygène, en portant le premier au pôle négatif; aussi que le courant peut décomposer les autres liquides qui ne lui offrent pas trop de résistance, en portant le métal au pôle négatif; enfin que l'on peut se servir du courant pour déposer le cuivre de ses dissolutions salines.

1. On dispose d'un voltamètre; on y met de l'eau acidulée par un dixième d'acide sulfurique; on remplit du même liquide les deux éprouvettes que l'on bouche et que l'on renverse dans le verre du voltamètre pour placer chacune au-dessus d'un des fils de platine.

On monte deux éléments Bunsen en mettant dans chacun, de l'acide azotique dans le vase poreux et de l'eau avec un dixième d'acide sulfurique dans le vase extérieur. On réunit par des pinces le pôle charbon du premier au pôle zinc du second; on attache un fil au pôle zinc resté libre et un autre fil au pôle charbon libre et on amène ces deux fils dans les deux bornes du voltamètre. Aussitôt le courant passe et l'eau est décomposée. On recueille de l'hydrogène dans une éprouvette, de l'oxygène dans l'autre et quand elles sont pleines on vérifie les propriétés de chacun de ces gaz.

Cela fait, on remplit d'eau une éprouvette plus large, on la renverse au-dessus des deux fils de platine du voltamètre et on y reçoit les deux gaz. Quand l'éprouvette est pleine, on l'enlève, on présente son ouverture à une flamme, il se produit une forte détonation : on avait dans l'éprouvette les deux gaz de l'eau dont le mélange est détonant.

2. On fait une dissolution d'iodure de potassium, on la met dans un tube en U; on ajoute dans l'une des branches un peu d'empois d'amidon. On amène dans cette branche l'électrode positive de la pile terminée par un fil de platine que l'on tord au bout du fil de cuivre; on met dans l'autre branche du tube l'électrode négative également prolongée par un fil de platine. Aussitôt que le courant passe, on voit le liquide bleuir au pôle positif; c'est que l'iodure a été décomposé, que l'iode devenu libre au pôle positif a agi sur l'empois d'amidon et l'a bleui.

3. On met dans un verre une dissolution de sulfate de cuivre additionnée d'un peu d'acide sulfurique. On attache au fil négatif de la pile une lame de cuivre et on plonge les deux électrodes de la pile dans la dissolution. La lame de cuivre se couvre de cuivre métallique qui se dépose à mesure que le courant décompose la dissolution. Au bout d'un certain temps il n'y aurait plus de cuivre dans le liquide; le courant l'aurait tout déposé sur l'électrode négative. Mais on peut garder à la dissolution sa concentration en suspendant dans le verre un nouet de linge contenant des cristaux de sulfate de cuivre qui se dissolvent à mesure que le métal du liquide est déposé. Le cuivre ainsi obtenu est très pur

Appareil simple. — On obtient d'aussi bons résultats avec un seul vase monté comme une pile de Daniell; au lieu et place de la lame de cuivre qui doit former le pôle positif de la pile, on met la lame de cuivre ou l'objet conducteur, médaille ou autre, sur lequel on veut faire déposer le cuivre; la pile fonctionne quand cet objet à recouvrir est mis, extérieurement à la pile, en communication métallique avec le zinc *Zn* (fig. 100), l'objet se couvre peu à peu de cuivre métallique en couche homogène.

On peut même donner n'importe quelle forme à cet appareil simple, remplacer le vase poreux *p*, par une vessie formant le fond d'un tamis de bois, pourvu que l'objet à recouvrir plonge dans du sulfate de cuivre et qu'il soit mis extérieurement en communication avec une lame de zinc qui plonge dans l'eau acidulée. Un courant même très faible suffit à faire déposer le cuivre en couche homogène sur l'objet.

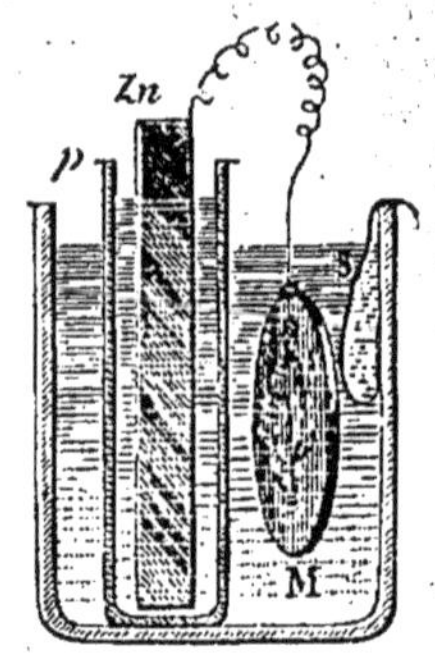

Fig. 100. — Appareil simple pour dépôt galvanoplastique.

La raison de ce dépôt de cuivre se comprend aisément. Dans l'appareil composé où le liquide traversé par l'électricité est distinct de la pile, le courant porte le cuivre sur la lame négative, c'est-à-dire sur l'objet à recouvrir, tandis qu'il porte sur l'anode l'oxygène et l'acide qui forment peu à peu, avec l'anode, du sulfate de cuivre maintenant la dissolution à peu près au même degré de concentration.

Dans l'appareil simple, la première action chimique est celle de l'eau acidulée et du zinc, qui dégage de l'hydrogène; c'est ce gaz hydrogène qui dans la pile se porte sur le pôle positif, y décompose le sulfate de cuivre et fait déposer le cuivre sur l'objet conducteur qui forme ce pôle.

C'est ainsi qu'on pratique la *galvanoplastie*.

L'expérience la plus simple de galvanoplastie consiste à reproduire en cuivre l'une des faces d'une médaille métallique dont on obtient en creux tous les reliefs et inversement. On peut la réaliser avec une pile et un vase distinct de la pile contenant la dissolution de sulfate de cuivre : c'est l'*appareil composé*.

On entoure une médaille ou une pièce de monnaie d'un fil de cuivre; on recouvre de cire fondue l'une des faces et le pourtour. On attache la médaille, par le fil qui l'entoure, au pôle négatif d'un élément de Bunsen, et on le plonge dans un vase contenant du sulfate de cuivre, ou bien on monte un appareil simple dans lequel on met la médaille comme il est dit ci-dessus. Le dépôt de cuivre se fait lentement. On le laisse s'effectuer pendant plusieurs jours, en maintenant la saturation du sulfate de cuivre par des cristaux suspendus dans un nouet de linge plongeant dans la dissolution.

VIII

ARGENTURE ET DORURE GALVANIQUE. — NICKELAGE.

Matériel. — Trois verres à fond plat dont un en verre de Bohême; — de l'azotate d'argent; — du cyanure de potassium; — une lame d'argent métallique; — un objet métallique à argenter; — des cristaux de soude; — de la crème de tartre; — une brosse fine; — un élément Bunsen monté ou une pile au bichromate avec ses conducteurs.

De la sciure de bois dans une capsule métallique; — un fourneau; — une petite brosse dure ou un pinceau court en fils métalliques.

Du chlorure d'or; — une lame d'or; — une petite casserole pour bain-marie.

Du sulfate de nickel.

Une lame de nickel métallique; — un objet à nickeler.

Il s'agit de montrer qu'un courant électrique traversant un sel d'argent ou d'or convenablement choisi dépose sur son pôle négatif le métal avec ses propriétés, son brillant et son inaltérabilité.

Le sel d'argent qui donne le dépôt le plus adhérent et le plus semblable au métal ordinaire, c'est, ainsi que l'expérience l'a prouvé, le cyanure d'argent dissous dans le cyanure de potassium. Il en est de même pour l'or. Ruolz et Elkington ont découvert cette propriété du cyanure d'argent et d'or et depuis elle est appliquée à l'argenture et à la dorure.

Il faut dans ces deux cas une pile distincte du liquide que le courant décompose.

Argenture. — Pour préparer le liquide d'argenture, on fait dissoudre dans 100^{cc} d'eau distillée 10 grammes de nitrate d'argent. On verse dans le liquide 6 grammes de cyanure de potassium dissous dans le moins d'eau possible, on laisse déposer le précipité et on le décante. Puis on y verse du cyanure de potassium dissous jusqu'à ce que le précipité soit entièrement redissous. On étend d'eau distillée au volume d'un litre. On filtre si besoin est; ce liquide est prêt à servir.

Pour une expérience de laboratoire, on décape un objet à argenter et un gros fil de cuivre en les brossant dans une solution de cristaux de soude, puis ensuite avec de la crème de tartre finement pulvérisée.

On les attache au pôle négatif d'un élément de pile et on les plonge dans le bain d'argenture. On met au pôle positif et plongeant dans le bain une lame d'argent, et on laisse le tout plus ou moins de temps suivant l'épaisseur du dépôt que l'on veut obtenir. On retire les objets du bain, on les lave à l'eau distillée, on les sèche dans de la sciure de bois légèrement chauffée. Il suffit ensuite de les brosser avec une brosse dure pour leur donner le brillant métallique.

Dorure. — Pour préparer le bain d'or, dissoudre dans un peu d'eau 2 grammes de chlorure d'or; dans 200^{cc} d'eau, 20 grammes de prussiate jaune de potasse; mêler les deux liquides et chauffer presque jusqu'à l'ébullition puis filtrer. Placer le bain d'or dans un verre que l'on chauffe peu à peu et que l'on maintient à 60° dans un bain-marie. Le fil de cuivre argenté ou l'objet à dorer est attaché au pôle négatif de la pile; mettre au pôle positif une lame d'or et laisser tremper vingt miminutes au plus. Retirer le fil ou l'objet du bain, le laver, le sécher comme pour un objet argenté, le frotter fortement pour lui donner le brillant de l'or.

Nickelage. — Pour préparer le bain, faire dissoudre dans un demi-litre d'eau bouillante 60 grammes de sulfate de nickel et d'ammoniaque; dans un autre demi-litre 30 grammes de sulfate d'ammoniaque pur avec 3 grammes d'acide citrique. Mêler les deux liquides; y ajouter peu à peu du carbonate d'ammoniaque jusqu'à ce que le bain ne rougisse plus le papier de tournesol et filtrer.

On plonge dans ce bain les deux fils d'une pile, le fil négatif portant les objets à nickeler bien décapés, le fil positif une lame de nickel. Au bout de peu de temps les objets sont recouverts; il ne reste plus qu'à les laver, les sécher, les brosser et les polir.

IX

POTASSE CAUSTIQUE EN LESSIVE ET SOLIDE. BICARBONATE DE POTASSE.

Matériel. — Une marmite de fonte; — un fourneau à gaz; — de la chaux vive et une terrine; — du carbonate de potasse cristallisé; — deux petits entonnoirs avec quelques petits filtres; — une cuiller de fer; — plusieurs verres.

Une capsule de cuivre; — une plaque de marbre ou de faïence.

Un appareil à acide carbonique simple ou continu avec du marbre concassé; — un petit flacon laveur avec bouchon à deux trous et deux tubes coudés dont l'un plongeant; — une éprouvette à pied avec tube coudé; — du carbonate de potasse; — de petits bouts de tube de caoutchouc.

1. Il s'agit de préparer la potasse. On sait qu'elle est tirée de son carbonate que l'on fait bouillir avec l'eau de chaux : il se forme un précipité de carbonate de chaux et la potasse est dans la dissolution :

$$KOCO^2 + CaOHO = CaOCO^2 + KOHO.$$

On dissout dans un litre d'eau environ 150 grammes de carbonate de potasse. On porte le liquide à l'ébullition dans la marmite de fonte.

On a préparé un lait de chaux en éteignant la chaux vive avec de l'eau et en ajoutant quand la chaux est délitée assez d'eau pour faire un liquide peu épais. On verse peu à peu de ce lait de chaux dans la marmite de fonte, mais en s'arrangeant de manière que l'ébullition ne s'arrête pas.

On a pris environ 100 grammes de chaux. Quand on a mis dans la marmite un peu plus de moitié du lait de chaux, il faut essayer s'il y en a assez d'ajouté. On prend avec la cuiller de fer un peu du liquide en ébullition; on le verse sur un entonnoir muni d'un filtre et posé au-dessus d'un verre et dans le liquide filtré on verse quelques gouttes d'acide chlorhydrique. S'il y a une effervescence, c'est qu'il y a encore de l'acide carbonique dans la solution bouillante; il faut continuer d'ajouter du lait de chaux et essayer de temps à autre jusqu'au moment où le liquide filtré ne fait plus effervescence avec les acides.

Quand ce résultat est atteint, on cesse de chauffer et on laisse reposer le liquide. Le carbonate de chaux se dépose au fond de la marmite. On décante le liquide clair dans une capsule de cuivre, on en met une partie en flacon pour s'en servir à l'état de dissolution; quant à l'autre partie, on l'évapore rapidement. Quand le liquide devient sirupeux on l'agite constamment avec une baguette de verre. Il fond après s'être d'abord solidifié. On le coule alors sur la plaque de marbre et on concasse la masse refroidie.

Si l'on avait voulu de la potasse plus pure, il aurait fallu pratiquer l'évaporation dans une capsule d'argent.

On préparerait la soude avec son carbonate, d'une façon analogue.

2. On veut faire le bicarbonate de potasse. On prépare d'abord une solution saturée de carbonate de potasse; un moyen commode consiste à remplir d'eau l'éprouvette à pied et à placer à la surface supérieure du liquide un nouet de grosse toile contenant le carbonate de potasse; l'eau est assez vite saturée. On la verse alors dans le flacon à large goulot dont on ajuste ensuite le bouchon à deux trous.

On a préparé le flacon laveur avec un peu d'eau dedans; on le met d'un côté en communication par un bout de tube de caoutchouc avec l'appareil à acide carbonique, de l'autre avec le tube plongeant du grand flacon contenant la dissolution. On met de même le second tube de ce dernier en communication avec le tube coudé plongeant dans l'éprouvette où l'on a mis de l'eau. L'appareil est prêt.

On verse de l'acide chlorhydrique dans le flacon à produire l'acide carbonique; le gaz se lave, barbotte dans la dissolution de carbonate de potasse et vient se dégager dans l'éprouvette.

On agite de temps en temps le grand flacon et l'on voit bientôt des cristaux tomber au fond : c'est le bicarbonate de potasse, moins soluble que le carbonate, qui se précipite.

On ferait de même le bicarbonate de soude avec le carbonate.

X

CUISSON DU PLATRE
PRÉPARATION ET PROPRIÉTÉS DU SULFATE DE SOUDE

Matériel. — Un fourneau à gaz; — un creuset; — de la pierre à plâtre; — un mortier et son pilon.

Une médaille à mouler; — un couvercle de boîte un peu plus grand que la médaille.

Un ballon; — du sel marin; — un flacon à recueillir l'acide chlorhydrique; — du carbonate de soude; — du tournesol; — une capsule; — un entonnoir avec filtre.

Un petit ballon avec un bon bouchon.

Un verre à fond plat; — du sulfate de soude; — un thermomètre; — un tube d'essai ou une fiole à fond plat.

On veut produire le plâtre et constater sa propriété de donner avec l'eau une pâte qui durcit et qui peut servir à mouler.

En second lieu on veut étudier la préparation et les propriétés du sulfate de soude.

1. On concasse en menus fragments la pierre à plâtre; on en remplit un creuset et on chauffe celui-ci de manière que la température de l'intérieur se maintienne entre 150 et 170 degrés.

Après une demi-heure de chauffe à ce degré, on retire le creuset du feu et on le laisse refroidir.

Quand le plâtre cuit est froid on le concasse dans le mortier; on le pulvérise et on le conserve dans un flacon sec.

2. Pour mouler une médaille, on huile légèrement toute sa surface; on la pose sur un couvercle de boîte dont l'intérieur a été aussi huilé.

On agite le plâtre en poudre avec de l'eau en le versant peu à peu dans l'eau, de manière à obtenir un liquide laiteux plutôt clair qu'épais. On verse ce plâtre ainsi gâché sur la médaille dans la petite boîte où elle a été placée. Et pour qu'il ne reste pas de bulle d'air au contact de la médaille on passe dessus un pinceau quand le liquide est encore clair. Au bout de très peu de temps le plâtre a fait prise. On détache la masse de la boîte, au besoin en déchirant le carton de celle-ci, et on sépare la médaille de la masse de plâtre; celle-ci reproduit en creux tous les reliefs de l'objet moulé.

3. Pour faire le sulfate de soude, on prépare un ballon muni d'un bouchon avec tube à trois coudures se rendant dans un flacon voisin à demi plein d'eau. On met dans le ballon environ 120 grammes de sel marin et 200 grammes d'acide sulfurique; on bouche et on chauffe graduellement. La masse boursoufle beaucoup et l'acide chlorhydrique qui se dégage vient se dégager dans l'eau du flacon.

Quand le dégagement gazeux se ralentit, que l'eau commence à remonter dans le tube abducteur, on sort ce tube de l'eau et on cesse de chauffer.

On attend que le ballon se soit refroidi. Pendant ce temps on caractérise l'acide chlorhydrique dans le liquide où le gaz s'est dégagé.

On ajoute de l'eau dans le ballon pour dissoudre le bisulfate de soude qui s'y est formé et dans la dissolution on ajoute peu à peu et par petites fractions du carbonate de soude jusqu'à ce que le liquide ne rougisse plus le tournesol. On fait bouillir et on filtre au-dessus de la capsule.

On évapore le liquide filtré et quand il est prêt à cristalliser on le laisse refroidir; on obtient le sulfate de soude en beaux cristaux.

Ce sel est très soluble : l'eau à 33° de température en dissout trois à quatre fois son poids. On fait une dissolution en mettant dans un ballon 100 grammes d'eau et 400 grammes de sulfate de soude et en chauffant légèrement. On filtre ensuite la dissolution. On remplit aux deux tiers un petit ballon avec cette dissolution et on la fait bouillir; après cinq ou six minutes d'ébullition, on ferme le ballon avec un bouchon, on le retire du feu et on le laisse refroidir. La solution ne cristallise pas, bien qu'elle soit sursaturée. Mais quand le ballon est froid, si on le débouche le liquide se prend souvent en une seule masse de cristaux; et si alors on approche la main du ballon, on constate qu'il s'est échauffé et qu'il y a eu de la chaleur dégagée dans cette brusque solidification.

Le sulfate de soude mêlé d'acide chlorhydrique dans la proportion de 8 parties du sel pour 5 de l'acide donne un mélange réfrigérant que l'on peut employer à congeler l'eau d'un tube d'essai ou d'une petite fiole. On pèse 80 grammes de sulfate et 50 grammes d'acide; on les mêle dans un verre et l'on place dans le mélange, soit une petite fiole contenant de l'eau soit un tube d'essai à demi plein; au bout d'un certain temps, cette eau est convertie en glace. Et le verre contenant le mélange s'est couvert extérieurement d'une buée qui s'est congelée.

XI

BARYTE CAUSTIQUE — CHLORURE DE BARYUM.

Matériel. — Un fourneau à réverbère; — une cornue de porcelaine; — un creuset; — de l'azotate de baryte; — du carbonate de baryte naturel; — du spath pesant ou sulfate de baryte naturel; — du charbon; — un entonnoir et un filtre; — une capsule.

On veut préparer la baryte anhydre; on met de 50 à 100 grammes d'azotate de baryte dans une cornue de porcelaine ou de grès et on la chauffe au rouge vif dans un fourneau à réverbère. Il se dégage un mélange de vapeurs nitreuses et d'oxygène.

Aussitôt que le dégagement a cessé, on bouche la cornue, on la casse et on met le produit spongieux qu'elle contient dans des flacons que l'on tient bien bouchés.

Quelques gouttes d'acide sulfurique versées sur un fragment de cette baryte anhydre la rendent incandescente.

1. Pour obtenir la baryte hydratée, on éteint dans une capsule avec un peu d'eau la baryte anhydre comme s'il s'agissait de la chaux; quand la masse s'est délitée, qu'elle est pulvérulente, on ajoute de l'eau pour délayer le produit solide et on fait bouillir pour le dissoudre. On filtre rapidement la dissolution et on la garde dans des flacons à col étroit et bien bouchés.

La dissolution limpide constitue l'eau de baryte qui sert dans les laboratoires aux mêmes usages que l'eau de chaux, pour révéler l'acide carbonique.

On peut encore préparer l'hydrate de baryte en mêlant deux dissolutions bouillantes, l'une de chlorure de baryum, l'autre de soude caustique, la baryte hydratée se dépose par refroidissement.

2. Pour préparer le chlorure de baryum on prépare d'abord le sulfure avec le spath pesant ou sulfate de baryte naturel. On pulvérise celui-ci; on lui mélange intimement un tiers de son poids de charbon et on chauffe ce mélange au fourneau à réverbère pendant une heure au moins dans un creuset fermé.

On laisse refroidir le creuset et avant qu'il ne soit complètement froid on y verse de l'eau bouillante que l'on y agite et que l'on reverse ensuite dans un ballon. On parvient ainsi en répétant cette dernière opération à dissoudre le sulfure et à le séparer de l'excès de charbon et du sulfate non décomposé.

On filtre la dissolution du sulfure. On y ajoute peu à peu et par petites portions à la fois de l'acide chlorhydrique étendu de son volume d'eau. (On opère sous une cheminée pour n'être pas incommodé par le dégagement d'hydrogène sulfuré). On porte à l'ébullition. On filtre au-dessus de la capsule. Il ne reste plus qu'à évaporer le produit filtré pour faire cristalliser le chlorure de baryum.

Ce chlorure est soluble dans l'eau. On utilise sa dissolution pour caractériser dans un liquide la présence de l'acide sulfurique ou d'un sulfate soluble : il y produit un précipité blanc de sulfate de baryte insoluble dans l'eau et dans les acides.

XII

ALUMINE. — ALUN.

Matériel. — Une capsule; — un ballon; — un entonnoir avec filtre; — de l'alun; — du carbonate de soude ou du carbonate d'ammoniaque; — un têt à rôtir.

Une longue éprouvette à pied; — quelques grains de cochenille.

Du sulfate d'alumine; — du sulfate de potasse; — de l'argile; — un petit creuset; — un cristallisoir.

Il s'agit de préparer l'alumine et d'étudier son action sur les matières colorantes, de préparer l'alun cristallisé et l'alun calciné.

1. Pour obtenir l'alumine, on fait à chaud dans une capsule une dissolution de 20 grammes d'alun dans 100 grammes d'eau; d'autre part, on a préparé dans un ballon une dissolution chaude de 10 grammes de carbonate de soude dans l'eau. On verse cette dernière dissolution dans

la première; il se produit un abondant précipité gélatineux d'alumine.

On jette le précipité sur un filtre et on verse dessus à diverses reprises, de l'eau bouillante pour le laver. On le sèche dans un têt à rôtir légèrement chauffé et l'on a l'alumine en poudre sèche.

2. Pour montrer la propriété de l'alumine en gelée de retenir les matières colorantes, on met quelques grains de cochenille avec de l'eau dans un ballon et l'on chauffe; l'eau prend bientôt une belle coloration rouge. On remplit à demi de ce liquide une longue éprouvette à pied; on y ajoute de quoi produire l'alumine en gelée, c'est-à-dire une dissolution d'alun et une dissolution de carbonate de soude. On bouche le haut de l'éprouvette avec la paume de la main et on l'agite pour mêler les liquides qu'elle contient puis on la remet sur son pied et on l'abandonne au repos. La gelée d'alumine se rassemble peu à peu en entraînant au fond de l'éprouvette la matière colorante et en laissant au-dessus le liquide incolore.

3. Pour préparer l'alun, on fait une dissolution chaude de sulfate d'alumine, une autre de sulfate de potasse; on les mêle dans une capsule; on évapore doucement le mélange et on le verse dans un vase où on le laisse cristalliser; on obtient alors des cristaux octaédriques d'alun, enchevêtrés les uns dans les autres. On décante l'eau-mère dans un second vase où on l'abandonne et elle dépose encore quelques cristaux d'alun.

4. On peut préparer l'alun en partant d'une argile. On chauffe fortement dans un têt à rôtir l'argile sèche et pulvérisée. On l'attaque ensuite par l'acide sulfurique en chauffant le mélange d'argile d'acide sulfurique et d'eau. On décante le liquide dans un cristallisoir; il y forme un léger dépôt d'alun. On reprend le liquide, on y mêle du sulfate de potasse dissous et on évapore dans une capsule jusqu'à commencement de cristallisation : le refroidissement fait déposer des cristaux d'alun.

Ces cristaux ne sont pas absolument purs; ils peuvent contenir un peu de fer; on s'en assure en versant dans leur dissolution quelques gouttes de ferro-cyanure de potassium et l'on a un précipité bleu ou au moins une coloration bleu verdâtre révélant la présence du fer.

La même épreuve faite sur une dissolution d'alun pur n'en change pas la couleur.

5. Pour produire l'alun calciné, on chauffe des cristaux d'alun dans un petit creuset; le solide fond dans son eau de cristallisation : puis l'eau s'évapore et si l'on continue de chauffer quelque temps l'alun boursoufle et vient former au sommet du creuset un champignon d'alun solide.

XIII

BIOXYDE DE MANGANÈSE. — PERMANGANATE DE POTASSE.

Matériel. — Des résidus de la préparation du chlore; — un verre à fond plat; — de la craie pulvérisée; — du carbonate de soude; — un entonnoir avec filtre sur support; — une capsule de porcelaine; — mortier et pilon.

De la soude caustique; — un petit creuset; — de la potasse en plaques; — un appareil à acide carbonique; — un cristallisoir; — une pincée d'amiante dans un entonnoir.

1. Le principal usage du bioxyde de manganèse c'est la préparation du chlore. On a toujours dans les laboratoires des résidus de cette

préparation que l'on y effectue souvent. On en peut tirer du bioxyde de manganèse pur.

On met dans un verre à fond plat le liquide brun provenant d'un appareil à chlore. On y projette peu à peu de la craie pulvérisée jusqu'à ce qu'on ait saturé tout l'acide chlorhydrique qui était en excès dans le liquide. Lorsqu'il ne se dégage plus d'acide carbonique, on ajoute un poids de craie égal à la moitié du poids du liquide. On agite la masse à diverses reprises et on laisse reposer. Il se forme par le repos un précipité de silice, d'alumine et de sesquioxyde de fer. Si l'on est pressé, on filtre. Le liquide qui passe est rose clair, il contient du chlorure de manganèse et du chlorure de calcium.

On y verse du carbonate de soude dissout qui précipite le manganèse et la chaux à l'état de carbonate; on décante le liquide qui surnage le précipité et on lave celui-ci à plusieurs eaux. Après le dernier lavage on le verse dans une capsule de porcelaine et on le dissout en y versant de l'acide azotique. On évapore à sec le mélange d'azotates et on le chauffe plus fortement sous une cheminée qui entraîne les vapeurs nitreuses qui se dégagent. On reprend la masse par de l'eau aiguisée d'acide azotique, on chauffe légèrement pour dissoudre la chaux et l'azotate de chaux; il ne reste plus qu'à filtrer et à bien laver le précipité pour obtenir le bioxyde de manganèse pur.

2. Si l'on chauffe dans un creuset de la soude caustique avec du bioxyde de manganèse, on obtient une masse verte. Cette masse reprise par peu d'eau donne un liquide qui est d'un beau vert quand il a été reposé; c'est le manganate de soude. Quelques gouttes d'acide le font virer au rouge, tandis que les alcalis le ramènent au vert : on l'a appelé le caméléon minéral.

3. Pour préparer le permanganate de potasse, on mélange des poids égaux de potasse en plaques et de bioxyde de manganèse finement pulvérisé que l'on met dans un creuset et que l'on chauffe d'abord doucement puis plus fortement jusqu'à fusion tranquille de la masse.

Après refroidissement, on casse le creuset; on en place les fragments et le contenu dans un vase à précipités avec peu d'eau. Après repos on décante le liquide clair de couleur vert foncé dans un flacon ou un verre et on y fait passer un courant d'acide carbonique. La liqueur tourne peu à peu au violet en se transformant en permanganate. On la filtre sur un entonnoir contenant un tampon d'amiante; on la reçoit dans une capsule pour l'évaporer jusqu'à cristallisation. Par refroidissement le permanganate se dépose en cristaux d'un violet très foncé. Pour le purifier on le dissout dans l'eau et on le fait recristalliser.

La solution est décolorée par l'acide sulfureux.

XIV

PEROXYDE DE FER ANHYDRE ET HYDRATÉ. — SULFATE DE PROTOXYDE DE FER.

Matériel. — De l'azotate de fer; — deux têts à rôtir; — du vitriol vert; — une cornue de terre; — un fourneau à réverbère; — un ballon à large col; — un creuset; — du sel marin.

Une solution de perchlorure de fer; — un entonnoir avec filtre.

Des pointes ou des fils de fer; — une capsule; — entonnoir et filtre; — du sulfate d'ammoniaque.

On veut préparer le sesquioxyde de fer anhydre et hydraté et aussi le sulfate de fer ou vitriol vert, même le sulfate double de fer et d'ammoniaque appelé *sel de Mohr* et employé dans l'analyse volumétrique.

Pour obtenir le sesquioxyde de fer anhydre on peut suivre trois méthodes.

1. On calcine dans un têt à rôtir chauffé sur un fourneau à main ou sur un fourneau à réverbère découvert de son dôme de l'azotate de fer; il reste une poudre rouge qui est le colcothar.

2. On commence par dessécher sur un têt à rôtir du vitriol vert ou sulfate de fer pulvérisé. On introduit ce sel desséché dans une cornue de terre que l'on chauffe au four à réverbère; on emmanche le col de la cornue dans le col d'un ballon qui doit condenser les vapeurs d'acide sulfurique qui se dégagent pendant l'opération. (On ne verse pas d'eau sur le ballon, on n'utilise que le refroidissement par l'air ambiant.) Quand il ne se dégage plus de vapeurs acides, l'opération est finie; on laisse refroidir la cornue et on en retire le colcothar.

3. On chauffe dans un creuset 100 grammes de sulfate de fer pulvérisé et bien mélangés avec 300 grammes de sel marin. On traite par l'eau le résidu et l'on obtient des cristaux très durs de sesquioxyde de fer.

4. Pour obtenir le peroxyde de fer hydraté, on verse de l'ammoniaque dans une dissolution de perchlorure de fer; on a un précipité rouille qu'on jette sur un filtre, qu'on lave à l'eau bouillante et qu'on sèche ensuite.

5. Le sulfate de fer peut être obtenu directement par l'action de l'eau acidulée d'acide sulfurique sur le fer. On met des pointes ou des fils de fer dans une capsule avec de l'eau; on y ajoute de l'acide sulfurique et on chauffe pour favoriser la réaction et le dégagement de l'hydrogène. Quant le métal est dissout, on filtre le liquide; on l'évapore dans une capsule et on le laisse refroidir, il dépose par le refroidissement des cristaux verts de sulfate de fer.

On peut utiliser à cette préparation le résidu de la préparation de l'hydrogène sulfuré par l'action de l'acide sulfurique sur le sulfure de fer. On trouve souvent dans les appareils à hydrogène sulfuré des cristaux verts. On décante le liquide; on jette de l'eau bouillante sur les cristaux; on mêle ce liquide au précédent. On filtre au-dessus d'une capsule; on chauffe pour faire évaporer et on laisse cristalliser par refroidissement.

6. Pour obtenir le sel de Mohr, on dissout dans l'eau chaude 140 gr. de sulfate de fer, puis dans un autre vase 66 grammes de sulfate d'ammoniaque. On mêle les deux dissolutions. On filtre au dessus d'une capsule et l'on évapore pour faire cristalliser. Les cristaux obtenus sont d'un vert plus pâle que ceux du vitriol vert; mais ils ne deviennent pas ocreux à la surface comme ces derniers.

XV

SESQUIOXYDE DE CHROME. — SULFATE DE ZINC.

Matériel. — Un fourneau; — un creuset et son couvercle; — un mortier et son pilon; — du bichromate de potasse; — du soufre en fleur; — une capsule de porcelaine; — une solution de chlorure de baryum.

De l'acide borique.
Du zinc ou le résidu d'un appareil à hydrogène; — une capsule; — un entonnoir avec filtre.

1. Le sexquioxyde de chrome anhydre s'obtient en désoxydant le bichromate de potasse par le soufre. On pulvérise finement 60 grammes de bichromate; on les mêle intimement avec 30 grammes de soufre en fleur dans un creuset que l'on couvre et que l'on chauffe dans un fourneau jusqu'au rouge sombre et jusqu'à ce qu'il ne se dégage plus d'acide sulfureux.

Après refroidissement on fait tomber le contenu du creuset dans de l'eau que l'on a fait bouillir dans une capsule de porcelaine. Le sulfate de potasse formé se dissout peu à peu. On laisse déposer et on décante le liquide. On ajoute de l'eau dans la capsule et en remuant la masse on porte l'eau à l'ébullition, on pratique ainsi plusieurs lavages jusqu'à ce que l'eau chaude agitée avec le produit ne soit plus colorée et qu'elle ne précipite plus par le chlorure de baryum. La poudre verte restée dans la capsule est séchée; elle constitue le sesquioxyde de chrome anhydre employé à la coloration des verres et de la porcelaine.

2. On obtient un sesquioxyde hydraté appelé *vert Guignet* en chauffant dans un creuset au rouge sombre 50 grammes de bichromate de potasse avec 150 grammes d'acide borique. On traite comme ci-dessus le contenu du creuset pour obtenir la poudre verte, c'est l'oxyde hydraté qui sert dans l'impression des tissus.

3. Le sulfate de zinc s'obtient très facilement. On met dans un verre des rognures de zinc avec de l'eau acidulée par l'acide sulfurique; la réaction se fait à froid et l'hydrogène se dégage. On filtre le liquide, comme aussi celui qui vient d'un appareil à hydrogène; on le concentre dans une capsule et on le fait cristalliser.

On peut montrer que le sulfate de zinc en cristaux chauffé à 100° peut fondre dans son eau de cristallisation et constituer une masse amorphe que l'on coule en moules. C'est ainsi que l'industrie le livre souvent.

XVI

OXYDE, CHLORURE ET SULFURE D'ÉTAIN

Matériel. — De l'étain en grenaille et en feuilles; — deux matras à fond plat; — du bichlorure d'étain; — du chlorure d'or; — du linge taché de rouille; — du mercure; — du soufre en fleur; — du chlorhydrate d'ammoniaque en poudre; — un bain de sable; entonnoir et filtre; — capsule de porcelaine; — mortier de porcelaine et pilon.

Les trois composés de l'étain les plus faciles à préparer sont l'oxyde, le chlorure et le sulfure.

1. L'oxyde est obtenu par voie humide sous le nom d'acide stannique en précipitant la dissolution de bichlorure d'étain par le carbonate de soude dissous. On lave le précipité sur un filtre et on le sèche. Ce corps peut se combiner à la potasse et donner le stannate de potasse.

On obtient l'acide métastannique, une autre forme du bioxyde d'étain en traitant de l'étain en grenaille par de l'acide azotique. On a mis l'étain dans un matras et l'acide concentré par petites portions. On chauffe au bain de sable de manière à pouvoir désséchcr complètement la matière.

Après refroidissement, on lave à plusieurs reprises en laissant chaque fois reposer la poudre. A la fin, on la jette sur un filtre pour l'égoutter et on la sèche.

2. Pour préparer le chlorure, on chauffe dans un matras au bain de sable ou même simplement dans un ballon, de l'étain avec de l'acide chlorhydrique concentré.

La réaction dégage de l'hydrogène; si elle devient tumultueuse on retire la ballon du feu pour l'y remettre quand elle se ralentit. On tient l'étain en excès. On décante le liquide dans une capsule de porcelaine et on le concentre; on peut obtenir ainsi le sel cristallisé.

On dissout ce chlorure dans une petite quantité d'eau additionnée d'acide chlorhydrique; autrement, avec beaucoup d'eau ou sans acide on aurait un liquide laiteux provenant de la décomposition du chlorure.

Si on mêle du chlorure d'or à un mélange de protochlorure et de bichlorure d'étain, on forme le précipité violet appelé *pourpre* de *Cassius*.

Le protochlorure d'étain est un réducteur; il peut enlever les taches de rouille faites sur les étoffes et en général les bruns au fer et au manganèse.

3. Le bisulfure solide, sous forme *d'or mussif* est ainsi préparé; on amalgame 60 grammes d'étain avec 30 grammes de mercure et on broie l'amalgame avec 20 grammes de fleur de soufre et autant de sel ammoniac en poudre. On met le tout dans un matras à fond plat et on chauffe au bain de sable, d'abord doucement, puis progressivement jusqu'au rouge sombre et cela pendant plusieurs heures. Si l'on a mis le sable dans un grand têt, on chauffe celui-ci sur un bon fourneau. Le matras a le fond dans le sable. On voit se condenser plusieurs produits sur le dôme du matras. Après refroidissement on trouve le bisulfure au fond en écailles jaunes d'aspect métallique.

XVII

BIOXYDE DE PLOMB. — CÉRUSE ET SULFATE DE PLOMB.

Matériel. — Un ballon de 250^{cc}; — trois entonnoirs, avec filtre au-dessus d'un verre.

De l'acétate de plomb; — de la litharge; — un ballon de 500^{cc}; — un verre à fond plat; — un appareil à acide carbonique ordinaire ou continu; — du bichromate de potasse en solution; — verres à précipité.

On veut préparer quelques composés du plomb tels que l'oxyde puce, la céruse, le sulfate, le chromate ou jaune de chrome.

1. On met dans un petit ballon 20 à 30 grammes de minium et 40^{cc} d'acide azotique étendu de 15^{cc} d'eau, et on chauffe légèrement en agitant souvent le ballon. Au bout d'une demi-heure, le minium qui a tout d'abord perdu sa couleur rouge est transformé en oxyde puce et en azotate de plomb. On cesse de chauffer et on laisse reposer. On décante le liquide clair. On le remplace par de l'eau, acidulée par l'acide azotique, et on fait bouillir en agitant le ballon. On jette le tout sur un filtre qui retient l'oxyde puce et on lave à l'eau bouillante jusqu'à ce que l'eau de lavage ne noircisse plus par l'hydrogène sulfuré.

2. Le liquide décanté du ballon et les eaux de lavages rassemblés contiennent de l'azotate de plomb dissous, on y verse peu à peu de l'acide sulfurique étendu tant qu'il se forme un précipité. On laisse le précipité se rassembler au fond du vase; on décante le liquide; on remet de l'eau chaude pour laver le précipité et on a une masse blanche qui est le sulfate de plomb.

On mélange à ce sulfate une dissolution concentrée de bichromate de potasse; on agite vivement et on abandonne au repos le verre contenant le mélange. Au bout d'un certain temps on a du sulfate de plomb mêlé de chromate de plomb et qui peut être employé comme jaune de chrome pâle.

3. Pour préparer la céruse, on commence par faire dissoudre dans un ballon de verre 30 grammes d'acétate neutre de plomb dans 120^{cc} d'eau distillée; quand la dissolution est faite on ajoute 12 grammes de litharge; on porte le liquide à l'ébullition pour dissoudre la litharge. La dissolution faite est mise dans un vase à précipités. On y amène le tube de dégagement d'un appareil à acide carbonique que l'on a monté et on fait dégager le gaz en versant de l'acide chlorhydrique sur le marbre du flacon. Le gaz carbonique produit un précipité blanc de céruse. Au bout de quelque temps on laisse le précipité se rassembler; on essaye si l'acide carbonique blanchit encore le liquide qui s'est éclairci et s'il n'y a plus de précipité on jette le liquide sur un filtre qui recueille la céruse faite. Le liquide filtré est une dissolution d'acétate neutre. On peut la remettre dans le ballon de verre avec 10 grammes de litharge, chauffer pour faire dissoudre la litharge et recommencer sur la dissolution la précipitation par l'acide carbonique; on obtient alors une nouvelle quantité de céruse.

Ou bien dans le liquide filtré on verse du bichromate de potasse et on produit un abondant précipité jaune de chromate de plomb ou jaune de chrome foncé.

XVIII

OXYDES ET SULFATE DE CUIVRE.

Matériel. — Un ballon de verre d'un litre; — de l'acétate de cuivre; — du glucose.

Un têt en terre; — un fourneau de coupelle à gaz ou à charbon; — de la tournure de cuivre; — un mortier en biscuit avec son pilon.

De l'azotate de cuivre; — un creuset.

Une dissolution de sulfate de cuivre; — une de potasse ou de soude; — un petit ballon; — de l'ammoniaque et un grand verre.

Le résidu de la préparation de l'acide sulfureux par le cuivre; — un ballon; — une capsule; — un entonnoir avec filtre; — un cristallisoir.

Il y a deux oxydes de cuivre, l'oxyde rouge ou sous-oxyde, protoxyde, oxyde cuivreux et l'oxyde noir ou oxyde cuivrique; ce dernier est le plus important.

1. Pour obtenir l'oxyde cuivreux rouge on fait à chaud, dans un ballon de verre, une dissolution d'acétate de cuivre; on ajoute à la dissolution quelques grammes de glucose et on fait bouillir quelque temps; il se forme une poudre rouge qui se rassemble au fond du ballon quand on cesse de chauffer. Après refroidissement et repos, on décante la majeure

partie du liquide clair; on filtre le reste pour recueillir l'oxyde rouge formé.

2. L'oxyde noir de cuivre peut être obtenu par trois moyens :

On place de la tournure de cuivre dans un têt en terre et on chauffe ce têt dans le moufle d'un fourneau à gaz ou à charbon chauffé au rouge, et à défaut de ce dernier sur un fourneau à reverbère bien allumé et découvert. Le cuivre se ternit et se couvre d'une couche d'oxyde noir qui arrête l'oxydation. On retire le têt qu'on laisse un peu refroidir et on verse son contenu dans un mortier en biscuit; avec le pilon on bat le cuivre pour en détacher l'oxyde. On sépare les fragments de cuivre de l'oxyde et on les remet à oxyder dans le têt chauffé comme la première fois. Après deux ou trois opérations analogues on a transformé le cuivre en une poudre noire d'oxyde.

3. On obtient l'oxyde noir plus facilement en calcinant l'azotate de cuivre dans un creuset chauffé sous une cheminée qui enlève les vapeurs nitreuses qui se dégagent. On a, dans ce cas, un oxyde noir très divisé. On peut d'abord faire l'azotate en attaquant dans une capsule, à l'air libre, ou sous une bonne cheminée d'appel, du cuivre en copeaux par l'acide azotique, puis en évaporant jusqu'à sec. Ou bien encore en évaporant le liquide qui provient d'un appareil à bioxyde d'azote; il suffit de chauffer un peu fortement le résidu solide formé d'azotate pour avoir l'oxyde noir.

4. On prépare aussi l'oxyde noir par voie humide. On met dans un ballon une solution de sulfate de cuivre, on y ajoute une solution de soude ou de potasse et l'on a un abondant précipité bleu. On chauffe le ballon à l'ébullition et le précipité bleu devient noir. Mais il faut le laver à plusieurs reprises à l'eau chaude sur un filtre si l'on veut le débarrasser de l'alcali et l'employer comme l'oxyde anhydre.

5. Dans une solution de sulfate de cuivre mise au fond d'un grand verre si l'on verse un peu d'ammoniaque, on obtient un précipité bleu d'oxyde. Mais en ajoutant un peu plus d'ammoniaque, le précipité bleu se dissout en un liquide d'un bleu franc qui peut être étendu de beaucoup d'eau sans que sa belle couleur bleu d'azur disparaisse.

6. Pour faire le sulfate de cuivre dans les laboratoires, on utilise le résidu de la préparation de l'acide sulfureux. Si on a mis assez de cuivre dans le ballon producteur de l'acide sulfureux, il reste au fond une masse grise de sulfate insuffisamment hydraté. On transvase cette masse grise dans un grand ballon, on y ajoute de l'eau et on fait chauffer en remuant constamment le ballon; on dissout ainsi tout le résidu. On verse le liquide sur un filtre placé au-dessus d'une capsule. On évapore le contenu de la capsule et lorsqu'une baguette trempée dans le liquide, puis sortie se recouvre vite d'une pellicule solide, on verse le liquide de la capsule dans un cristallisoir où le sulfate de cuivre se dépose en cristaux.

Pour obtenir de gros cristaux il faut abandonner dans un cristallisoir une dissolution filtrée saturée à froid; la cristallisation peut alors demander plusieurs jours.

XIX

PURIFICATION DU MERCURE. — COMPOSÉS DU MERCURE.

Matériel. — Un entonnoir à col étroit; — un cristallisoir; — une carafe; — du mercure ordinaire; — une capsule; — un flacon à robinet inférieur; — verres à précipités.

Du bichlorure de mercure; — une solution de soude; — deux matras à fond plat; — un bain de sable dans un têt à rôtir un peu plus grand que le fond des matras.

Du sulfate de sous-oxyde de mercure; — du sulfate mercurique; — du sel marin; — du bioxyde de manganèse; — une solution de potasse, une de nitrate d'argent, une de chlorure de sodium.

1. Le mercure qui sert journellement dans les laboratoires se salit à la surface; dans les cuves ou même dans les vases il est recouvert d'une pellicule grisâtre de sous-oxyde. Pour nettoyer une cuve à mercure de la pellicule grise qui la recouvre il suffit souvent d'y faire glisser à la surface un tube de verre auquel l'oxyde adhère. Quant au mercure qui sert pour les expériences courantes du laboratoire, souvent il suffit de le filtrer dans un entonnoir de verre dont on tient bouchée avec le doigt l'extrémité du tube et dont on ne laisse écouler le liquide dans un cristallisoir que par un très mince filet; la crasse grise du mercure reste contre le verre de l'entonnoir.

Pour purifier le mercure qui doit servir à la construction des appareils, on le met dans un vase de verre, comme une carafe; on couvre la surface d'acide azotique étendu de son volume d'eau; on agite et on laisse le tout deux ou trois jours dans un endroit frais. Après ce temps on enlève les cristaux d'azotate de sous-oxyde qui se sont formés, on lave à l'eau distillée à trois ou quatre reprises différentes en décantant à chaque fois l'eau de lavage. On met de l'eau distillée dans un cristallisoir et on y fait tomber en mince filet le mercure mis d'abord dans un entonnoir dont on tient l'extrémité inférieure bouchée avec le doigt et que l'on ne débouche que peu à peu. Le mercure se lave ainsi très bien. Quand l'eau de lavage ne précipite plus par la potasse, on sèche le mercure en le chauffant dans une capsule de porcelaine et on le conserve pour l'usage.

On le conserve très bien dans un flacon à tubulure inférieure en le surmontant d'une couche d'acide sulfurique; le mercure qn'on tire par le robinet inférieur est pur et sec.

2. Pour faire l'oxyde de mercure, on peut opérer par voie humide ou par voie sèche. Par voie humide, on met dans un verre à précipités une solution de bichlorure de mercure et on y verse une solution de soude tant qu'il se forme un précipité jaune qu'on laisse ensuite se rassembler. On décante la plus grande partie du liquide et on jette le reste sur un filtre qui retient l'oxyde jaune et où on le lave plusieurs fois avec de l'eau.

3. Par voie sèche, il faut d'abord faire de l'azotate de mercure. On met dans un matras à fond plat, ou encore dans une capsule de porcelaine 50 à 60 grammes de mercure, on ajoute un peu d'eau, puis peu à peu et par petites portions de l'acide azotique et l'on chauffe modérément. Quand il ne se dégage plus de vapeurs rutilantes, on évapore le liquide et quand l'azotate est amené à sec on chauffe un peu plus pour le décomposer; il se produit alors des vapeurs nitreuses et quand elles cessent de se dégager, l'azotate est transformé en oxyde rouge.

Cette dernière partie de l'opération se fait très bien dans un matras dont le fond repose sur un bain de sable chauffé. Il faut éviter d'augmenter la température quand il n'y a plus d'azotate à décomposer parce que l'oxyde rouge pourrait se détruire à son tour.

4. Pour préparer le sous-chlorure ou calomel on met dans un matras un mélange intime de 40 grammes de sulfate de sous-oxyde de mercure et de 10 grammes de sel marin; on chauffe modérément au bain de sable. La réaction s'opère entre les deux corps et quand la chaleur est devenue suffisante le calomel vient se sublimer sur les parois supérieures du matras.

L'opération terminée, on casse le matras et on recueille le calomel déposé. On l'agite avec de l'eau distillée pour le laver, une ou plusieurs fois jusqu'à ce que l'eau ne précipite ni en jaune par la potasse, ni en blanc par le nitrate d'argent. La poudre séchée constitue le calomel.

On peut encore l'obtenir en faisant une dissolution d'azotate mercureux (obtenu par l'action de l'acide azotique étendu et à froid sur le mercure) et en y versant une dissolution de sel marin. On lave le précipité et on le sèche.

5. Le bichlorure s'obtient en mettant dans un matras 40 grammes de sulfate mercurique, 40 grammes de sel marin et 5 grammes de bioxyde de manganèse. On chauffe au bain de sable sous une cheminée d'appel, car les vapeurs de bichlorure sont toxiques. Le bichlorure se sublime contre les parois supérieures du matras où il est recueilli après l'opération.

Le bichlorure est soluble et sa dissolution précipite en rouge par une petite quantité d'iodure de potassium dissous. Un excès d'iodure redissout le précipité d'abord formé.

XX

NITRATE, OXYDE ET CHLORURE D'ARGENT.

Matériel. — Une lame d'argent pur ou à son défaut une pièce d'argent monnayé; — un flacon; — une casserole de fer battu pour servir de bain-marie à eau; — une capsule de porcelaine; — un petit entonnoir avec filtre.

De la soude caustique en solution.

Une dissolution de sel marin, une d'hyposulfite de soude; — des verres à précipités.

Si l'on dispose d'argent vierge, il suffit de l'attaquer par l'acide azotique pur pour obtenir l'azotate d'argent. Le plus souvent, on ne dispose que de pièces de monnaie, c'est-à-dire d'alliages d'argent.

On aplatit une pièce de 50 centimes, on la découpe et on l'introduit dans un flacon; on y ajoute de l'acide azotique pur étendu d'un peu d'eau et on place le flacon pour le chauffer dans le bain-marie formé par la casserole à demi pleine d'eau et que l'on chauffe. Quand la chaleur est suffisante, l'attaque a lieu et l'alliage se dissout en un liquide vert.

On verse dans la capsule le liquide du flacon et l'eau distillée avec laquelle on a lavé ce dernier, et on évapore sans faire bouillir. Quand le produit va cristalliser, on le remue constamment en le chauffant et on l'évapore ainsi à sec sans projections. On chauffe un peu plus et la masse noircit par la décomposition de l'azotate de cuivre et le dépôt d'oxyde qui en résulte. Lorsque toute la masse est bien noire, on cesse de chauffer. On verse de l'eau distillée dans la capsule refroidie; on filtre le liquide et le liquide filtré est une dissolution d'azotate d'argent.

On fait trois parts de cette dissolution. On évapore lentement la première pour obtenir le nitrate en cristaux.

Dans la deuxième on verse une solution de soude caustique et on obtient un précipité brun d'oxyde d'argent.

Dans la troisième on verse la dissolution de sel marin tant qu'il se produit un précipité. Ce précipité de chlorure d'argent, blanc caillebotté, est lavé à grande eau; il se dépose promptement. On en fait trois parts. La première est exposée à la lumière et noircit; elle ne peut plus être dissoute dans la solution d'hyposulfite de soude.

La deuxième peut se dissoudre entièrement dans l'hyposulfite de soude.

La troisième peut être traitée par une lame de zinc pour régénérer l'argent métallique comme il a été indiqué à la manipulation 7.

FIN

TABLE DES MATIÈRES

MANIPULATIONS

FIN DE LA TABLE.

Ouvrages de M. Félicien GIROD

Agrégé de l'Université,
Professeur de mathématiques au lycée Corneille de Rouen.

COURS DE GÉOMÉTRIE THÉORIQUE ET PRATIQUE, à l'usage des *Lycées* et des *Collèges*, de tous les *Etablissements d'Instruction*, des aspirants au baccalauréat ès sciences et au baccalauréat spécial, contenant de nombreuses applications au dessin linéaire, à l'architecture, à l'arpentage, au levé des plans, au nivellement, à la topographie, la lecture des cartes, etc., et plus de **mille exercices** proposés de géométrie pure et appliquée. *Septième édition.* 1 beau vol. in-8, broché....... 4 »

TRAITÉ ÉLÉMENTAIRE DE GÉOMÉTRIE THÉORIQUE ET PRATIQUE à l'usage des *Lycées*, des *Collèges*, de tous les *Etablissements d'Instruction* et des candidats au baccalauréat ès lettres. *Sixième édition.* 1 vol. in-8, broché............... 3 »

SOLUTIONS RAISONNÉES des problèmes énoncés dans le *Cours* et dans le *Traité élémentaire de Géométrie. Deuxième édition* revue et corrigée. 1 fort vol. in-8, broché.. 6 »

Ces trois ouvrages renferment de belles figures sur fond noir, intercalées dans le texte.

COURS D'ARITHMÉTIQUE THÉORIQUE ET PRATIQUE à l'usage des *Lycées* et des *Collèges*, de tous les *Etablissements d'Instruction*, des aspirants au baccalauréat ès sciences et au baccalauréat spécial, renfermant plus de **mille exercices**, sur les nombres entiers, les nombres fractionnaires, le système métrique, les racines carrée et cubique, les intérêts, l'escompte, les opérations de Bourse, les progressions, les intérêts composés et les annuités. *Septième édition.* 1 vol. in-8, broché.. 4 »

TRAITÉ ÉLÉMENTAIRE D'ARITHMÉTIQUE THÉORIQUE ET PRATIQUE à l'usage des *Lycées* et des *Collèges*, de tous les *Etablissements d'Instruction*, des élèves des Classes de lettres et des candidats au baccalauréat ès lettres, *Cinquième édition*, revue et corrigée. 1 vol. in-8, broché.. 2 50

SOLUTIONS RAISONNÉES des problèmes énoncés dans le *Cours d'Arithmétique* (n° 4) et dans le *Traité élémentaire d'arithmétique* (n° 3). 1 beau volume in-8, broché.. 4 »

ARITHMÉTIQUE DES ÉCOLES PRIMAIRES, rédigée conformément aux programmes officiels du 27 juillet 1882.

Cours élémentaire (n° 1). *Deuxième édition.* 1 vol. in-12, cartonné. 0 75
Cours moyen (n° 2). *Quatrième édition.* 1 volume in-12, cartonné.... 1 40
Cours supérieur (n° 2 *bis*). 1 vol. in-12, cartonné................ 1 »

COURS D'ALGÈBRE ÉLÉMENTAIRE, théorique et pratique, à l'usage des *Lycées*, des *Collèges*, de tous les *Etablissements d'Instruction*, des aspirants au baccalauréat ès sciences, au baccalauréat spécial et aux Ecoles du gouvernement, renfermant plus de **quatorze cents exercices.** *Cinquième édition.* 1 vol. in-8, br................ 4 »

TRAITÉ ÉLÉMENTAIRE D'ALGÈBRE, théorique et pratique, à l'usage des *Lycées*, des *Collèges*, de tous les *Etablissements d'Instruction* et des aspirants au baccalauréat ès lettres renfermant un grand nombre d'exercices. 3e *édit.* 1 vol. in-8, br. 2 50

SOLUTIONS RAISONNÉES des problèmes énoncés dans le *Cours* et dans le *Traité élémentaire d'algèbre*. Un vol. in-8, broché.......................... 6 »

COURS ÉLÉMENTAIRE DE TRIGONOMÉTRIE RECTILIGNE à l'usage des Lycées et des Collèges, de tous les Établissements d'instruction, des candidats au baccalauréat ès sciences et au baccalauréat de l'enseignement spécial, rédigé conformément aux programmes officiels, contenant un grand nombre d'exercices à résoudre. Un volume in-8, broché.. 2 »

TRIGONOMÉTRIE PRATIQUE réduite à la résolution des triangles à l'usage des Ecoles normales primaires, des Ecoles primaires supérieures et de toutes les personnes qui s'occupent d'opérations sur le terrain. 1 vol. in-8, broché.............. 1 »

GÉOMÉTRIE DESCRIPTIVE, traité élémentaire théorique et pratique conforme aux programmes officiels de l'enseignement secondaire spécial et de l'enseignement secondaire classique, par **MM. Félicien Girod et Th. Canonville-Deslys.**

Cours de troisième année. Quatrième édition. 1 volume in-8, broché......... 2 50
Cours de quatrième année. Deuxième édition. 1 volume in-8, broché.......... 3 50

COURS DE MATHÉMATIQUES APPLIQUÉES, à l'usage des *Ecoles normales primaires*, des *Ecoles professionnelles*, des *Ecoles primaires supérieures*, et de tous les *Instituteurs*, contenant des notions élémentaires de *géométrie descriptive* applicables au dessin industriel, l'*arpentage*, le *partage des terres*, le *levé des plans*, le *nivellement*, des questions pratiques sur le *cubage*, la *stéréotomie*, l'*architecture*, le *tracé des cartes*, le *lavis*, *la perspective*, par **les mêmes.** *Troisième édition.* 1 vol. in-8, broché.... 4 »

SCEAUX. — IMPRIMERIE CHARAIRE ET FILS.

Sceaux. — Imprimerie Charaire et fils.

www.ingramcontent.com/pod-product-compliance
Ingram Content Group UK Ltd.
Pitfield, Milton Keynes, MK11 3LW, UK
UKHW020118200726
13856UKWH00002B/603

9 782013 606202